交通版高等学校交通工程专业规划教材

JIAOTONG YU HUANJING
交通与环境

张建旭　主　编
王晓宁　副主编

人民交通出版社股份有限公司
China Communications Press Co.,Ltd.

内 容 提 要

本书主要讲授各交通方式在建设与运营期的环境影响问题与防治对策,全书共8章,包括绪论、交通环境影响调查与分析、大气环境影响分析、声环境影响分析、振动环境影响分析、交通生态环境影响分析、交通对其他环境影响分析和交通环境影响评价。通过本书的学习,读者可掌握交通环境调查、分析和评价的基础知识和思想方法,理解不同交通方式的环境影响特征,形成科学的综合交通环境保护理念,提高对当前交通规划、建设、运营与环境保护问题的认识能力和水平。

本教材可供交通工程、交通运输、道路桥梁与渡河工程、土木工程、环境工程等专业的本科教学使用,也可作为交通类专业在校大学生环保意识教育的公共选修课教材,同时该书还可为广大科技工作者提供交通环保方面的参考。

图书在版编目(CIP)数据

交通与环境/张建旭主编. —北京:人民交通出版社股份有限公司,2017.7

ISBN 978-7-114-13852-2

Ⅰ.①交… Ⅱ.①张… Ⅲ.①交通运输—环境保护高等学校—教材 Ⅳ.①X322

中国版本图书馆 CIP 数据核字(2017)第 114987 号

交通版高等学校交通工程专业规划教材

书　　名:	交通与环境
著 作 者:	张建旭
责任编辑:	郭红蕊　李　娜
出版发行:	人民交通出版社股份有限公司
地　　址:	(100011)北京市朝阳区安定门外外馆斜街3号
网　　址:	http://www.ccpress.com.cn
销售电话:	(010)59757973
总 经 销:	人民交通出版社股份有限公司发行部
经　　销:	各地新华书店
印　　刷:	北京盈盛恒通印刷有限公司
开　　本:	787×1092　1/16
印　　张:	16.25
字　　数:	377 千
版　　次:	2017年7月　第1版
印　　次:	2017年7月　第1次印刷
书　　号:	ISBN 978-7-114-13852-2
印　　数:	0001—3000 册
定　　价:	39.00 元

(有印刷、装订质量问题的图书由本公司负责调换)

交通版高等学校交通工程专业规划教材
编审委员会

主 任 委 员： 徐建闽（华南理工大学）
副主任委员： 马健霄（南京林业大学）
　　　　　　　王明生（石家庄铁道大学）
　　　　　　　王建军（长安大学）
　　　　　　　吴　芳（兰州交通大学）
　　　　　　　李淑庆（重庆交通大学）
　　　　　　　张卫华（合肥工业大学）
　　　　　　　陈　峻（东南大学）
委　　　员： 马昌喜（兰州交通大学）
　　　　　　　王卫杰（南京工业大学）
　　　　　　　龙科军（长沙理工大学）
　　　　　　　朱成明（河南理工大学）
　　　　　　　刘廷新（山东交通学院）
　　　　　　　刘博航（石家庄铁道大学）
　　　　　　　杜胜品（武汉科技大学）
　　　　　　　郑长江（河海大学）
　　　　　　　胡启洲（南京理工大学）
　　　　　　　常玉林（江苏大学）
　　　　　　　梁国华（长安大学）
　　　　　　　蒋阳升（西南交通大学）
　　　　　　　蒋惠园（武汉理工大学）
　　　　　　　韩宝睿（南京林业大学）
　　　　　　　靳　露（山东科技大学）
秘 书 长： 张征宇（人民交通出版社股份有限公司）

（按姓氏笔画排序）

前言

近年来,我国交通行业迅猛发展,基本上形成了涵盖航空、铁路(轨道)、道路、水运以及管道等多种方式的综合交通系统。现有交通系统在给人们的工作、生活带来极大便利的同时,也带来了不可避免的环境问题——资源破坏或环境污染。目前我国交通环境主要存在以下3点问题:①空气污染,大城市机动车排放的污染物对大气污染指标的贡献率已经达到60%以上;②噪声污染,全国80%以上大城市主要交通干线两侧噪声超标(大于70分贝),严重降低了居民的工作、生活声环境质量;③忽视社会环境影响和生态影响,在各交通方式线路发展规划的制定和实施过程中,环境影响和环境保护没有得到足够的重视,缺乏社会环境保护和生态恢复的具体手段和措施。在此行业背景之下,国务院在《"十三五"现代综合交通运输体系发展规划》中明确提出:将生态保护红线意识贯穿到交通发展各环节,建立绿色发展长效机制,建设美丽交通走廊。为了实现上述战略意图,就需要在交通走廊的规划建设中,正确理解各种交通方式的建设效果和环境影响程度,因地制宜合理选择交通方式和建设位置、科学决策项目的设计、建设方案及环境保护方案,这就要求工程技术人员必须了解各种交通方式在建设和运营环节可能产生的环境影响问题,并掌握相关分析评价方法和环境问题防治对策。为了较为系统的将上述内容阐述清楚,我们编写了这本《交通与环境》教材。

本教材全书共8章,第1章主要阐述环境问题的产生与发展,以及各种交通方式的特点及其在建设和运营环节可能产生的环境问题概述;第2章针对常见交通环境影响要素的调查流程及监测方法,环境影响分析的内涵及常用方法进行介绍;第3章到第5章分别以大气环境、声环境、振动环境三个要素为对象,主要介绍公路、铁路、航空、水运等常见交通方式在建设、运营期的环境要素影响特征,影响程度量化方法和环境影响防治对策。第6章以公路建设项目为对象,阐述了公路景观与生态环境的关系,建设项目对生态环境的影响因子和生态恢复对策、重点从建设项目的景观协调设计角度提出景观设计的要点,并以案例形式呈现;第7章则从社会环境、水环境、和地质环境三个层面介绍了各种交通方式的共性问题分析和防治对策,从电磁环境影响层面介绍了轨道交通方式的独特环境影响分析和防治对策。第8章介绍了交通建设项目环境影响评价的工作程序、内容及方法。

本书的第1、2、3、4、7章由重庆交通大学张建旭编写,其中第2章由华东交通大学张兵参与编写,第5、6、8章由哈尔滨工业大学王晓宁编写。全书由张建旭统稿主编。

本书在编写过程中得到了硕士研究生蒋燕、徐鹏、文旭东、刘兴国、乔敏、陈碧英、赵敏杰、叶波、李喜龙等同学的协助,在查阅文献、文字录入及绘图、校核方面做了较多的工作,在此表示感谢。书中引用了国内外学者的研究成果和相关资料,在此表示诚挚的感谢。

由于编者水平有限,内容涉及面较广,书中难免有不妥与不足之处,敬请各位读者批评指正。

编　者

2017 年 1 月

目 录

第1章 绪论	1
1.1 可持续发展与环境保护	1
1.2 我国目前的主要交通方式及特点	7
1.3 交通建设对环境的影响	11
1.4 交通运营对环境的影响	15
1.5 我国交通环境保护现状	24
1.6 国外交通环境保护研究	30
复习思考题	36
第2章 交通环境影响调查与分析	37
2.1 环境监测	37
2.2 交通环境质量的检测方法	43
2.3 环境影响分析	55
复习思考题	70
第3章 大气环境影响分析	71
3.1 交通行业空气污染的产生	71
3.2 交通废气的主要成分及对人体的危害	72
3.3 交通空气污染的主要影响因素	79
3.4 交通空气污染物排放量计算	85
3.5 交通行业空气污染的防治措施	92
复习思考题	101
第4章 声环境影响分析	102
4.1 交通噪声的产生	102
4.2 交通噪声特性与危害	109
4.3 交通噪声的主要影响因素	118
4.4 交通噪声评价量及预测模式	121
4.5 交通噪声的防治措施	130
复习思考题	139
第5章 振动环境影响分析	140

    5.1 交通振动的产生与传播 141
    5.2 交通振动的特点危害及影响因素 143
    5.3 交通振动的量度与评价 147
    5.4 交通振动的防治措施 150
    复习思考题 154

第6章 交通生态环境影响分析 155
    6.1 生态环境与公路景观 155
    6.2 交通对生态的主要影响及破坏 160
    6.3 生态恢复的主要措施 166
    6.4 交通与环境景观的协调 171
    6.5 交通与景观协调案例 174
    复习思考题 178

第7章 交通对其他环境影响分析 179
    7.1 社会环境影响分析 179
    7.2 工程地质与水土保持 182
    7.3 水环境影响分析与防治 189
    7.4 电磁环境影响与防治 200
    复习思考题 207

第8章 交通环境影响评价 208
    8.1 环境影响评价的基础知识 208
    8.2 环境影响评价常用标准 218
    8.3 环境影响评价的工作流程及内容 224
    8.4 环境影响评价方法和技术 229
    8.5 环境影响评价的公众参与 236
    8.6 环境影响评价报告书的编制 239
    8.7 环境影响评价案例 244
    复习思考题 250

参考文献 251

第1章 绪 论

1.1 可持续发展与环境保护

1.1.1 环境问题的产生与发展

人类社会早期的环境问题主要是因过度采伐、盲目捕猎行为,破坏了人类聚居的局部区域生物资源而引起生活资料缺乏甚至饥荒,或者因为用火不慎而烧毁大片森林和草地,迫使人们迁移以谋生存。到了以农业为主的奴隶社会和封建社会,其突出的环境问题表现在人口集中的城镇,由于各种手工业作坊和居民生产、生活需要,出现了大量的固体废弃物和水环境污染。这两个时期由于人口总量相对较少,人类的活动范围相对局限,其环境问题并没有引起人类的重视。

产业革命以后到20世纪50年代,规模化工业在快速改变社会经济面貌的同时,也产生了大范围的环境问题。工业发达国家在20世纪30~50年代开始,出现了大范围的环境"公害事件",导致成千上万的人生病乃至丧生。例如,1930年12月发生的比利时马斯河谷事件,有害气体和粉尘导致60多人在一周内死亡;1948年10月在美国宾夕法尼亚州的多诺拉小镇,有害气体和金属元素粉尘致使全镇43%的人相继发病,其中17人死亡;20世纪40年代初期,美国洛杉矶市已有250万辆汽车,每天消耗约1600万升汽油,由于当时的发动机汽油燃烧技术较为落后,导致大量的碳氢化合物排入大气中,在太阳光的作用下形成了浅蓝色的光化学烟雾,刺激人的眼、喉、鼻并产生病变,致使当地的死亡率增高;同样的情况也出现在了英国的伦敦,1952年12月伦敦发生"毒烟雾"事件,突然导致许多人患呼吸系统疾病,并有4000多人相继死亡。污染问题之所以在工业社会迅速发展,甚至形成公害,与工业生产布局时过于注重其经济功能,忽略了其环境的负面影响有关。

工业革命后期,伴随大公司的全球化布局,世界各地的经济联系日益紧密,由此修建了大量的交通设施,任何设施的修建都会不同程度地导致自然环境的破坏,造成部分资源稀缺甚至枯竭,由此开始出现区域性生态平衡失调现象。而由交通运输导致的环境污染问题也逐渐凸现:海洋被运输石油、化学品的船舶污染,交通废气已经成为各地雾霾重要的致因,也是CO和NO_x的重要排放来源;交通噪声也成为各地影响居民工作生活的重要干扰因素。

当前世界的环境问题主要是：环境污染出现了范围扩大、难以防范、危害严重的特点，自然环境和自然资源难以承受高速工业化、人口剧增和城市化的巨大压力，世界性的自然灾害显著增加。

1.1.2 可持续发展的提出

环境与发展，是当今国际社会普遍关注的问题，人类经过漫长的奋斗历程，尤其是产业革命以来，在改造自然和发展经济方面取得了辉煌的成就。与此同时，由于产业化过程中处理失当，产生大量废物，环境遭到严重破坏，尤其是自然资源不合理的利用和开发，造成了全球性的环境污染和生态破坏，对人类的生存和发展构成了严重的威胁。因此，我们必须找到一种平衡经济发展与环境保护的新模式。

20世纪80年代，为了考虑人类所面临的环境与发展的危机，寻找环境保护与社会进步相协调发展的道路，联合国第38届大会专门成立了世界环境与发展委员会。1987年，联合国环境与发展委员会(WCED)发布了长篇报告——《我们共同的未来》，首次提出了"可持续发展"的概念，并给出了可持续发展的定义："所谓可持续发展是指既满足当代人的需要，又不损害子孙后代满足其需求能力的发展。"1989年5月，联合国环境署第15届理事会通过了《关于可持续发展的声明》，明确地提出了可持续发展与环境保护的关系，认为要实现可持续发展就必须维护和改善人类赖以生存和发展的自然环境。1992年，在里约热内卢召开的联合国环境和发展大会(UNCED)上，通过和签署了《21世纪议程》、《关于环境和发展的里约宣言》《关于森林问题的原则声明》《生物多样性公约》及《气候变化框架公约》五个重要的国际文件。从此，可持续发展的观点开始被世界各国所接受。

在1992年的里约环境与发展大会之后，我国政府就很快提出了《中国环境与发展十大对策》，明确宣布实施可持续的发展战略，并参照环境发展大会精神，制订中国的行动计划。1994年3月25日，国务院第十六次常务会议审议通过了《中国21世纪议程》，该文件共20章，78个方案领域，主要内容分为可持续发展总体战略与政策、社会可持续发展、经济可持续发展和资源的合理利用与环境保护。同时，国务院制定颁布了有关环境与资源方面的行政法规30余部。为了保证此战略的顺利实施，全面贯彻"预防为主"的原则，通过了《中华人民共和国环境影响评价法》。可持续发展在我国已受到高度重视，初步形成了适合我国市场经济的环境与资源保护法律体系框架，使我国可持续发展的实施更法制化、制度化和科学化。

1.1.2.1 可持续发展的定义

可持续发展是一个包括经济、社会与环境等因素以及相互作用在内的新概念。按照可持续发展的思想：人类利用可再生资源的速度不得高于可再生资源的再生速度，人类利用不可再生资源的速度不得高于可替代资源的开发速度，污染物的排放量不得高于环境的自净能力。可持续发展战略体现了人口、资源、环境、经济、社会必须协调发展的思想，它同传统发展模式的差别关键在于承担了对未来发展的义务。可持续发展以追求人与自然的和谐为核心，主张人类追求"健康而又富有生产成果"的生活权利，应当以与自然相和谐的方式来实现，而不能以浪费资源、破坏生态和污染环境的方式来实现。

1.1.2.2 可持续发展的内涵

(1)可持续发展鼓励经济增长。它不仅重视增长数量，而且要求改善质量、提高效益、节约资源、减少废物,改变传统的生产和消费模式,实施清洁生产和文明消费。可持续发展呼吁人们放弃传统的高消耗、高增长、高污染的粗放型生产方式和高消费、高浪费的生活方式,使传统的经济增长模式向可持续发展模式转变,一方面要求人类在生产中要尽可能地少投入、多产出;另一方面又要求人类在消费时要尽可能地多利用、少排放。

(2)可持续发展要以保护自然为基础,应与自然环境承载能力相协调。发展的同时必须保护自然,包括控制环境污染,改善环境质量,保护生命支持系统,保护生物多样性,保持地球的完整,保持以可持续的方式使用可再生资源,使人类的发展保持在地球的承载能力之内。发展与资源和环境保护是相互联系的,它们构成了一个有机的整体,为了实现可持续发展,资源和环境保护工作应是发展进程的一个整体组成部分。

(3)可持续发展要以改善和提高人类的生活质量为目的,要与社会进步相适应。人既是社会存在和发展的前提,也是结果,满足人类需求是社会发展的中心。可持续发展的核心是人的全面发展,这是一个全面的文化演进过程,需要深刻的社会变革。

(4)可持续发展承认并要求体现出环境资源的价值。环境资源的稀缺性、多用性、可更新性、公共性和区域性等特征,使资源使用价值难以被计量,使人们难以认识资源的价值。实践证明,无偿使用环境资源是产生环境问题的重要原因之一。因此,重新认识环境资源的价值,是实行可持续发展的最根本问题。我们应当把生产中环境资源的投入和服务计入生产成本和产品价格之中,并逐步修改和完善国民经济核算体系。

1.1.2.3 实现可持续发展面临的问题

结合目前可持续发展的实现所需要的基本条件,得出要实现可持续发展必须解决以下几个问题:

(1)要提高环境保护意识,树立新的环境道德观和环境价值观。环境道德观是指尊重自然、保护环境、维护人类生存基础。人类在发展和完善自我的同时,必须考虑自身的行为对生态系统的影响,即人类应以同等的姿态去看待和关心自然。环境价值观是指环境不仅具有经济上的价值,还具有生态、遗传、社会、科学、教育、文化、娱乐和美学价值,过去那种"产品价值高、原料价值低、环境和资源无价"的思想必须抛弃。

(2)针对不同的发展问题,要实施一系列的政策。对于人口问题,要实现人口规模与资源供求之间的平衡,将人口增长维持在经济与资源能承受的水平之上。对于工业发展问题,要建立以合理利用自然资源为核心的工业发展道路,实现清洁生产。因地球上70%~80%的污染物来源于资源的浪费,因此要调整产业结构、大力发展质量效益型、科技先导型、资源节约型企业,将污染物消除在工业生产过程中。对于城市发展问题,要建立合理的城市结构,控制大城市发展,合理发展中小城镇,以城市发展的空间规划及生态规划为基础,实施有利于城市合理布局的投资政策,实施城市绿化和自然保护政策。对于交通发展问题,要有计划地构建科学的综合交通体系,采用合理的交通政策,鼓励多种方式协作,抑制高能耗、高排放的交通方式发展,鼓励公共交通方式、清洁能源交通工具的利用等,从而形成可持续的交通系统。

1.1.3 环境问题与可持续发展

可持续发展认为环境与发展是紧密相连、不可分割的,没有发展的环境保护是没有意的,没有环境保护的发展也是不可能的,保护环境的最终目的是使发展更加持久,更加健康、快速;可持续发展强调必须放弃单纯靠增强投入、加大消耗来实现发展和牺牲环境来增加产出的传统发展方式,而应当运用使发展更少地依赖地球上有限的资源,更多地与环境承载能力达到有机协调的方式来发展经济。因此,可持续发展是一种建立在一般发展基础上,更注重环境安全等长远利益的发展,是一种科学的发展。

1.1.3.1 环境问题的实质

环境问题按其产生根源来划分,可以分为两类:首先是由自然因素引起的生态平衡破坏,称为第一环境问题,主要指地震、海啸、洪涝、飓风、火山爆发等自然灾害问题;其次是由人类活动引起的次生环境问题,也称为第二环境问题,它又分为环境污染和生态破坏两类。第一环境问题的形成主要是自然力作用的结果,是不以人类的意志为转移的,但是,人为作用可以加速或延缓,加重或减轻灾害的发生。第二环境问题的实质在于人类经济活动作用于自然环境,使环境的构成或状态发生了不可修复的变化,导致环境质量下降,自然生态系统遭到破坏。

1.1.3.2 可持续发展与环境关系

可持续发展思想的提出,正是源于人们对环境问题的逐步认识和强烈关注,其产生的背景是人类赖以生存和发展的环境和资源遭到越来越强烈的破坏,大气污染、全球变暖、海平面上升、臭氧层缺失、生物多样性锐减、酸雨等严重而普遍的问题困扰着世界各国,并危及人类今后的生产与发展。同时,环境问题绝对不是孤立的,它与人类经济和社会活动密切相关,需要把环境保护同经济增长与发展的要求结合起来,在发展进程中加以解决。

以1992年联合国环境和发展大会为标志,世界各国达成共识,否定了传统的以"高投入、高消耗、高污染"为标志的生产和消费模式,接受可持续发展的战略观点,提高了对环境问题认识的广度和深度,把环境问题与经济、社会发展结合起来,树立了环境与发展相互协调的观点,找到了在发展中解决环境问题的正确道路——可持续发展战略。环境保护需要经济发展所能提供的资金和技术,环境保护的好坏也是发展质量的指标之一,同样,经济发展离不开环境和资源的支持,发展的可持续性取决于环境与资源的可持续性。

经济增长和环境保护之间既存在矛盾的、对立的一面,也存在着可以协调、统一的一面。经济发展带来环境问题,却又增强了解决环境问题的实力;环境问题的解决又为经济持续稳定发展打下了基础。只要采取适当的对策,经济增长和环境保护是可以在发展中统一起来的。优先发展论与停止发展论过分强调了发展和环境的一个方面,将两者完全对立起来。如果发展经济的根本宗旨不是仅仅为了追求高额利润,而是考虑"既满足当代人的需求,又不危及后代人满足其需求的发展",是把人类的局部利益和整体利益、眼前利益和长远利益结合起来,那么,发展经济和保护环境的矛盾是可以得到解决的,"先污染、后治理"绝不是"客观规律"。停止发展论只看事物的表面现象,没有看到事物的本质,因而是错误的,也是行不通的。

联合国人类环境会议通过的《人类环境宣言》指出:"在发展中的国家,环境问题大半是由于发展不足造成的……因此,发展中的国家必须致力于发展工作,牢记它们的优先任务和保护、改善环境的必要……在工业化国家,环境问题一般的是同工业化和技术发展有关的。"总之,无论哪个国家,环境问题是在发展中产生的,也只有在发展中才能求得解决,这就是发展与环境的对立统一。

1.1.3.3 我国可持续发展面临的严峻环境保护形势

目前,我国的可持续发展所面临的环境保护的形势相当严峻,从全国总的环境情况来看,以城市为中心的环境污染仍在加剧,并且急剧地向农村蔓延;生态破坏的范围仍在扩大,程度在加剧;不少水域普遍受到不同程度的污染,并呈扩展趋势;大气污染严重,酸雨区面积已超过国土面积的29%;噪声超标和城市生活垃圾问题也很突出;乡镇企业污染物排放量已占全国污染物排放量的近30%;全国1/4的草原严重退化、沙化、碱化,荒漠化土地面积占国土面积的1/3;15%~20%的动植物受到威胁。一些地区环境污染和生态破坏已严重阻碍了经济的健康发展,甚至对人民群众的健康构成直接威胁。

环境问题的严峻性主要表现在如下几个方面:

(1)环境质量全面、快速地恶化,我国正在被迫走"边发展、边污染、边治理"的道路。自改革开放以来,我国经济一直在快速增长,国民生产总值年平均增长率达到9.3%,综合国力大大加强,我们都得到了经济发展带来的物质利益。但是,我国的环境质量日趋恶化。虽然党和政府采取了一系列防止污染的措施,特别是投入不断增加,由仅占 GNP(Gross National Product,国民生产总值)的0.3%逐渐上升到占0.7%左右,而环境污染发展趋势却没有控制住。随着经济发展到一定阶段,特别是乡镇工业的迅速发展,环境污染将会迅速蔓延。以目前的条件和手段,无论如何努力,治理水平都跟不上污染速度。

(2)人均环境资源少,环境容量小,无法满足现代化的巨大需要。环境资源是潜在的生产力,拥有量越多,说明这个国家的发展后劲越大,实现现代化的可能性越大。从环境资源和环境容量方面来看,我国是一个总量大国,人均是小国,必须以占世界7%的耕地面积来养活占世界22%的人口,这本身就是一个巨大的压力和短期内难以解决的矛盾;而事关国计民生的最重要环境资源综合起来,我国人均达不到世界水平的一半,自然资源日益短缺已成为我国经济和社会持续、快速、健康发展的关键性制约因素。据专家分析,我国人口的增长和城市化发展的趋势,对环境保护造成巨大的压力,中国已进入有史以来最为严重的"环境资源贫困与饥荒"时代。

(3)粗放型生产模式在相当长的一段时间内,仍将是我国的主要生产方式。粗放型生产模式的"三废"综合利用率低。对环境污染大,但由于我国工业技术水平整体不高,乡镇企业比重逐渐增大,加上能源结构不合理,集约经营、清洁生产观念落后,使得向集约化生产模式的转变,还需要一个长期的过程,不可能一蹴而就。

(4)管理措施需进一步完善和更新,资金不足,技术落后,环境问题短期内难以得到根本解决。环境保护,一靠管理,二靠资金,三靠技术。管理是基础,资金是关键,技术是根本。污染初期可以靠环境管理来控制,但污染到一定程度后,就必须依靠科学技术进行解决。而现在管理措施有待更新,资金不足,环保技术落后。如此整治环境污染的手段,自然不可能控制其恶化的趋势。

(5)国际环保形势的压力逐渐增大。随着国际交往的增多,我国的环境保护正面临着西方发达国家在现代化起飞时所没有遇到过的环境压力。首先是履约问题,目前面临着全球保护生物多样性、保护臭氧层、控制温室效应的巨大压力。再就是环境保护与贸易问题,在国际贸易中环保的要求和标准逐渐提高,不仅对产品,而且对生产工艺、流程等均有严格要求,符合环境要求的产品才可能进入市场,同时绿色消费也逐步流行起来。

总之,我国是一个发展中国家,人口基数过大,经济发展面临着人均资源远远低于世界平均水平的约束条件,我们在环境保护的政策上,既不能走发达国家"先污染、后治理"的老路,也不能放慢经济发展速度,一味强调环境保护。诚然,可持续发展是一种与环境保护密切相关的发展战略和模式,但是不能无限延伸环境保护的概念与范围。中国经济建设的成果是环境保护事业的物质基础、能量基础和技术基础;同时,只有整个社会生活水准提高了,人们对环境质量的要求才会变得更加迫切,更加深刻和自觉。从这一基本理念出发,结合中国的实际,把可持续发展作为一种全新的社会发展观,努力寻求"人与自然"之间的平衡,充分协调经济发展与环境之间的关系,应是整个国家的战略目标。

1.1.3.4 交通运输与可持续发展

交通运输业是国民经济发展的重要组成部分,它既满足工农业生产和人民生活的需求,也对联系城市和乡村,巩固国防与社会安定,促进地区和民族之间的文化和信息交流有着极为重要的作用。现代化的交通运输业包括铁路、公路、水运、航空和管道五种基本的运输方式。

随着社会和经济的发展,对交通运输的需求越来越高,人们出行强度增加,活动范围日益扩大,客、货平均运距逐年增加。同时,伴随着工业现代化进程和世界范围内产业结构调整,以及全球经济一体化趋势的增强,都将使得客货运量大幅增加。总之,交通运输行业已经成为各个国家正常运行的命脉。

但是,人类在日益关注交通运输对社会发展所起的积极作用的同时,也看到了交通运输业对环境所带来的巨大负面影响。在交通设施的建设阶段,由于其自身所具有的路线长、规模大的特点,消耗了大量的不可再生资源、土地和能源。我国人多地少,能源后备严重不足,随着地面交通运输的发展,交通系统的用地与能源消耗比重也日趋增加。而且,交通战略线路的选择与粗放式的建设方式,对于自然生态环境的破坏和建筑材料的浪费都是不容忽视的因素。

世界银行从1996年发表"可持续发展交通优化改革提案"以后,对传统的交通构思做了调整,并从经济金融的可持续发展、环境的可持续发展、社会的可持续发展三个角度来定义可持续发展的交通运输,其内涵应为在可持续发展的观念、政策、经济、环境、社会和技术基础上,使交通运输需求、运输服务水平、能源消耗、环境保护、运输综合效益与社会经济发展之间相互协调发展。

可持续发展运输体系的具体要求有:基础设施、运输、装备与运输管理的供给能力与经济发展及交通的需求相平衡;有限的资源充分利用;改变消费模式,减少交通对不可再生资源的消耗,开发替代资源,保持可持续发展;最大限度地减少交通对自然环境和生态环境的破坏;交通设施在全社会成员之间公平分配。

为了确保交通运输的可持续发展,可以采取以下几个措施进行完善:

(1) 加强环境教育,强调可持续发展观念,使环境保护观念在交通行业深入人心,贯穿交通运输建设(包括选线、可研、设计和施工)和运营的始终。

(2) 加强交通运输规划。在交通规划时,必须处理好交通设施与自然环境之间的协调关系。可持续发展的绿色建筑在设计上更加追随自然,尽量避开自然环境保护地带,减少对具有自然价值的植物、野生动物等构成的自然生态系统的破坏;还应通过各种有效措施来控制和减少交通公害。除此以外,还应加强对交通资源开发和利用的规划管理,要进行深层次开发和综合利用,减少交通资源的浪费。

(3)从可持续发展角度对现有的交通运输系统结构做出战略性调整,对系统各部分进行协调的比例分配,提高运输效率,建立以轨道运输为主导的综合运输体系。应迅速扭转目前已出现的汽车发展过热的问题,积极加大对轨道建设资金的投入。轨道在技术经济性能、运输效率、对资源能源以及环境保护等方面具有优势。

总之,交通运输行业的环境保护工作已经逐步开展,但由于交通运输线的建设和运营对环境的影响具有长期性和渐进性,加之,我们的经济基础较弱,对交通运输所带来的经济效率给予了更多关注。因此,实现交通可持续发展的目标还有待进一步的努力。

1.2 我国目前的主要交通方式及特点

1.2.1 交通运输发展历史

交通运输的历史可追溯到人类历史的远古时代,人类开始转入定居生活后,以住地为中心的步行交通的历史就开始了,从住地通往四周的道路也逐渐地固定下来。而后,从自给自足的生活状态发展到物物交换,有了通商走路和运输物资的必要。起初靠人的手提、肩扛来运送物资,后来改为用牲畜驮运,进而由于人类的智慧又发明了运货车辆。随着人类社会的不断进步,运输的方式越来越多,技术越来越先进,其运输规模和运输距离也越来越大、越远。综观世界交通运输系统的发展史,大体可划分为4个阶段:水运阶段,铁路运输阶段,公路、航空和管道运输阶段,以及综合运输系统阶段。

1.2.1.1 水运阶段

尽管人类很早就掌握了的用牲畜或车辆运货的陆地运输方式,然而,要进行较大规模和远距离的运输货物仍有很大的局限性。于是,水运便成为最早开发和利用的大规模、远距离运输方式。优越的水上运输条件成为人类文明形成的先决条件之一。尼罗河与埃及文明、两河流域与巴伦文明、恒河与印度文明、黄河、长江与中国文明,这些无不说明水运对文明兴起的重大作用。至今,水运仍以载量大、耗能少、投资省以及劳动生产率高的优点,在现代运输中占有重要地位。

铁路运输阶段

1825年,英国修建了斯托克顿至达灵顿世界第一条客货运输铁路,标志着运输业进入以铁路为主导的新阶段。铁路运输以运量大、运输速度快、受气候条件制约小、运输成本较低等优势得以迅速发展。铁路建设的高潮首先出现在工业发达的欧美,到20世纪20年代铁路发展的鼎盛时期,全世界铁路总里程达到127万km,其中美国40.8万km。之后,又扩展到亚洲、非洲和南美洲。铁路运输克服了水运运输速度慢、运输过程中换装倒载环节多、受地理条件和季节气候影响大的局限,曾经在较长的历史时期内成为运输业的主要运输方式。

1.2.1.3 公路、航空和管道运输阶段

20世纪30～50年代是公路迅速发展,并取代铁路运输成为主导运输方式的阶段。随着

石油资源的大量开发,汽车技术性能的不断完善,以及公路网的拓展,逐渐显示出汽车运输的机动灵活、深入性和方便性,能实现门到门直达运输,避免中转环节,减少货损货差,运输周转速度快等优点。这些优点正是水运和铁路运输的不足之处,因而从20世纪30年代开始公路运输得到迅速发展。至50年代,全世界公路里程已超过1000万km,汽车拥有量达1亿辆。公路运输的主要缺点是单位运输成本较高;运行的持续性较差;交通事故率比其他运输方式高;耗油量大、噪声、废气污染严重;客运的舒适性较差等。

到了50年代以后,航空运输和管道运输相继得到较大发展。航空运输速度快,机动性大;建设周期短,投资省,回收快;占地少;乘坐舒适安全。但航空运输的成本和运价较高;在一定程度上受气候条件的限制,从而影响准时性;运营技术和设备要求复杂。所以,航空运输较适合于运距500km以上,价值高或时间性强的货物运输。

管道运输运量大、占地少;受气候条件的制约小;运输的连续性好,整体性高,便于自动控制;耗能省,运费低;沿程无噪声,漏失污染少,安全性好。因此,特别适合于运输油、气。但管道运输的适运对象单一;运输的机动性差;当输送量降低较大,并超出合理的运营范围时,运输成本明显上升。故管道运输仅适用于单向、定点、量大的特定货物运输。

1.2.1.4 综合运输系统阶段

20世纪50年代以来,运输业在经历了水运,铁路,公路、航空和管道运输阶段的发展,人们已充分认识到各种运输方式各具优势,也都存在不足。一个地区或一个国家从来没有,也将不会仅靠一种运输方式承担全部的运输工作,而必然有多种运输方式并存。因此,必须综合考虑环境、社会和经济技术条件,通过科学规划,合理地进行水运、铁路、公路、航空和管道运输之间的分工,充分发挥各种运输方式的优势,建立综合运输系统。

综观运输系统发展的4个阶段,运输系统的发展总是与社会经济系统的发展密切相关。在工业革命以前,社会还处在农业经济阶段,社会化大生产尚未到来,分工与协作还不明显,经济规模较小,以牲畜、人力和水力等自然力为动力的运输方式尚能满足社会经济对交通运输的要求。

进入工业革命后,随着社会化大生产的到来和发展,社会经济在领域间或区域间的分工与协作程度越来越高,经济规模也在不断扩大,要求一种运量大、运输成本低、运输周期短、受自然条件制约小的运输方式就显得更为迫切,蒸汽机技术的发明和钢铁工业的发展也使这种新的运输方式的出现成为可能,于是铁路运输成了这一时期的主导运输方式。

在完成工业革命进入工业化社会后,第一产业在工业中的比重明显减少,第二产业在工业中的比重明显提高,特别是生产高值工业品和消费品的轻工业在工业中的比重越来越大。因此,所运送货物的平均价值明显增加,而货物的平均体积和重量却在减少;货运量的增长速度逐渐减缓,大宗货运量占总运输量的比重下降。由于生产结构、产品结构发生了变化,对运输业提出了迅速、方便、安全等侧重于运输质量的更高要求,客运方面提出了便捷、安全、舒适的高要求。公路、航空和管道运输系统正是在这样的背景下产生和发展起来的。

综合运输系统则是后工业化社会的必然产物。综合运输从全社会角度出发,在以最少的人力、物力、财力完成社会对运输的一定要求的情况下,使各种运输方式合理分工、相互配合、协调发展,满足社会可持续发展的需要。

1.2.2 各种交通方式的特点

我国目前主要有五种交通方式,分别为公路运输、铁路运输、水路运输、民航运输和管道运输。几种交通方式的特点具体如下。

1.2.2.1 公路运输

公路运输的优点包括:机动灵活,货物损耗少,运送速度快,可以实现门到门运输;投资少,修建公路的材料和技术比较容易解决,易在全社会广泛发展。

公路运输的主要缺点在于以下几点:

(1)运输能力小,每辆普通载重汽车每次只能运送5t左右货物,长途客车可运输50位左右旅客,仅相当于一列普通铁路客车的1/36~1/30。

(2)运输能耗很高,分别是铁路运输的10.6~15.1倍,是沿海运输的11.2~15.9倍,是内河运输的13.5~19.1倍,是管道运输的4.8~6.9倍,但比民航运输能耗低,只有民航运输的6%~8.7%。

(3)运输成本高,分别是铁路运输的11.1~17.5倍,是沿海运输的27.7~43.6倍,是管道运输的13.7~21.5倍,但比民航运输成本低,只有民航运输的6.1%~9.6%。

(4)劳动生产率低,只有铁路运输的10.6%,是沿海运输的1.5%,是内河运输的7.5%,但比民航运输劳动生产率高,是民航运输的3倍;此外,由于汽车体积小,无法运送大件物资,不适宜运输大宗和长距离货物,公路建设占地多,随着人口的增长,占地多的矛盾将表现得更为突出。

因此,公路运输比较适宜在内陆地区运输短途旅客、货物,因而,可以与铁路、水路联运,为铁路、港口集疏运旅客和物资,可以深入山区及偏僻的农村进行旅客和货物运输;在远离铁路的区域从事干线运输。

1.2.2.2 铁路运输

从技术性能上看,铁路运输的优点有:

(1)运行速度快,时速一般在80~120km。

(2)运输能力大,一般每列客车可载旅客1800人左右,一列货车可装2000~3500t货物,重载列车可装20000多吨货物;单线单向年最大货物运输能力达1800万t,复线达5500万t;运行组织较好的国家,单线单向年最大货物运输能力达4000万t,复线单向年最大货物运输能力超过1亿t。

(3)铁路运输过程受自然条件限制较小,连续性强,能保证全年运行。

(4)通用性能好,既可运客又可运输各类不同的货物。

(5)火车客货运输到发时间准确性较高。

(6)火车运行比较平稳,安全可靠。

(7)平均运距分别为公路运输的25倍、为管道运输的1.15倍,但不足水路运输的一半,不到民航运输的1/3。

从经济指标上看,铁路运输的优点有:铁路运输成本较低——1981年我国铁路运输成本分别是汽车运输成本的1/17~1/11,民航运输成本的1/267~1/97;能耗较低——每千吨公里耗标准燃料为汽车运输的1/15~1/11,为民航运输的1/174,但是这两种指标都高于沿海和内河运输。

铁路运输的缺点包括：

(1)投资太高——单线铁路每公里造价为100万~300万元，复线造价在400万~500万元。

(2)建设周期长——一条干线要建设5~10年，而且，占地太多，随着人口的增长，将给社会增加更多的负担。

因此，综合考虑，铁路适于在内陆地区运送中、长距离，大运量，时间性强，可靠性要求高的一般货物和特种货物；从投资效果看，在运输量比较大的地区之间建设铁路比较合理。

1.2.2.3　水路运输

从技术性能看，水路运输的优点有：

(1)运输能力大。在五种运输方式中，水路运输能力最大，在长江干线，一支拖驳或顶推驳船队的载运能力已超过万吨，国外最大的顶推驳船队的载运能力达3万~4万t，世界上最大的油船已超过50万t。

(2)在运输条件良好的航道，通过能力几乎不受限制。

(3)水陆运输通用性能良好，既可运客，也可以运送各种货物，尤其是大件货物。

从经济指标上看，水路运输的优点有：

(1)水运建设投资省，水路运输只需利用江河湖海等自然水利资源，除必须投资购造船舶、建设港口之外，沿海航道几乎不需投资，整治航道也仅仅只有铁路建设费用的1/5~1/3。

(2)运输成本低，我国沿海运输成本只有铁路运输的40%，美国沿海运输成本只有铁路运输的1/8，我国长江干线运输成本只有铁路运输的84%，而美国密西西比河干流的运输成本只有铁路运输的1/4~1/3。

(3)劳动生产率高，沿海运输劳动生产率是铁路运输的6.4倍，长江干线运输劳动生产率是铁路运输的1.26倍。

(4)平均运距长，水陆运输平均运距分别是铁路运输的2.3倍，公路运输的59倍，管道运输的2.7倍，民航运输的68%。

(5)远洋运输在我国对外经济贸易方面占独特、重要地位，我国有超过90%的外贸货物采用远洋运输，是发展国际贸易的强大支柱，战时又可以增强国防能力，这是其他任何运输方式都无法代替的。

水路运输的主要缺点是：

(1)受自然条件影响较大，内河航道和某些港口受季节影响较大，冬季结冰，枯水期水位变低，难以保证全年通航。

(2)运送速度慢，在途中的货物多，会增加货主的流动资金占有量。

总之，水路运输综合优势较为突出，适宜于运距长、运量大、时间性不太强的各种大宗物资运输。

1.2.2.4　民航运输

民航运输的优点是：运行速度快，一般在800~900km/h，大大缩短了两地之间的运输时间；机动性能好，几乎可以飞越各种天然障碍，可以到达其他运输方式难以到达的地方。

民航运输的缺点是：飞机造价高、能耗大、运输能力小、成本很高、技术复杂。

因此,民航运输只适宜长途旅客运输和体积小、价值高的物资,鲜活产品及邮件等货物运输。

1.2.2.5 管道运输

管道运输是随着石油和天然气产量的增长而发展起来的,目前已成为陆上油、气、煤炭运输的主要运输方式。

管道运输的优点包括:

(1)运输量大,国外一条直径 720 mm 的输煤管道,一年即可输送煤炭 2000 万 t,几乎相当于一条单线铁路的单方向的输送能力。

(2)运输工程量小,占地少,管道运输只需要铺设管线,修建泵站,土石方工程量比修建铁路小得多;而且,在平原地区大多埋在地下,不占农田。

(3)能耗小,在各种运输方式中是最低的。

(4)安全可靠,无污染,成本低。

(5)不受气候影响,可以全天候运输,送达货物的可靠性高。

(6)管道可以走捷径,运输距离短。

(7)可以实现封闭运输,损耗少。

管道运输的缺点包括:

(1)专用性强——只能运输石油、天然气及固体料浆(如煤炭等),但是,在它占据的领域内,具有固定可靠的市场。

(2)管道起输量与最高运输量间的幅度小,因此,在油田开发初期,采用管道运输困难时,还要以公路、铁路、水路运输作为过渡。

1.3 交通建设对环境的影响

环境保护是我国的一项基本国策,随着我国经济的不断发展,交通建设规模的不断扩大,其对环境产生的影响越来越严重,环境问题也越来越受到重视,尤其是公路建设。从 20 世纪 80 年代起,我国公路建设处于高速发展时期,根据交通部编制的《国家公路网规划》,在全国优先建设和发展的以高速公路和一、二级公路为主的国道主干线系统,总里程达 40 万 km。其中,高速公路总里程达到 11.8 万 km,普通国道 26.5 万 km。如此大规模的公路建设,必将对公路沿线的自然环境、生态环境、生活环境和景观环境带来影响,产生一系列的环境问题。

因此,探讨交通建设对环境污染的关系、环境污染的防治技术和方法尤为重要,要学会合理利用和保护自然环境,使道路建设与环境保护相协调,为经济持续、稳定发展提供保障。

交通建设对生态系统最直接的破坏始于取表土,即在挖填方的过程中,表土上生存的生物从高级生物到低级生物依次消失。在自然生态系统当中,建设交通线路或场站所损坏的不仅是线路或场站所占土地面积,它把自然生态系统一分为二,原有的动物通道被切断,致使一些宝贵的野生生物遗传基因资源丢失。另外,交通建设和运营期产生的水质污染、大气污染、土壤污染和噪声污染等,也会破坏生物的栖息地,使动植物生存环境质量下降,致使生物大规模迁移,甚至有些生物被毒死,破坏了原有的生态平衡。下面具体分析交通建设的各方面影响。

1.3.1 交通建设对动物的影响

交通建设过程中所形成的分割作用,使动物栖息地和食物源在不同程度上减少,改变了部分野生动物的栖息、繁殖交配路径、迁徙通道,不同程度地威胁到它们的生存与繁殖,最终导致野生动物个体生活力下降、优势性状退化,严重影响生态群落的组分和结构的稳定。

交通阻隔还使兽类的正常交流和觅食受到影响,动物通道是两栖类、爬行类和哺乳类穿越道路唯一可行的办法,也是解决交通阻隔效应最切实可行的方法。一般而言,人工建设的动物通道需几年后才能使野生动物适应。由于兽类所需的宽度很大,动物通道对其作用不大,而只能成为小型动物的通道。

1.3.2 交通建设对植物的影响

1.3.2.1 植被的作用

(1)减噪、净化空气、稳定边坡和改善局部气候

①投射到树叶上的噪声被反射到各个方向,造成树叶的微震动使声能消耗减弱噪声。

②路域生态系统复层结构的绿地在垂直空间上的分布,能减缓空气流动并促使其中粒径较大的颗粒沉降,从而较有效地减少粉尘。据测定,阔叶林的滞尘能力为 10.11t/hm2,针叶林的滞尘能力为 33.2t/hm2。

③树冠、地表植被可以遮蔽雨水;植物根系可固定土壤;落叶、地被植物可以涵养水源,减缓雨水对地表的冲刷,从而减少和防止地表水汇集径流,降低雨水冲刷路堤的危害。

④树冠层的遮阴减光作用及绿地的蒸腾散热作用能改善局部小气候。

(2)丰富路域景观,提高行车安全

①路域生态环境建设,对改善公路路域自然景观,恢复生态平衡有重要作用,而且利用乔、灌、草结合合理覆盖公路两侧的边坡、分隔带及沿线裸地,与原生自然植被搭配,形成人工与自然相结合的风景线,可以美化路容、丰富路域景观,为过境者提供视觉美感,给人以"车在景中行"的动态感受。

②路域生态系统中的植被还可以改善高速行车安全条件。

不同的植被种植方式可以不同程度上提高行车安全,具体见表1-1。

不同的植被种植方式对提高道路安全的效果比较 表1-1

种植方式	安 全 效 果
视线诱导种植	预示或预告线形的变化
遮光种植	防止车辆夜间行驶对向灯光的眩目
明暗适应种植	帮助驾驶员缩短对明暗急剧变化的适应时间
挡车缓冲种植	车体与路外物体发生冲击时,可降低车体和驾驶员的损害程度
色彩变换种植	舒缓驾驶员的视觉疲劳

1.3.2.2 交通建设对植物的影响分析

交通建设中的林地征用和建筑用地,将在沿交通设施两侧形成林间空地,林内的常绿及

耐荫植物将会从群落内消失,喜阳植物的种类将在设施两侧的林缘地带迅速生长,逐渐形成相当于"林窗"结构的植物群落结构。特别是对地带性的常绿阔叶林群落,由于喜光树种的大量进入,会改变群落的演替方向,使其停留甚至演替成为落叶阔叶林。在设施永久征地范围内,零星分布的珍稀和濒危植物个体可能在施工中受损。

同时,交通建设不可避免地要穿越不同的生态区域(如山区、丘陵、平原、水域等),施工对区域内的植被将产生不利影响,如植被连续受到破损、生境隔离、改变自然群落演替方向、个别珍稀濒危植物灭绝、外来种和林业病虫害侵入等。大量的人流和车流的进入,对乔木层、灌木层和草本层的破坏尤为明显,导致植物的生物多样性降低,改变群落的垂直结构,同时乔木层由于缺乏对灌木的保护和促进作用,对环境的抵抗能力下降,易感染病害和遭受风折,系统对环境的适应、调节能力降低,群落的稳定性下降,并可能导致群落演替的停止甚至逆行演替,而森林的砍伐则使森林群落直接退化成灌丛或裸地。新建交通设施沿线形成的裸露地面可能成为外来物种的入侵通道,可能导致本土植物的退化和衰减,对路域生态系统产生严重影响。

1.3.3 交通建设对土壤的影响

1.3.3.1 交通建设对表层土质的影响分析

公路建设不可避免地要占用耕地,由于表土的力学特性等原因在施工过程中必须要清除表土,如果对这一剥离的肥沃土层不加以保护,将对土壤肥力造成较为严重的破坏,这将增加后期绿化建设及当地土壤复垦措施的实施难度。其次,由于交通建设将产生大量的路堑边坡及路堤护坡,在建设期及运营初期因植被尚未形成,从而容易产生大量的土壤侵蚀和水土流失。

交通建设造成的水土流失是以施工建设活动为主要外营力的一种特殊水土流失类型,指由于人为开挖路堑、桥梁施工及路基防护等施工或堆放固体废弃物(废土、废渣及其他建筑材料)而造成的岩、土废弃物组成的混合物的搬运、迁移和沉积过程,再加上采石采砂、取土、修筑施工便道等,导致水土流失防治责任范围内水土资源破坏和损失。交通建设水土流失是在人为扰动作用下形成的,与原地貌条件下水土流失发生发展迥异,在交通建设中主要表现为在各种因素综合作用下,堆积体非均匀沉降引起的陷穴(坑)、裂缝(隙)、潜移侵蚀、管状侵蚀,以及施工过程中砂土液化诱发的滑坡等。此外,交通设施施工对建设区和直接影响区的水文循环和水资源也造成一定程度破坏。因此,在交通建设中,必须要对沿线水土采取合理的防治措施,并结合综合防护与绿化美化等相关要求,因地制宜,综合治理,以营造绿色生态的交通环境。

1.3.3.2 土壤污染

交通建设在路域形成了一个新的人为土:路域土壤。而且,汽车废气排放出的铅等重金属累积也对土壤产生了极大的污染。大量的研究也证明,铅是废气主要成分之一,特别是在高速公路,25m 范围内含量最高,5~8m 范围内的草本植物的组织中具有更高浓度的铅。

1.3.4 交通建设对水体的影响

交通建设不可避免地对沿线地表植被造成破坏,遇到暴雨或洪水,造成水土流失,土壤中的营养物质N、P及有毒有害物质会伴随泥沙进入水体,加剧周围河流和其他水体水质的破坏。而且,公路路基开挖、高路堤、弃渣等建设行为,对山区的地下水流、地表径流、地表水质等,均可能造成不同程度的影响。

1.3.4.1 对地下水资源的影响

对于山区的生态平衡,地下水是重要的维持资源,而在少雨的山区,公路建设可能会造成地下水位下降,并逐步引起生态环境恶化。譬如在路基开挖路段,山坡的土体遭到破坏后,会发生渗水,附近的植被会因此干枯,而缺少植被护坡的地表土壤,无法保持边坡土体的稳定,从而引起滑坡地质灾害。在公路隧道的施工段,这种渗水而影响地下水资源的现象更为明显,亟须在公路建设过程中加以控制。

1.3.4.2 对地表水流的影响

公路建设对山区地表水流的影响,表现为改变地表径流的自然状态和水文状态。譬如某山区公路建设以高路基的形式修建,高路基将地表径流截断,改变了汇水流域,从而使得水流的速度加快,不断遭到水流冲刷的土壤侵蚀速度加快,并逐渐形成下游河道和湖泊的淤泥,这也是洪水发生的罪魁祸首。再如很多公路建设中的建筑垃圾,直接丢弃在河道上,影响河道的过水断面和流速,并逐渐侵蚀河岸,甚至还存在某些项目改道河流,这对于地表水资源环境,都具有明显的危险性。

1.3.4.3 对地表水质的影响

公路建设过程中,会产生工程施工废水、污水,这些水体往往没有通过处理,就直接排入河流和湖泊等地表水中,使得地表水的悬浮物浓度增加,甚至改变水体的使用功能,尤其是水环境敏感的施工段,地表水质的影响会更加明显。为此,公路建设还应该兼顾水环境的水质影响,将工程建设与水资源保护工作结合起来,统筹兼顾两者之间的关系,以便在完成公路建设任务的同时,完成水污染防治工程的任务。

1.3.4.4 对水生生物的影响

施工营地生活污水和生活垃圾、施工机械机修及工作时产生的含油污水等的废水排放,以及水体附近堆放的施工材料,在受暴雨冲刷后将会进入水体,造成水生生物的种类、组成等的改变。例如,高速公路建设大型桥梁施工期,在水下作业时,将搅动水体和河床底泥,局部范围内破坏了鱼类的栖息地,对鱼类有驱赶作用。水质的破坏导致浮游和水底栖息生物的饵料减少,改变了原有鱼类的生存、生长和繁衍条件,造成鱼类的迁徙,施工区的鱼类密度将显著降低。

1.3.5 交通建设对大气的影响

交通建设改变了植被的覆盖情况以及植物种群甚至某些景观的分布格局,更重要的是公路建设用的建筑材料多属热辐射源,导致路域地温变化幅度远大于相应的天然地表,尤其在盛夏的白天,路面区域成为一个"热浪带",使得道路局部多呈现出干热的小气候特征。路域小气候改变了周围生物群落的结构与分布,对绿色生态系统的构建产生了一定的干扰作用。

交通建设期间的工地扬尘和有机物挥发是局部地域空气质量的重要影响源。施工工地由于土石方开挖,会形成大量的裸露面,地表松动的土、石会在风力和重力的作用下向周围扩散,在作业车辆反复碾压下形成大量的碎小颗粒,无论是快速行驶车辆形成的局部空气紊流,还是大自然的风力,均会造成工地附近灰尘漫天飞舞,严重影响空气质量和视线条件。现代道路面层材料中广泛使用的沥青混合料在摊铺之前需要高温拌和,而沥青材料在高温的作用下会产生大量的有毒有害的刺激性气体,人类长期接触会严重影响身体健康。

1.4 交通运营对环境的影响

不仅交通建设会对环境造成多方面的影响,交通项目建成后的运营也会对环境造成持续的破坏。各种交通方式在运营环节对环境的影响主要包括机动车、船舶和飞机排放废气对空气的污染,运输工具运行环节产生的噪声和振动,交通出行者在使用运输工具过程中产生的生活废料对沿线产生的空气污染和水污染等。造成各种影响的因素分别如下:

(1)大气污染:废气、烃类、CO、NO、异味;
(2)噪声污染:交通噪声;
(3)水质污染:路面径流及危险物品运输对水质的污染;
(4)隔离效应:交通线路对动物迁徙繁衍的阻隔、路域景观破碎化;
(5)其他污染:生活服务区的生活垃圾、固体垃圾及废水、夜间的光污染;
(6)振动影响诱发地质灾害:大型车辆振动引发的边坡不稳、崩塌,路面塌陷等。

1.4.1 交通运营对大气的影响

1.4.1.1 各种交通方式的空气污染特点

各种交通方式由于其主要运输工具的功率、使用能源不同,因此其对空气污染的影响程度存在差异,公路交通常用汽油、柴油作为燃料,水运常用柴油,航空领域多用煤油,因此这三类交通方式的空气污染问题相对突出,其中考虑到公路运输的覆盖面大,其影响面更广。

(1)道路交通的空气污染现状

道路运营期间车辆交通排放的大气污染物是道路空气污染的主要来源。污染物的主要成分包括颗粒物、NO_x、CO、多种碳氢化合物(HC)以及挥发性有机物(VOCs)。在汽车排放的污染物中,除了碳氢化合物之外,其余均来自于汽车的排气。汽车排放的碳氢化合物来源有三方面:一是汽车排气(废气,约占60%);二是曲轴箱窜气(约占20%);三是燃料系统的蒸发(油箱和化油器,约占20%)。其中,CO、NO_x 和 VOCs 在太阳紫外线的作用下,反应生成光化学烟雾的主要成分——O_3,继而会导致大气的二次污染。

自 1981 年以来,我国民用车保有量以每年 14.4% 的速度增长,进入 21 世纪后,其平均每年的增长速度上升为 19.4%,由此导致全国各地机动化水平较高的地区不约而同地存在较为突出的大气污染问题,如表 1-2 所示。

(2)水路运输的空气污染特点

运营期船舶柴油机排放的废气会造成大气污染。随着国际贸易和船舶运输的发展,船舶柴油机的排放引起的大气环境污染也越来越严重。船舶柴油机排放的主要大气污染物是烟尘、VOCs(挥发性物质)、NO_x(氮氧化合物)、SO_x(硫氧化合物),其中以 NO_x、SO_x 的排放量最为突出。

不同城市机动车废气排放主要污染物对大气污染的分担率　　　表1-2

城　市	污　染　物	对大气污染的分担率(%)
沈阳	CO	71.80
	NO_x	33.80
	HC	72.90
广州	CO	84.80
	NO_x	42.30
北京	CO	74.10
	NO_x	41.00
	VOCs	55.80~58.90
	PM2.5	46.24~57.72
深圳	PAHs	50.00
上海	PAHs	城区 25.40
		郊区 24.40
珠三角地区	VOCs	41.54
杭州	PM2.5	21.60
南京	PM10	13.00
天津	PM10	13.00

注:HC 碳氢化合物;PAHs 多环芳烃;VOCs 挥发性有机物;PM2.5 细颗粒物;PM10 可吸入颗粒物。

水路交通在营运期的其他空气污染来源还包括:固体散货在港口装卸和储存过程产生的粉尘;石油、散装液体化学品在运输及港口转运和存储过程挥发的有机气体;燃油型港口装卸机械和船舶排放的大气污染物。

(3)铁路运输的空气污染特点

铁路机车中的电力机车直接以电力为能源,避免了燃料直接消耗产生的空气污染成分,但是我国的电力能源结构中,火电的比重占70%以上(2012年数据),而火力发电将会产生较多的 CO_2、CO、SO_x、NO_x 和粉尘,对空气质量影响较大。

内燃机车中绝大多数是柴油机,因此其空气污染成分将会和公路、水路运输中的空气污染物基本相同。此外,客运列车在运营期产生的粪便沿线排放,是沿线空气异味来源的重要因素;货运列车在运输环节导致的扬尘、有毒有害气体泄漏也是沿线空气污染的重要来源。

(4)航空运输的空气污染特点

航空运输的空气污染特点不同于前述三种运营方式,因为公路、铁路、水路运输存在着连线成片的空气污染影响特点,而航空运输的空气污染来源主要有飞机起降环节以及机场的配套牵引汽车、锅炉等辅助生产工具产生的污染,具有集中性和局部性特点。飞机用的是航空煤油,因此其污染物的排放量也是以 CO、CO_2、NO_x 等,以及微小的碳烟颗粒物为主。2012年浦东国际机场飞机起降的污染物排放量估算值,见表1-3。

2012年浦东国际机场飞机起降的污染物排放量估算值(单位:kg/年) 表1-3

机型类别	客机和货机数量(架)		NO$_2$		SO$_2$		CO		非甲烷总烃	
	春夏季	秋冬季	春夏季	秋冬季	春夏季	秋冬季	春夏季	秋冬季	春夏季	秋冬季
B类	89	69	101	78	—	—	182	141	46	36
C类	4224	3883	11616	10678	1056	971	19008	17474	5280	4854
D类	1520	1595	5230	5583	1140	1196	32680	34293	28500	29906
E类	1273	1194	15913	14925	955	896	23551	22089	6047	5672
周合计	32950	31264	3151	3063	75420	73996	39873	40467		
半年计	858994	816617	82140	79993	1966201	1932769	1039490	1057008		
全年计	1675611		162133		3898970		2096498			

1.4.1.2 交通行业空气污染的危害

交通行业在运营期空气污染最大的危害来自运输工具的燃料燃烧产物和空气挥发产物。主要污染物有:一氧化碳(CO)、氮氧化物(NO$_x$)、二氧化硫(SO$_2$)、颗粒物质(铅化合物、碳烟油雾)及恶臭物质。它们大部分是有害有毒物质,有些还带有强烈刺激性,甚至有致癌作用。其对大气的影响有以下特征:

(1) 直接性影响

交通工具排放出各种各样的气体、悬浮颗粒以及微粒。其中有一些物质,如CO$_2$等会存在数百年,并改变气候模式,对自然生态系统造成全球性影响。CO$_2$是导致气候变化的主要气体,同时还受到CH、NO$_x$和其他工业气体的作用。大约1/4的CO$_2$是由于土地变化导致的,主要是热带森林的砍伐,另外大约3/4是由化石燃料燃烧造成的。

(2) 对区域以及局部地区的间接影响

人为制造的氮氧化物和碳氢化合物中,约有1/3来自交通工具中化石燃料的燃烧。气候湿润时,大气中的硝酸盐和硫酸盐会产生硫酸和硝酸,这也是局部地区酸雨和沉积的主要组成成分。酸雨对路域的淡水生态系统、山地生态系统和森林生态系统都会造成危害,而汽车排放出的氮氧化物所形成的氮沉降也会对周围的生态系统和生物多样性产生影响。

1.4.2 交通运营对水体的影响

水资源分为地表水资源和地下水资源两部分。地表水资源包括河川径流、冰川雪融水、湖泊沼泽水等地球表面上的水体,其中河川径流占90%以上。

水环境污染按水体污染物可分为:病原体污染、需氧物质污染、富营养化物质污染、石油污染、放射性污染、热污染、有毒化学物质污染、盐类物质污染。

1.4.2.1 不同交通方式的水环境污染特点

(1) 道路路面径流对水环境的污染

道路路面径流水环境污染,是指道路营运期,货物运输过程中在路面的抛撒,汽车废气中微粒在路面上降落,汽车燃油在路面上的滴漏及轮胎与路面的磨损物等,当降水形成路面径流就挟带这些有害物质排入水体或农田。对于这种污染及其污染程度,一般说来,不会对水体和土壤造成大面积的污染。但当道路距水源保护地、生活饮用水源和水产养殖水体较近时,应考虑路面径流对水环境的污染。

此外,道路建成投入营运后,其服务设施将排放一定数量的污水,如服务区的生活污水、洗车台(场)的污水、加油站的地面冲洗水、路段管理处及收费站的生活污水等。大型洗车场和加油站的污水常含有泥沙和油类物质,也不宜直接排放进入既有地表水体。

(2)水路运输对水环境的污染

水路运输直接发生在地表水域,对水环境的影响更为直接。船舶在正常运输中对水环境造成影响的污染源主要来自船舶运送旅客与货物过程中产生的各类废弃物,包括油污、生活用品、泄漏的有毒化学品、随船舶而来的外来生物种和细菌;港口正常运营产生的各类废水;航道维护产生的疏浚泥等几个方面。

(3)铁路运输对水环境的污染

在对水环境的影响方面,铁路运输和公路运输大体相同,不直接作用于水体,但需要通过生活污水排放、地表径流携带等方式对沿途受让水体产生污染。考虑到铁路系统的复杂性,其生活、生产污水的来源部门较多,按不同职能可以分为:车务段、工务段、电务段、房产生活段、供电段、工务机械段、客运段、机务段、车辆段。其中,车务段、工务段、电务段、房产生活段、供电段、工务机械段等站段污水以工作人员的生活污水为主,污染物主要为 COD、BOD、SS、NH_3-N 等;客运段污水主要以旅客产生的生活污水、洗衣房洗涤废水为主,污染物主要为 COD、BOD、SS、NH_3-N、表面活性剂等;机务段污水主要以列车维护产生含油废水;蓄电池间以酸性废水和工作人员的生活污水为主,污染物主要为 COD、BOD、SS、NH_3-N、石油类等;车辆段污水主要包括车辆检修污水、车辆冲刷废水、洗衣房洗涤废水以及少量工作人员生活污水,污染物主要为 COD、BOD、SS、NH_3-N、石油类、表面活性剂、清洗剂等。客运段、机务段及车辆段是铁路水污染主要来源。

1.4.2.2 交通行业对水体环境污染的危害

(1)油污对水域生态环境的影响

石油进入水域后形成的油膜隔绝了大气与水体的气液交换,且油膜的生物分解和自身的氧化作用会消耗水中的溶解氧,油膜还会影响水中绿色植物的光合作用,从而影响水生生物的生境;石油的各种成分都有一定毒性,会造成水生生物的死亡,破坏水产养殖业;石油污染还会破坏水域功能和景观环境。

(2)生活污水对水环境质量的影响

生活污水中的有机物在分解过程中需要消耗水中大量的氧气,使水中溶解氧减少,影响鱼类和其他水生生物的生长;生活污水中含有氮、磷等植物营养物质,随着其排放量的增加会造成水体的富营养化;生活污水还常常含有各种病原体,受纳水体受到病原体污染后,会传播疾病影响人们的身体健康。

(3)含煤(矿石)污水对水环境的影响

含煤(矿石)污水进入水体后,其中粒径较大的很快沉入水底,其余部分在水体中形成悬浮物质。沉于水底的煤(矿石)微粒将原有底质层覆盖,会影响底栖生物的生存环境。悬浮微粒造成局部水域的浊度增高,上层水中的悬浮颗粒会迅速吸收光辐射能,从而影响浮游植物的光合作用,使得水域生产力水平下降。

(4)含化学品污水对环境的影响

大多数化学品进入水体后的污染特征是对生物的毒性危害,其危害一般可分为急性、亚急性、慢性和潜在性等几种。水体受化学有毒物质污染后，先是直接危害水生生物，继而通过饮水或食物链危害人类，引起急性或慢性中毒。

1.4.3 交通运营对声环境的影响

据统计，在影响我国城市环境的各种噪声来源（包括交通噪声、工业噪声、建筑施工噪声、社会生活噪声）中，交通噪声约占到70%，表明交通噪声已经成为当前我国城市噪声的主要来源。2011年3月，世界卫生组织（World Health Organization，简称WHO）和欧盟合作研究中心发布了《噪声污染导致的疾病负担》，报告中指出欧洲国家总人口的36%暴露于60dB(A)以上的交通噪声环境中，还有15%的人群暴露于高于65dB(A)的交通噪声环境中。交通噪声暴露已经成为在欧洲影响健康的环境因子中排第4位的危险因素。

1.4.3.1 各种交通方式的噪声污染特点

各种交通方式的噪声污染特征有所差异：机动车在低速运行时产生的噪声以发动机的振动噪声为主，在高速运行时产生的噪声以轮胎摩擦地面噪声为主；机场交通噪声主要来源于飞机推进系统工作产生的噪声以及气流流过机身引起的气流压力扰动产生的噪声；而轨道交通噪声主要来源于轮轨噪声、动力系统噪声、高架轨道结构噪声、车辆非动力噪声以及地下铁道的地面承载噪声等。

(1) 道路交通噪声

道路交通噪声主要来源于机动车发动机的振动、进气、排气，轮胎与地面摩擦噪声，车体带动空气形成气流噪声以及喇叭噪声等。噪声的大小与机动车的类型、数量、运行速度和状态、车间距离、道路宽度和坡度、路面状况、交叉路口建筑物的高度以及风速等因素均有关系。

城市交通的快速发展严重地影响了城市的声学环境，尤其是交通干道两侧的噪声污染更为严重，受影响的人群数量更多、范围更为广泛。据《2013年中国环境状况公报》的数据显示，我国113个环保重点城市道路交通噪声的平均范围为62.0~69.8dB(A)，并且随着城市化的发展，居住在交通干道附近的居民比例不断增加，以北京市为例，目前居住在交通干道附近的人群约占全市总人口数的16%。国外交通噪声污染问题同样十分严峻，在韩国首尔进行的一项调查显示，城市中心主要道路的平均噪声水平超过75dB(A)，城市中心约35%的居民暴露在高于55dB(A)的交通噪声环境中。在美国佐治亚州首府亚特兰大市开展的一项噪声研究表明：高速公路和主要洲际公路的交通噪声水平最高，其平均噪声水平超过71dB(A)。

(2) 水运交通噪声

水运工程运营期的噪声主要是船只运行时发出的噪声。船舶噪声源主要有船舶主柴油机、发电机、废气涡轮增压器、空气压缩机、船用泵、轴系及螺旋桨、通风系统、空调系统等。船舶噪声有声源多、声功率大、频谱宽和低、中频为主等特点。

(3) 铁路运输噪声

铁路噪声源主要包括线路噪声、场站噪声和鸣笛噪声等，其中线路噪声由于其流动性和影响范围等特点，日益受到人们的关注。铁路噪声由轮轨噪声、结构噪声（特指桥梁）、空气动力噪声、集电系统噪声（特指电气化铁路）等组成，其中轮轨噪声是主要噪声源。

由于现今铁路技术的不断更新,铁路噪声成为人们关注的焦点,各个国家相继出台了对铁路噪声的控制标准(表1-4),以期对铁路噪声进行有效控制。

各国噪声控制标准　　　　　表1-4

国家名称	中国既有铁路	日本新干线	法国高速铁路	德国既有铁路	美国高速铁路	瑞典既有铁路
评价量	$L_{eq,昼间}$	$L_{eq,24h}$	$L_{eq,昼间}$	$L_{eq,24h}$	L_{dn}	$L_{eq,24h}$
等效声级[dB(A)]	68	60	65	65	67	75

(4)航空运输噪声

机场航空噪声是指航空器在机场及其附近活动(包括起飞、降落、滑行、试车)时产生的噪声,属于交通运输噪声的范畴,噪声源为航空器。

根据影响对象的不同,飞机噪声可以分为机内噪声和机外噪声。机内噪声不但会影响机内乘客和机组人员的舒适度和身体健康,而且还会对飞机结构产生很强的声荷载,当声荷载的声压级超过130dB(A)时,就有可能使结构产生疲劳破坏。而且,作用在飞机结构上的声压级越高、时间越长,破坏情况就越严重。机外噪声主要影响机场或飞机航线附近的居民生活。一般说来,机外噪声可以分为低频噪声和高频噪声,高频噪声比低频噪声给人带来的烦恼更大,而喷气飞机所发出的噪声恰恰又大部分是高频噪声。

1.4.3.2 交通噪声的危害

道路交通运营过程中产生的噪声干扰非常大,不仅干扰周边居民的生活、工作,影响人体健康,而且使路域系统中声敏感动物向他处移动或迁徙,种群重新分布。

船舶噪声会影响鲸、鸟类和鱼类的日常行为、摄食和生态学过程,研究表明,噪声轻者可致捕食、种间交流和洄游等能力下降,重者可屏蔽动物听觉或引起听觉的暂时性失聪。

水陆交通运输噪声,虽然影响面广,但从直接造成显著的危害来说,还是空运的噪声较大。当大型喷气客机起飞时,跑道两侧1km内语言通信都受到干扰,4km范围内人民不能休息和睡眠。

1.4.4 交通运营产生的固体废弃物影响

废物是人类在日常生活和生产活动中对自然界的原材料进行开采、加工、利用后,不再需要而废弃的东西,由于废物多数以固体或半固体状态存在,通常又称为固体废弃物。固体废弃物具有鲜明的时间和空间特征,它同时具有"废物"和"资源"的二重特性。从时间角度看,固体废弃物仅指相对于目前的科学技术和经济条件而无法利用的物资或物品,随着科学技术的飞速发展,矿物资源的日趋枯竭,自然资源滞后于人类需求,昨天的废物势必又将成为明天的资源。从空间角度看,废物仅仅相对于某一过程或某一方面没有使用价值,而并非在一切过程或一切方面没有使用价值,某一过程的废物,往往是另一过程的原料。所以,固体废物又有"放错地方的资源"之称。

交通行业的各个部分,无时无刻不在产生固体废弃物,这也使固体废弃物处理成为治理交通环境中不可或缺的重要部分。

1.4.4.1 交通行业固体废物的来源

交通设施建成投入使用后,在极大地方便人们出行的同时也带来了相应的污染问题。

交通运营期固体废弃物主要来源有以下3个方面：

(1)乘客在乘坐交通工具的过程中会产生大量的生活垃圾。

(2)交通服务设施,如洗车场、修理厂、加油站等产生的生活垃圾以及交通工具维修、维护所产生的废旧零配件。

(3)交通事故的发生也在一定程度上增加了交通固体废弃物的量,如某些严重的交通事故可直接导致车辆成为报废品。

1.4.4.2 固体废物的危害

(1)固体废弃物对环境的影响

①对土地的影响。固体废弃物的堆放需要占用土地,据统计,每堆积1万t废渣约需占用土地$0.067hm^2$。固体废物的任意露天堆放,不但占用一定土地,而且其积累的存放量越多,所需的面积越大,如此一来势必使可耕地面积短缺的矛盾加剧。随着我国经济发展和人们生活水平的提高,固体废物的产生量会越来越大,如不加以妥善管理,固体废物侵占土地的问题会越来越严重。

②对水体的影响。固体废物对水体的污染途径有直接污染和间接污染两种:前者把水体作为固体废物的接纳体,向水体直接倾倒废物,从而导致水体的直接污染;而后者是固体废物在堆积过程中,经过自身分解和雨水浸淋产生的渗滤液流入江河、湖泊和渗入地下而导致的地表和地下水的污染。

③对大气的影响。固体废弃物在堆存和处理处置过程中会产生有害气体,若不加以妥善处理,将对大气环境造成不同程度的影响。另外,固体废物在焚烧过程中会产生粉尘、酸性气体、二噁英等,也会对大气环境造成污染。堆放的固体废物中的细微颗粒、粉尘等可随风飞扬,从而对大气环境造成污染。

(2)固体废弃物对人体健康的影响

固体废物,特别是危险废物,在露天存放、处理或处置过程中,其中的有害成分在物理、化学和生物的作用下会发生浸出,含有有害成分的浸出液可通过地表水、地下水、大气和土壤等环节介质直接或间接被人体吸收,从而对人体健康造成威胁。

1.4.5 交通工具运行中的振动影响

随着社会经济的发展和人们生活质量的提高,振动对环境的影响引起越来越多的关注。国际上已把振动列为七大环境公害之一。据有关统计,除工厂、企业和建筑施工之外,交通引起的环境振动是公众反映最强烈的。

1.4.5.1 交通系统振动的来源

交通振动是指路面或轨道上行驶车辆的冲击力作用在路基上,通过地基传递使沿线地基和建筑物产生的振动。交通振动主要来自轨道上运行的列车和在公路上运行的汽车或其他车辆。通常,路面或轨道越不平整、车辆重量越大、车速越高,产生的振动就越大。

(1)道路交通振动的来源

①车辆以一定的速度运行时,对路面或轨道的重力加载产生的冲击。

②车辆在路面运行时,车轮与路基相互作用产生的车轮与路基结构的振动。

（2）轨道运输振动的来源

①列车以一定的速度运行时,对轨道的重力加载产生的冲击。

②列车在轨道上运行时,轮轨相互作用产生的车轮与钢轨结构的振动。

③当车轮滚过钢轨接头时,轮轨相互作用产生的车轮与钢轨结构的振动。

④轨道的不平顺和车轮的损伤也是系统振动的振源。

1.4.5.2 交通系统振动的危害

（1）振动对环境的危害

①对结构的安全和正常使用的影响。

交通系统引起的环境振动振幅和能量都比较小,从建筑物安全的角度来讲,它不会造成像地震那样的剧烈损害。但环境振动的作用是长期存在和反复发生的,小幅环境振动的反复作用会对处在振动环境中的结构物造成损害,使建筑结构的强度降低,出现裂缝或者引起结构变形,影响结构物的安全和正常使用。与此同时,长期处在振动环境中的建筑物,其内部装潢可能受到损伤,如装饰构件损害、墙皮破裂脱落等,对建筑物的外观和正常使用影响很大。

②对精密仪器设备的正常使用的影响。

振动降低精密加工的精度。各类精密加工设备对不同加工件的精度要求,规定了不同的振动控制限值,其允许振动速度的控制指标,就会对产品的粗糙度、波纹度、圆度、垂直度和尺寸精度积累误差产生不良的影响。

振动影响精密仪器、仪表的正常使用。各种用于精密计量、理化分析及其他检验的仪器、仪表,均有其相应的正常检验测试精度条件,其允许振动速度的控制指标一般为 0.03～0.5mm/s,当外界传递来的振动超过其允许振动速度控制指标时,精密仪器、仪表的检验测试系统就会发生晃动或颤动,致使无法正确判定标值,从而使检验测试系统产生误差,甚至造成整个系统无法正常工作。严重时,还会导致某些仪器刀口损伤,指针失灵,内部机构松动损坏乃至设备报废。

（2）振动对人体的影响

一般而言,振动可能以下列两种方式作用于人体:一种是振动只施加自人体的部分组织,如各种手工操作的振动工具等,这种振动由于频率较高,不易传导到人体的其他部位,因而称为局部暴露振动;另一种振动是通过人体的支撑部位,如站立时的双脚等,将振动作用于整个身体,这类振动称为全身暴露振动。

振动影响人的正常生活和工作。在生活中,环境振动一般不会对人的身体造成直接的物理损伤,但研究表明,环境振动哪怕是轻微的环境振动都会使人感到不安和烦躁,干扰人们的正常生活,影响人们的睡眠、休息和学习。在工作环境中,振动还会影响人的视觉,干扰手的操作准确性和大脑的思维,影响人的工作和学习效率。振动影响人类的身心健康。振动会对人体健康造成多方面的影响,它能对人体骨骼、肌肉、关节、韧带、循环系统、消化系统、神经系统、血液系统、代谢系统、呼吸系统及女性生殖系统带来不同程度的损害和影响。

1.4.6 对电磁辐射的影响

电气化铁路、城市轨道、磁悬浮列车的出现,给人们的日常生活带来便利,但一个问题也逐渐引起人们的关注,即交通的电磁辐射问题。

电磁辐射主要是通过电场、磁场和电晕三种形式发生。常见的广播电视、雷达系统、电力设备、输变电设备、高压输电线路、地铁、电力机车等,只要和电力有关的设备,在工作运行过程中都会产生不同频率和强度的电磁辐射。

1.4.6.1 交通行业电磁辐射的特点

(1)电气化铁路电磁辐射特点

电气化铁路对人体健康的潜在电磁影响,主要来自于牵引变电站高压设施产生的工频电磁场;此外,专门用于铁路调度、指挥和控制的 GSM–R 无线基站,也可能产生影响人体健康的射频电磁辐射。

(2)磁悬浮列车电磁辐射特点

磁浮列车的磁场存在于车辆底部的悬浮电磁铁与线路的定子铁芯之间,由于定子铁芯本身并不带磁,对周围环境不发生电磁辐射;只有当列车悬浮通过线路时,车上的电磁铁与轨道上的定子铁芯才构成磁力线闭合回路。由于两者之间的间隙仅有 10mm,通过间隙泄漏的磁力线极少。根据国内外权威机构在车旁检测,其电磁辐射强度低于彩色电视机、电吹风、电磁炉等普通家用电器电磁辐射强度。距磁浮线路轨道 3m 处的电磁辐射强度已经趋于大地磁场水平。根据国家环保总局对上海磁浮示范线环保验收的结论,磁浮列车的电磁辐射强度低于国家有关标准。

(3)城市轨道交通电磁辐射特点

城市轨道交通产生电磁辐射污染源的部位主要是:受电器、牵引变电站及其附属设施,如主变压器、电容器组、各高压开关及高压电缆、列车金属壳体、高压导线、绝缘子、动力与照明系统、通信与控制系统等设施设备。辐射范围一是沿线周围环境(居民收看电视、收听广播),二是变电所职工工作环境。

城市轨道运行对于周边的干扰并不大,不会影响附近其他居民电子设备的正常使用,变电站颤动的工频电磁场基本和我们生活中一般场所电磁辐射没有太大区别。虽然目前我国还没有地铁电磁辐射标准,但是地铁在建设中都是按照欧洲标准严格执行,电磁辐射一般不会超标超限。

1.4.6.2 电磁辐射对环境的影响

电磁辐射的主要环境影响包括两个方面,一是电磁辐射的生物学效应,亦即其对人体健康的影响,这是人们普遍关注的问题;二是电磁辐射对人们日常生活必需的电视机、无线电广播等设施的干扰。

就电磁辐射的生物效应而言,电磁辐射对人体有以下四大影响:

(1)电磁辐射是心血管疾病、糖尿病、癌突变的主要诱因。

(2)电磁辐射对人体生殖系统、神经系统和免疫系统造成直接伤害。损害中枢神经系统,头部长期受电磁辐射影响后,轻则引起失眠多梦、头痛头昏、疲劳无力、记忆力减退、易怒、抑郁等神经衰弱症,重则使大脑皮细胞活动能力减弱,并造成脑损伤。

(3)电磁辐射是造成孕妇流产、不育、畸胎等病变的诱发因素。

(4)过量的电磁辐射直接影响儿童组织发育、骨骼发育、视力下降;肝脏造血功能下降,严重时可导致视网膜脱落。

对电器设备的干扰,主要体现在对居民收看电视、收听调频广播造成的干扰。虽然随着有线电视网络的普及,采用单机天线接收电视信号的情况越来越少,但广大农村地区或城乡接合部、城市棚户区、城中村等落后区域仍有部分依赖天线收看电视的居民,电磁辐射对电视接收的干扰将影响人们的生活质量。

1.5 我国交通环境保护现状

1.5.1 我国交通环境保护政策、法规体系建设

根据国家环境保护方面的方针、政策和法律法规,交通运输行业相应颁布了一系列的环保规章和管理办法,大力推进交通运输行业节能减排工作;依法颁布了专项规划环评和公路水运建设项目环境监理等指导性文件,率先开展并推广了规划环评和工程项目环境监理工作;制定了环境监测管理办法、环保统计规则以及各种技术性规范等,强化了行业环保管理工作。这些规章、制度的制定,确保了国家环保政策在交通运输行业的贯彻实施。

根据第一次全国环境保护会议的精神,原交通部(以下简称"交通部")在1974年成立了环境保护领导小组,下设环境保护办公室,负责交通行业的环境保护。1982年环境保护领导小组取消,办公室并入水上安全监督局。这一时期交通部虽然成立了相关的环保机构,但对环境保护工作的执行力度不大,基本处于停滞状态。交通行业环境保护真正落实是从港口的环境保护和防治船舶污染开始的。20世纪80年代,中国的港口建设进入了快速发展时期,由此引起的防止港口工程建设对环境生态和周围环境影响的工作列入环境管理的重要议程。

1987年,交通部颁布了《交通建设项目环境保护管理办法(试行)》的通知,管理办法明文规定,凡对环境有影响的建设项目都必须执行环境影响报告书或环境影响报告表的审批制度和"三同时"制度(防治污染及其公害的设施与主体工程同时设计、同时施工、同时投产使用),凡进行项目可行性研究、拟定设计计划任务书,以及进行设计、施工、竣工验收时,都必须考虑环境保护,提出防治污染对策和设置必要的防治设施。设计部门下达建设项目可行性研究任务的同时,必须下达环境影响评价任务。从交通部颁布《交通建设项目环境保护管理办法(试行)》后,即开始了公路建设项目环境影响评价工作。1990年5月,交通部结合交通行业的特点,根据国家颁布实施的《建设项目环境保护管理办法》和《交通建设项目环境保护管理办法(试行)》,正式完善并通过了《交通建设项目环境保护管理办法》(同年7月1日起实施)。再次明确了对环境有影响的交通行业大、中型建设项目,必须执行环境影响报告书(表)审批制度和"三同时"制度。

1994年,交通部颁布了《港口工程环境保护设计规范》,1996~1997年,交通部又相继编制了《公路建设项目环境影响评价规范(试行)》(JTJ/T 005—1996)[现已更新为《公路建设项目环境影响评价规范》(JTG B03—2006)]、《港口建设项目环境影响评价规范》。作为交通行业标准,这些规范的发布使公路、港口建设项目环境影响评价工作规范化。自1987年我国第一本公路环境影响评价报告——《西安至临潼高速公路环境影响评价报告书》编制以来,到1999年年底,已有200多项高等级公路和特大桥编制了环境影响报告书,对促进公路建设和环境保护协调发展起到了非常重要的作用。1998年又颁布了《公路环境保护设计规

范》(JTJ/T 006—98)[现已更新为《公路环境保护设计规范》(JTG B04—2010)],作为推荐性的行业标准,自1998年12月1日施行,使公路环境影响评价报告书中提出的环保措施有了实施的保障,环境评价报告中提出的环保措施开始在公路设计及工程中得到实施,公路设计单位已能主动地在公路建设项目的可行性研究报告中将环境保护措施作为其主要内容之一。以上4个规范的颁布,加强了交通建设项目环境保护工作的技术管理,统一了环境质量评价和环境保护设计质量,对交通建设项目环保工作的实际开展指明了方向,起到了指导和规范作用,促进了交通行业环境保护发展。

1999年,交通部根据国务院253号令要求,组织了《交通建设项目环境保护管理办法》的修订工作,并于2000年完成,在修订的《交通建设项目环境保护管理办法》中,按国家要求强化了水土保持、生态环境保护工作,要求环保对策更符合国情和交通行业实际,同时,进一步充实了"三同时制度"的管理内容,特别是施工阶段的环境监督,使之更加适应当前建设项目环境保护工作的需要。第四次全国环境保护工作会议后,1997年交通部将环保办划出,成立了独立的办事机构——交通部环境保护办公室。为加强地方环境保护工作,交通部多次要求省、自治区、直辖市交通厅(局)设立厅(局)环境保护委员会,下设环境保护办公室,至2000年年底,湖北、湖南、江苏、河南、广东、河北和北京等省市已设立环境保护委员会和环境保护办事机构。通过以上措施,交通行业的环境管理机构得到进一步加强,为交通部贯彻环境保护的方针、政策和实现环境保护目标提供了组织保证。

2003年,交通部把四川省川九公路作为公路与自然相和谐的"示范工程",总结出"设计上最大限度地保护生态,施工中最低程度地破坏和最大限度地恢复生态"的经验做法,促进了公路建设与自然环境的和谐。经过30多年的艰苦努力,交通运输行业的环境保护工作从无到有,目前已基本形成了相对完善的行业环保管理和工作体系。

1.5.2 我国交通环境要素保护政策法规及技术标准

1.5.2.1 防治大气污染的法规和标准

(1)大气污染防治法

《中华人民共和国大气污染防治法》最初于1987年9月5日第六届全国人民代表大会常务委员会第20次会议通过,同日公布,并于1988年6月1日起施行。为了适应新时期大气环境保护的需要,根据1995年8月29日第八届全国人民代表大会常务委员会第15次会议《关于修改〈中华人民共和国大气污染防治法〉的决定》修正,2000年4月29日第九届全国人民代表大会常务委员会第15次会议修订通过,同日以中华人民共和国主席令(第32号)公布,自2000年9月1日起施行。

现行《中华人民共和国大气污染防治法》分别对大气污染防治的总则、大气污染防治的监督管理、防治燃煤产生的大气污染、防治机动车船舶排放污染、防治废气、尘和恶臭污染等法律责任做出了具体规定。

(2)环境标准

①环境空气标准。

目前,世界各国在制定标准时,大多依据世界卫生组织于1963年提出的4级标准作为基本依据。1982年我国制定了《大气环境质量标准》(GB 3095—1982),随着环境管理的要求、技术经济水平的提高,在充分考虑老标准执行时出现的情况和问题的基础上,1996年1月18日经国家环保局批准,修订为《环境空气质量标准》(GB 3095—1996),于1996年10月1日开始实施,同时替代《大气环境质量标准》(GB 3095—1982)。

该标准将环境空气质量功能区分为3类,即一类区为自然保护区、风景名胜区和其他需要特殊保护的地区;二类区为城镇规划中确定的居住区、商业交通居民混合区、文化区、一般工业区和农村地区;三类区为特定工业区。

环境空气质量标准分为3级。执行级别根据环境空气质量功能区的分类确定,即一类区执行一级标准、二类区执行二级标准、三类区执行三级标准。

另外,国家环保部已于2012年2月29日批准《环境空气质量标准》(GB 3095—2012),将于2016年1月1日在全国实施。

②排放标准。

大气污染物排放标准原来实施的为《大气污染物综合排放标准》(GB 16297—1996),现被各行业性标准所替代,具体包括《煤炭工业污染物排放标准》(GB20426—2006)、《锅炉大气污染物排放标准》(GB 13271—2014)、《炼铁工业大气污染物排放标准》(GB 28663—2012)等。

③环境技术标准。

环境技术标准包括大气环境基础标准(如名词标准)、方法标准(采样分析标准)、样品标准(监测样品标准)、大气污染控制技术标准(如原料、燃料使用标准,净化装置选用标准,排气筒高度标准等)、环保产品质量标准等。它们都是为保证前述标准的实施而做出的具体技术规定,目的是使生产、设计、管理、监督人员容易掌握和执行。

1.5.2.2 水污染防治法规

(1)海洋污染防治法规

海洋是一种特殊的环境要素,海洋调节着全球气候,创造了人类生存的自然环境。为了保护海洋环境,防治海洋污染,我国自20世纪70年代起,先后颁布了多项海水保护专门法规。

①海水水质标准。

1997年颁布的国家标准《海水水质标准》(GB 3097—1997),根据海水的用途,将海水水质分为4类:第一类适用于保护海洋渔业水域、海上自然保护区和珍稀濒危海洋生物保护区;第二类适用于水产养殖区、海水浴场、人体直接接触海水的海上运动或娱乐区,以及与人类食用直接有关的工业用水区;第三类适用于一般工业用水区、海滨风景旅游区;第四类适用于港口水域和海洋开发作业区。

②海洋环境保护法。

1982年我国颁布了海洋环境保护的综合性法律——《中华人民共和国海洋环境保护法》,1999年召开的第九届全国人民代表大会对该法进行了修订。为了贯彻该法,又颁布了保护海洋环境的一系列条例,如《中华人民共和国防止船舶污染海域管理条例》《中华人民共和国海洋倾废条例》《中华人民共和国防治陆源污染物污染损坏海洋环境管理条例》等。

(2)陆地水污染防治法规

①水污染防治法。

1984年颁布的《中华人民共和国水污染防治法》,是陆地水污染防治方面比较全面的综合性法律,2008年又进行了修订。依据该法,国家有关部门先后发布了《水污染物排放许可证管理暂行办法》《饮用水水源保护区污染防治管理规定》等专项行政规章。

②地表水环境质量标准。

国家地表水水质标准主要有《地表水环境质量标准》(GB 3838—2002)、《污水综合排放标准》(GB 8978—1996)、《农田灌溉水质标准》(GB 5084—2005)和《渔业水质标准》(GB 11607—1989)等。

1.5.2.3 噪声防治法规与标准

(1)中华人民共和国环境噪声污染防治法

为防治环境噪声污染,保护和改善生活环境,保障人体健康,促进经济和社会发展,1996年10月29日第八届人大常务委员会第二十二次会议通过同日国家主席令第七十七号公布《中华人民共和国环境噪声污染防治法》。该法第五章为交通运输噪声污染防治,对机动车辆、铁路机车、机动船舶、航空器等交通运输工具在运行时产生的噪声进行治理。

(2)噪声标准

噪声控制标准大致分为环境噪声限值标准、交通运输噪声限值标准、通用机械设备噪声限值标准、家用电器噪声限值标准、噪声控制限值标准。

①环境质量标准。

我国城市声环境标准最早是在1982年颁布试行,经过一段时间的试用修订,在1993年正式颁布实施,2008年对其又做了第二次修订,自2008年10月1日起正式实施。《声环境质量标准》(GB 3096—2008)中规定了城市5类声功能区划分及其环境噪声等效声级限值(表1-5)。

《声环境质量标准》(GB 3096—2008)[单位:dB(A)]　　　　表1-5

声环境功能区时段		昼　间	夜　间
0 类		50	40
1 类		55	45
2 类		60	50
3 类		65	55
4 类	4a 类	70	55
	4b 类	70	60

按区域的使用功能特点和环境质量要求,声环境功能区分为以下5种类型。

a. 0类声功能区:指康复疗养区等特别需要安静的区域。

b. 1类声功能区:指居民住宅、医疗卫生、文化教育、科研设计、行政办公为主要功能,需要保持安静的区域。

c. 2类声功能区:指商业金融、集市贸易为主要功能,或居住、商业、工业混杂,需要维护住宅安静的区域。

d. 3类声功能区:指以工业生产、仓储物流为主要功能,需要防止工业噪声对周围环境产生严重影响的区域。

e. 4类声功能区:指交通干线两侧一定距离内,需要防止交通噪声对周围环境产生严重影响的区域。该声功能区包括4a类和4b类两种类型。4a类为高速公路、一级公路、城市快速路、城市主干路、城市次干路、城市轨道交通(地面段)、内河航道两侧区域;4b类为铁路干线两侧区域。

4b类声功能区环境噪声限值适用于2011年1月1日起环境影响文件通过审批的新建铁路(含新开廊道的增建铁路)干线建设项目两侧区域。

②《汽车定置噪声限值》(GB 16170—1996)。

该标准既是机动车辆产品的噪声标准,也是城市机动车辆噪声检查的依据。该标准规定了城市道路允许行驶的在用汽车定置噪声的限值。汽车定置是指车辆不行驶,发动机处于空载运转状态。定置噪声反映了车辆主要噪声源——排气噪声和发动机噪声的状况。标准中规定的对各类汽车的噪声限值见表1-6。

各类汽车定置噪声限值[单位:dB(A)]   表1-6

车辆类型	燃料种类	车辆出厂日期	
		1998年1月1日前	1998年1月1日起
轿车	汽油	87	85
微型客车、货车	汽油	90	88
轻型客车、货车、越野车	汽油 $n \leq 4300 r/min$	94	92
	汽油 $n \leq 4300 r/min$	97	95
	柴油	100	98
中型客车、货车 大型客车	柴油	100	98
	汽油	97	95
	柴油	103	101
重型货车	额定功率 $N \leq 147kW$	101	99
	额定功率 $N > 147kW$	105	103

③交通建设项目噪声限值。

交通项目对声环境的影响主要是施工期间的机械噪声和材料运输噪声、运营期间的交通噪声,如公路噪声、铁道噪声、机场噪声等。交通噪声扰民随着交通量的增加而上升,其防治措施应认真研究。《建筑施工场界环境噪声排放标准》(GB 12523—2011)规定了建筑施工场界环境噪声排放限值,见表1-7。

建筑施工场界环境噪声排放限值[单位:dB(A)]   表表1-7

时间	昼间	夜间
噪声限值	70	55

1.5.3 我国交通环境保护成就和不足

1.5.3.1 成就

环境保护工作经过多年的发展,在公路水路交通运输行业污染控制、生态保护与建设、污染事故应急处置及环保监管能力建设等方面都取得了长足进步，初步适应了国家环境保护政策的要求，有力支持了行业的快速、可持续发展。

在交通运输规划领域，环保理念在规划阶段得到体现，港口、公路等交通规划中都设置了专门的环保篇章；规划环评和环保专项规划逐步开展，部分省份组织开展了公路水路交通环保专项规划编制。

在基础设施建设领域，环保"三同时"制度得到全面贯彻，行业污染治理能力得到明显提升；生态保护力度日益加强，逐步探索形成了科学合理的生态保护理念；自然资源利用集约化趋势明显，路网建设等级不断提升，码头建设向规模化、集约化和专业化发展；建设项目环境保护管理日趋规范，行业建设项目环评执行率、环评和竣工环保验收通过率都基本达到100%。

在客货运输领域，污染治理成效初显，污染物排放总量得到了有效地控制；污染应急防范能力明显增强，水上溢油应急处置能力也有大幅度提升。

在行业环境保护管理能力方面，行业环境保护管理体系初步形成，各级交通运输主管部门逐步建立了行业环境保护管理机构，初步明确了环境保护的管理职责；行业环境保护法规体系初步建立；行业环保统计全面启动；行业环境监测工作逐步开展，建成多个行业环境监测站。

在行业环保科技支撑方面，环保科研条件得到一定改善，建设了一批行业环保实验室；在公路生态环境保护、资源集约利用、节能减排、船舶污染防治及溢油应急处置等领域取得了一系列科研成果。

1.5.3.2 存在问题

（1）规划层面

①中国综合交通发展规划及各项交通规划走在国家主体环境功能区规划、土地利用规划和城市总体规划前面，对国土资源的综合利用、对环境资源的生态效应和环境效应重视不够。

②各交通专项发展规划，包括国家高速公路、铁路、沿海及内河主要港口、铁路和公路主枢纽等规划，相对独立进行，难以做到统筹兼顾。

③中国交通发展规划主要研究各种交通运输方式空间发展的整体框架，强调的是性质功能、线位资源利用、主枢纽布局等战略层面的问题，对资源节约和环境保护问题只是提出宏观的目标和措施，对环境敏感区、生物多样性、温室气体排放等资源、环境问题仅做概念性描述，没有将保护环境作为交通运输发展中必须考虑的重要前提。

（2）具体实施层面

①行业环境保护管理体系尚不健全，部分行业环境保护法规和技术规范不能适应新形势下环保发展需求，行业环保监督和执行力度不强。

②行业环保监管手段缺乏，环境监测、环保统计、环境监理等方面都较为薄弱，环保监管的资金渠道仍未有效落实。

③行业环保科研的基础性研究不足，资源循环利用、应对气候变化、生态修复等新兴领域研究尚未系统开展，科技支撑有待提高，科技成果转化推广机制尚不健全。

④早期建设的部分工程缺乏环保设施，部分基础设施运营管理部门没有污染物回收处

理能力,行业总体污染治理能力不足,污染治理设施运行机制有待落实,监管工作有待加强。

⑤早期建设的部分工程缺少生态保护措施,对生态环境造成一定影响且至今仍未恢复,新建工程生态保护水平依然较低,生态保护和修复技术的针对性和有效性尚且不足。

⑥废弃物再利用程度总体较低,行业推进循环经济发展的模式有待进一步探索。

1.6　国外交通环境保护研究

1.6.1　综合性交通环境保护法规及策略

美国对于综合交通运输的环境保护工作是世界上较为先进和全面的。20世纪90年代以来,以1990年通过的《多模式地面运输效率法案(1990 Intermodal Surface Transportation Efficient Act)》为里程碑,美国交通运输发展转入了以可持续发展为目标的综合运输发展阶段;在此基础上制定的《美国21世纪运输公平性法案(Transportation Equity Act for the 21st Century)》彻底改变了过去以联邦投资州际高速为核心的发展思路,有关部门深深地认识到,只有充分发挥公路、铁路、水运、航空等多种运输方式的各自优势,并紧密衔接、相互配合,大力发展公共交通系统,应用高科技提高现有交通运输系统效率,才能解决不断增长的交通运输需求与环境、能源、资源之间的矛盾,使交通运输业走上可持续发展之路。

进入21世纪后,美国运输部出台了《2003~2008年战略计划》,提出了要实现安全性、机动性、全球连通、环境保护、国家安全、组织优化六大战略目标。其中环境保护战略目标为:一是要减少交通运输和交通设施带来的污染以及对环境的其他负面影响;二是要简化对交通运输设施项目的项目评估。《2003~2008年战略计划》还指出:美国的各种交通方式,包括空运、海运、公路、公交和铁路都建立起了高产能的网络系统,现在的任务就是把这些相互对立的运输方式交织成一个安全、节约、高效、公平和环保的综合运输系统。该计划体现了美国十分注重综合运输体系的整合和优化,从而在满足交通需求的同时提高资源使用效率和改善环境。

实现环境保护战略目标的中心策略是与绝大多数投资者一起合作,实现交通工程按时交付于环境保护改善的双赢目标。其采取的主要战略措施有:

(1)加快对交通基础设施中优先项目的环境评估;

(2)通过与工程投资方精诚合作来推动环境保护工作,在交通设施和服务工程的计划、发展、运营和维护过程中注意保护和改善自然和人类居住环境;

(3)与美国政府、产业界和社会团体协作,在世界范围内建立与交通有关的环境政策和环境标准,执行交通环境法规;

(4)创建激励措施,避免、减少或减轻运输服务和运输设施建设过程中对环境的不利影响;

(5)制定政策,推动减轻或消除环境恶化技术的应用;

(6)与联邦组织和民间组织联手展开相关科技研究,提高能源利用效率,促进替代燃料的使用,减少汽车废气的排放;

(7)通过污染防治,循环使用产品,清理被污染设施等措施改善运输部拥有或控制的交通设施；

(8) 研究环境和气候变化的关系，促使运输部门在实现降低温室气体排放的全国目标上做出贡献，确保国家运输网络能积极应对全球气候变化而引发的潜在、长期的影响。

1.6.2 环境要素的保护法规和策略

1.6.2.1 空气污染防治领域

(1) 伦敦

伦敦的污染问题从19世纪初期就开始出现，到20世纪50年代达到了前所未有的严重程度，著名的烟雾事件就是例证。1952年的烟雾事件引起了民众和政府当局的注意，使人们意识到控制大气污染的重要意义，并且直接推动了1956年英国洁净空气法案的通过。1995年又通过了《环境法》，2001年发布了《空气质量战略草案》等一系列治理法规。随着20世纪50年代汽车产业蓬勃发展，平均每个家庭的汽车拥有量为2.4辆。为解决交通拥挤、出行时耗无法预计、噪声及废气污染严重、生活环境恶劣等问题，2003年颁布了伦敦道路拥挤收费政策，收取交通拥挤费，减少塞车，交通顺畅，车速提高，污染物排放量相对减少；2004年颁布了公共交通优先政策，使90%的家庭居住地400m服务半径内就有公交站点，常规公交在城市中心增设公交专用道，设置交叉口公交优先信号，增强公共交通便利性。

根据大伦敦的环境保护策略，目前电力和天然气取代了高污染的固体燃料，增加绿地规模，绿地率高，绿地和水体占土地面积的2/3，使伦敦成为世界上最适宜人居住的地方，同时空气污染结构也改变了，NO_x和PM10释放物的来源见表1-8。

大伦敦 NO_x 和 PM10 释放物的来源 　　　　　表表1-8

来源	NO_x(%)	PM10(%)
公路运输	58.2	67.9
铁路、航空、轮船	11.5	8.1
受控的产业加工	8.9	22.3
商业建筑和住宅使用的燃气	13.1	0
未受控的产业设施使用的燃气	7.4	0.0

(2) 法国

1982年，法国颁布了《(法国)国家内部交通组织方针法》。该法案首先明确了"人人都有交通的权利"，同时也为若干城市打破行政区划、发展公交服务提供了法律依据。之后，若干城市结成城镇共同体，率先编制了《交通出行规划》(PDU)。1996年又颁布了《大气保护与节能法》，明确提出了城市交通可持续发展的目标，并规定，所有居住人口超过10万的城市聚居区(通常有多个城镇组成)都必须编制PDU，为发展各项交通出行服务提供政策指导和协调。《交通出行规划》的编制年限为5年，重点是对既有交通基础设施的优化使用和绩效管理。《大气保护与节能法》旨在合理使用能源资源，减少污染气体排放。因此，对交通出行规划也有环境要求，包括降低小汽车交通量，发展公共交通和低污染、节能的交通方式，如骑自行车和步行等。2000年生效的《大巴黎地区交通出行规划》，是法国城市低碳交通策略最具有代表性的规划文件，对必须实现的若干关键目标都制定了具体详细的量化指标。在后续实施中,巴黎在绿色街区与公交线路等级化两方面取得成功。

(3)美国、日本

美国主要在技术层面减少碳排放,通过政策和资金支持,大力研究和推广新能源、新技术。于2007年通过《美国能源独立及安全法》。该法规定到2025年时清洁能源技术和能源效率技术的投资规模将达到1900亿美元,其中200亿美元用于打造"绿色交通"。2010年,发布《技术与变革:美国能源的未来》报告,联邦政府承诺投入160亿美元,用于能够改革交通运输业的项目,包括插电式混合动力车、全电动汽车以及为新型汽车提供电力的基础设施和新型清洁燃料。在新技术利用方面:如采用OPAC(Optimization Policies for Adaptive Control,自适应控制的最优策略)等智能交通信号控制系统,对各路口交通流进行实时控制和优化配时,节约车辆运行时间。在拥堵路段设置多成员优先车道(HOV车道),从而可实现在拥挤主干道上,HOV车道平均每英里节省0.5min;在高速公路上,HOV平均每英里节省1.6min。

日本以政府为主导,通过实施燃油效率标准、智能交通技术等措施,并辅以财税激励政策,实现交通行业的减排。一是实施汽车厂商的"领跑者制度"。二是推广使用VICS(道路交通情报通信系统)、ETC(电子不停车收费系统)等智能交通技术,以提高车辆行驶速度,进而提高燃油效率。据统计研究,一般汽车平均时速20km时,二氧化碳排放量比时速40km时高30%,比时速60km时高60%以上。三是对新能源、环保车辆实行税收减免政策,免除新能源汽车(包括电动车、混合动力汽车、天然气汽车、燃料电池车等)的重量税和购置税,使用税也只征收50%。

1.6.2.2 地面振动限制领域

交通车辆引起的结构和地面振动是城市规划中的一个重要问题,由其进一步引发的周边建筑物振动以及相应的振动控制和减振措施,在规划和设计的最初阶段就应加以考虑。日本是振动环境污染最为严重的国家之一,在其《公害对策基本法》中,明确振动为七个典型公害之一的同时,还规定了必须采取有效措施来限制振动。在《限制振动法》中,特别对交通振动规定了措施要求,以保护生活环境和人民健康。面对公众的强烈反映,英国铁路管理局研究发展部技术中心对车辆引起的地面振动进行了测试,主要就行车速度、激振频率和轨道参数的相关关系以及共振现象进行了实验研究。

瑞士联邦和国际铁路联盟(UIC)实验研究所(ORE)共同执行了一项计划,以Zaeh和Rutishauser为首的研究小组研究了地铁列车和隧道结构的振动频率和加速度特征,从改善线路结构的角度提出了降低地铁列车振动对附近地下及地面结构振动影响的途径。

1.6.2.3 噪声控制研究领域

(1)道路交通噪声

国外一些发达国家特别重视声环境方面的保护,并采取了避免噪声敏感点、降低车辆噪声、建造声屏障、建设低噪声路面和采用隔声窗等一系列较合理、经济有效的方法。

①美国。

美国于1976年颁布了《声屏障设计手册》和《高速公路声屏障选择设计和施工经验》。1989年,美国声屏障达到了1158.48km,总投资63.5亿元,还设计了"公路声屏障专家设计优化系统",进一步提高了声屏障的设计水平。

②德国。

在德国,《联邦污染防治法》自1974年4月1日起实行,规定了公路交通噪声公害的极限值。同时颁布了噪声污染防治法,并制定了《公路声屏障设计规范和补充技术规定》等。据1983年资料报道,德国5700万人口中已有4000多万人深受噪声之害。噪声控制措施有声屏障、噪声防护障壁和隔音窗等。至1987年,德国修建的公路声屏障总长度已达500km。

③日本。

日本颁布了《日本国家干线公路环境保护规范》。据资料统计,1983年"日本道路公团"管理的3936km高速公路中就有45.5km的声屏障,占里程的12%。城市中公路设置率达到80%,至1990年,日本仅高速公路上的声屏障就达137km,全部道路上声屏障达到1573km。

④瑞典。

瑞典在20世纪70年代就重点解决公路噪声问题,在居民区附近施工时,设临时降噪墙来减少施工噪声的影响,如用空集装箱叠在一起作为移动式隔音墙,并采用低噪声设备;在营运期,利用政策引导人们购买低噪声机动车,降低允许噪声标准,限制汽车在某路段行驶速度,利用分流交通来减少噪声较敏感段的噪声,改造原有的居民窗户等。

⑤加拿大。

加拿大的噪声控制思想渗入交通建设的各个环节中,在规划阶段就避开主要敏感点,并尽量利用自然地势作为屏障,修建过程中除了建造各种形式的声噪屏之外,还利用工程弃方建造土堤。

另外,在未来减少轮胎噪声上,许多欧洲国家如德国、荷兰、西班牙、法国等国家采用低噪声多孔混凝土路面,采用纵向抹平施工方法。在1981年以后,比利时、奥地利英国采用细集料外露的混凝土路面,使路面形成无方向性凹凸表面。日本研制出来采用粉煤灰和氢氧化钠形成的材料,加入普通硅酸盐水泥,并适量添加早强剂和减水剂的混凝土路面,不仅可以吸收轮胎噪声,还可以吸附废气中的二氧化氮。在巴黎的环城高速线上,全部路面改铺成防噪黑色路面。

(2)机场噪声

1952年,Doolittle专门调查委员会向美国总统杜鲁门提交的报告《机场和机场邻居》(The Airport and Its Neighbours)中第一次记载了机场航空噪声与土地规划的矛盾。美国空军于1962年开始研究噪声问题,并开发了机场设施与周围用地相容性(AICUZ)程序。随后FAR150中对机场噪声相容性规划做出了规定。美国约有26个州和1900个城市制定了地方噪声控制法令,有的还是专门针对民用机场及其周围土地的。

日本大阪机场自1969年以来采取了使用低噪声飞机、限制航班数量、禁止夜航、实行减噪声程序以及增加隔声装置等措施,改善了机场周围噪声状况。这也是机场航空噪声控制常用的方法,在国际上得到了较为广泛的应用。

相对于直接管制手段,例如标准、许可证、区划等,许多经济学家开始呼吁采用经济手段控制机场航空噪声,例如收费、补贴等。1972年,OECD(经济合作与发展组织)将PPP(污染者付费原则)作为环境政策的基本经济原则,即污染者必须承担能够把环境改变到权威机构所认定的"可接受状态"中所需要的污染削减措施的成本。基于这种考虑,不少国家在规定机场噪声限值之外,还实行了考虑噪声因素的机场收费制度。例如:美国的机场收费同时考虑了飞机的降落质量和飞机声性能的完善度;荷兰拟定了考虑飞机噪声适应 ICAO(国际民用航空组织)标准第二章程度的收费制;英国曼彻斯特机场从 1975 年起对满足某指定条件的低噪声航空器减少 20% 的降落收费以资鼓励。表 1-9 列出了 OECD 在 1994 年调查的部分国家机场航空噪声收费情况,许多收费都是为了增加收入用以削减噪声。

部分国家机场噪声收费情况　　　　　　表 1-9

国家	费基	刺激效果		收入用途
		预期	实际	
比利时	飞机类型、时间	否	良好	噪声削减
法国	噪声特性	否	良好	噪声削减
德国	飞机噪声等级	是	良好	噪声削减
日本	飞机重量和噪声水平	否	一般	一般预算
荷兰	飞机重量和类型	否	良好	噪声削减
挪威	噪声特性	是	良好	没有净收入
葡萄牙	飞机重量	否	一般	一般预算
瑞典	噪声特性(Ⅰ~Ⅴ)	否	良好	噪声削减

(3) 铁路噪声

对铁路噪声研究最早的是欧盟。1996 年 11 月,欧共体关于未来噪声策略的绿皮书声明"公众对铁路运输的主要意见是噪声超标"。声明中提出的有关"通过科学研究找出噪声对人类健康的危害规律,减少长期受噪声影响的人口数量"的观点,对欧共体环境政策的制定有着极大的影响。事实上,从源头上控制噪声的产生和扩散,是控制噪声最直接有效的方法。只要经济上允许,噪声是可以得到有效控制的。因此,采取符合安全标准的适当降噪措施,将会有利于铁路运输的大环境。

"欧共体"战略中关于降低铁路噪声的几个技术要点如下:

①在源头(车体和轨道)上优先采取噪声控制措施。

②铁路噪声控制必须基于共同承担责任的基础上,也就是说所有成员国都必须为欧共体削减噪声战略贡献一分力量。

③由于铁路运输具有国际化的特点,因此欧共体铁路噪声削减战略必须考虑到欧共体以外的国家。

④铁路噪声的组成包括:滚动噪声、牵引和辅助设施噪声、空气动力学噪声。其中滚动噪声尤为重要。

⑤削减滚动噪声的首要问题是采取措施使车轮和铁轨尽量保持光滑。

⑥车轮和铁轨表面的光滑程度受到列车运行磨损的制约。为了列车减噪,车轮和轨道必须定期进行维修养护。

⑦除了控制轮轨表面粗糙度的方法,还可以利用阻尼和遮挡的方法来减少噪声的发散。

⑧由于轨道交通的长期性,必须对已有的和新建的铁路设备都采取减噪措施。

其后,法国、意大利等国都对铁路噪声的控制制定了噪声限值。法国将铁路线路分为新建高速铁路、改建高速铁路、新建普速铁路和改建普速铁路,改建铁路的噪声限值比新建铁路的噪声限值宽松 5dB(A),见表 1-10。德国、意大利等国家也采取了类似的分类方法。

法国铁路沿线区域噪声质量标准[单位:dB(A)] 表1-10

类别	敏感建筑	昼间	夜间
新建高速铁路（>250km/h）	医院	60	55
	学校	60	
	居民住宅	60	55
	其他居民住宅楼	65	60
	办公楼	65	
改建高速铁路		65	60
新建普速铁路（≤250km/h）	医院	63	58
	学校	63	
	居民住宅	63	58
	其他居民住宅	68	63
	办公楼	68	
改建普速铁路		68	63

日本也采用列车通过时的最大A声级对新干线周边区域的噪声标准进行限制，具体结果见表1-11。

日本新干线铁路环境噪声质量标准　　表1-11

区域	限值[dB(A)]	备注
Ⅰ（居住区）	不超过70	在户外高于地面1.2m处测量
Ⅱ（工业、商业、少量居民的混合区）	不超过75	

在欧洲，还将列车运行辐射噪声限值作为排放标准加以限定。其中奥地利、芬兰和意大利等国将列车运行辐射噪声限值作为强制执行标准，见表1-12。德国在制定列车运行辐射噪声限值时，分为两个阶段实现，10年期间将列车运行辐射噪声限值降低8dB(A)，意大利也是分阶段制定不同的列车运行辐射噪声限值，10年期间降低2dB(A)。

意大利铁路25m处时的噪声排放限值L_{pNmax}[单位:dB(A)]　　表1-12

列车类型	2002年	2012年
客运机车(250km/h)	90	88
客车(250km/h)	88	86
客运机车(160km/h)	85	83
客车(160km/h)	83	81
货运机车(160km/h)	85	83
货车(160km/h)	90	88
货运机车(90km/h)	84	82
货车(90km/h)	89	87
内燃机机车(80km/h)	88	86
内燃机(80km/h)	83	81

注：L_{pNmax}——列车运行辐射最大声压级。

欧盟和法国提出的高速铁路噪声辐射限值分别见表1-13、表1-14。

欧盟高速铁路噪声辐射限值[单位:dB(A)]　　　　　表1-13

适用范围	运行速度(km/h)		
	250	300	320
新设计	88	92	93
既有设计	90	93	94
建议值	86	89	90

注:在距离线路轨道中心25m处测量。

法国高速铁路噪声辐射限值　　　　　表1-14

运行速度(km/h)	限值[dB(A)]	备　注
300	96	在距线路中心线25m处测量
250	93	

复习思考题

1. 交通行业对环境的污染主要有哪些?
2. 我国交通环境保护政策、法规体系建设是否完善?有哪些不足?
3. 各种区域交通方式的特点是什么?分别对环境产生哪些主要影响?
4. 如何在交通运输行业的发展中实现可持续发展?
5. 国外对于交通环境保护中的哪些经验可以借鉴?

第2章　交通环境影响调查与分析

环境调查是利用科学的方法，有目的、有系统地收集能够反映目标区域环境在时间上的变化和空间上的分布状况的信息，并为研究环境变化规律，预测未来环境变化趋势，进行组织活动的决策提供依据。

环境调查其实质为环境要素调查，主要涵盖以下要素的调查。

(1)水环境调查：江河湖泊、海域及流域；水质、底泥、水生生物。
(2)陆地环境调查：景观和废弃物。
(3)土壤调查：现状调查、风险评价。
(4)大气环境调查：大气、烟气、大气沉降物。
(5)生态调查：动植物的分布、鱼类生活。
(6)环境与健康调查：污染源调查；环境介质和暴露途径调查；人体、人群暴露调查。

但环境要素是随时间地点等影响因素不断发生改变的，要想真正得到所需的数据，需要对环境进行长时间的监测，也就是说交通环境调查的重点是环境监测。

2.1　环境监测

2.1.1　环境监测的定义

所谓环境监测就是运用现代科学技术方法定量地测定环境因子及其变化规律，分析其环境影响过程与程度的科学活动。从执法监督的意义上说，它是用科学的方法监视和检测代表环境质量和变化趋势的各种数据的全过程。

2.1.2　环境监测的目的和意义

环境监测的目的是全面、客观、准确地揭示环境因子的时空分布和变化规律，对环境质量及其变化做出正确的评价，主要包括以下五个方面：

(1)通过对环境因子定点、定时、长期监测，为研究环境背景、环境容量、污染物总量控制、环境目标管理和环境质量预测预报提供基础数据。

(2)根据污染物的分布特点、迁移规律和影响因素，追踪污染源，预测污染趋势，为控制污染提供依据。

(3)为开展科学研究或为环境质量评价提供依据。

(4)为保护人类健康,保护生态环境,合理使用自然资源,制定环境法规、标准、规划等提供依据。

(5)通过应急监测为正确处理污染事故提供服务。

环境监测的意义如下:

(1)环境监测是掌握环境质量状况和发展趋势的重要手段。

(2)环境监测是科学管理环境的基础。环境监测是环境保护的基础性工作,必须为环境管理和经济建设服务,及时向环境保护行政主管部门提供环境质量信息及变化趋势,为有关部门在监督污染物排放、控制新污染源产生以及提高资源、能源利用率等方面提供决策依据。

(3)环境监测是正确处理环境污染事故和污染纠纷的技术依据。通过环境污染事故的监测和污染纠纷的仲裁监测,可以确定环境是否受污染、污染危害程度、受何种污染物污染等,这就为正确处理环境污染事故和污染纠纷提供了技术依据。

2.1.3 环境监测的发展

20世纪70年代以来,随着对环境问题的日益关注,人们对环境监测范围、精度、准确度也提出了更高要求。而新的规范标准、新技术、新理论也极大地促进了环境监测技术的发展,环境监测概念不断深化,监测项目日益增多,监测范围不断扩大,从一个断面发展到一个城市、一个区域、整个国家乃至全球。而监测技术日新月异,从单一的环境分析发展到物理、生物、生态、遥感卫星等监测,从间断监测发展到自动连续监测和在线监测,同时,布点技术、采样技术、数据处理技术和综合评价技术也得到了飞速发展。因此,环境监测已经形成了以环境分析为基础、以物理化学测定为主导、以生物监测为补充的学科体系。

目前,环境监测成为环境科学的一个重要分支学科,环境化学、环境物理学、环境地学、环境工程学、环境医学、环境管理学、环境经济学以及环境法学等所有环境科学学科,都是建立在了解、评价环境质量及其变化趋势的基础上。因此,环境监测也是环境科学与工程重要的基础学科。

2.1.4 环境监测分类

环境监测可按其监测目的或监测介质对象进行分类,也可按专业部门分工进行分类,如气象监测、卫生监测和资源监测等。

2.1.4.1 按监测目的分类

1)监视性监测

监视性监测又称为常规监测或例行监测,指根据国家的有关技术规范,对指定的有关项目进行定期的、长期的监测,以掌握环境质量现状和污染源状况,为环境质量评价、环境规划与管理、污染控制等提供基础数据。这类监测包括以下两个方面。

(1)不同环境介质的质量监测

①大气环境质量监测。对大气环境中的主要污染物进行定期或连续的监测,积累大气质量的基础数据,定期编制大气质量状况的评价报告,研究大气质量的变化规律及发展趋

势,为大气污染预测提供依据。

②水环境质量监测。对江河、湖泊、水库等地表水体、地下水体及其底泥、水生生物等进行定期定点的常年性监测,适时地对地表水及地下水质现状及其变化趋势做出评价,为开展水环境管理提供可靠的数据和资料。

③环境噪声监测。对城镇各功能区的噪声、道路交通噪声、区域环境噪声进行经常性监测,及时、准确地掌握城镇噪声现状,分析其变化趋势和规律,为城镇噪声的管理和治理提供系统的监测资料。

④土壤污染监测。对土壤中的重金属、农药残留量及其他有毒有害物质进行监测。

⑤固体废弃物监测。对工业有害固体废物和生活垃圾的毒性、易燃性、腐蚀性、重金属等指标进行监测。

⑥生物污染监测。当生物从环境中摄取营养时,水、空气、土壤中的污染物质随之进入生物体内。植物的监测项目大体与土壤监测项目类似,水生生物的监测项目依水体污染情况而定。

⑦放射性污染监测。随着核武器实验、核电站的发展及原子能和平应用的日益增多,环境中的放射性物质与日俱增,它对人类的潜在威胁受到了人们的广泛关注。因而对放射性的监测是十分必要的。

(2)污染源监督监测

污染源监督监测目的是掌握污染源向环境排放的污染物种类、浓度、数量,分析和判断污染物在时间和空间上的分布、迁移、转化和稀释、自净规律,掌握污染的影响程度和污染水平,确定控制和防治的对策。

2)特定目的监测

特定目的监测又称为特例监测,包括以下4种类型:

(1)污染事故监测

在发生污染事故时进行应急监测,以确定污染物扩散方向、速度和影响范围,为控制和消除污染提供依据。这类监测常采用流动监测(车、船等)、简易监测、低空航测、温感等手段。

(2)仲裁监测

针对污染事故纠纷、环境法执行过程中所产生的矛盾进行监测。仲裁监测应由国家指定的权威部门进行,以向执法部门、司法部门提供具有法律责任的数据(公证数据)。

(3)考核验证监测

包括环保人员业务考核、监测方法验证和污染治理项目竣工时的验收监测。

(4)咨询服务监测

为政府部门、科研机构和生产单位所提供的服务性监测。例如,建设新企业进行环境影响评价时。需要按评价要求进行环境监测。

3)研究性监测

研究性监测是针对特定的科学研究项目而进行的高层次、高水平、技术比较复杂的一种监测,该类监测的取样要求、测试方法和数据处理取决于科研目的。例如,背景调查监测及研究;标准物质标准方法研制监测;污染规律研究监测和综合研究监测等。研究性监测涉及多部门和学科,因此需要制订周密的监测计划。

2.1.4.2 按监测指标分类

(1)物理指标的测定

包括噪声、振动、电磁波、热能、放射性等水平的监测。

(2)化学指标的测定

包括各种化学物质在空气、水体、土壤和生物体内水平的监测。

(3)生态系统的监测

主要监测由于人类活动引起的生态系统的变化,如乱砍滥伐森林、草原和过度放牧引起的水土流失及土地沙化,二氧化碳和氟氯烃的过量排放引起的温室效应和臭氧层破坏等。

2.1.5 交通环境调查的流程

环境调查一般可按图2-1所示流程进行。

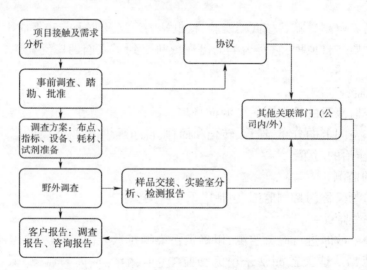

图2-1 环境调查的一般流程

(1)项目接触及需求分析

项目接触即监测站接受任务,与客户进行接触,了解客户需要的具体内容,确定监测类型。

(2)现场调查与资料收集

环境污染受时间、空间变化,受气象、季节、地形地貌等因素的影响。应根据监测区域的特点,进行周密的现场调查和资料收集工作。主要调查收集区域内各种污染源及其排放情况和自然与社会环境特征。自然和社会环境特征包括:地理位置、地形地貌、气象气候、土壤利用情况以及社会经济发展状况。

基于客户和监测站双方的接触和实地调查,双方对监测项目拟订协议,以保证环境调查的顺利进行。

(3)监测方案制订

监测方案的制订是环境监测最为重要的部分。需要对监测的项目、布点、指标、设备等进行确定。监测项目应根据国家规定的环境质量标准,本地区内主要污染源及其主要排放物的特点来选择。同时,还要测定一些气象及水文测量项目。

(4)野外调查

野外调查,即进行实地监测。按照所制订的监测方案,合理布设调查点,采集实时数据,并严格按照环境监测标准采集样品。将样品以正确的运输方式运送到实验室进行分析。

(5)环境样品的分析测试

样品运送至实验室后,根据客户需求,实验室将严格按照环境监测标准,运用合理的实验方法对样品进行分析检测,得到具体的实验数据。

(6)数据处理与结果上报

由于监测误差存在于环境监测全过程的始终,只有在可靠的采样和分析测试的基础上运用数理统计的方法处理数据,才可得到符合客观要求的数据。监测数据经复核后制成分析报告进行上报。

(7)关联部门检测

实验数据的客观性或实验数据的合理性都需要关联部门的检测,防止数据出现错误,保证数据在后期的使用中可达到其真实的水平。

(8)制作客户报告

野外调查的具体情况、实验室分析结果、关联部门的检测意见这几部分都需要制成调查报告提供给客户,保证客户可以了解到整个调查过程,这是为了体现数据的真实性,也是为了防止纠纷的出现。

2.1.6　常见环境监测技术规范

我国制定了相关的环境监测的技术规范,基本上涵盖了噪声、大气、水、辐射、土壤、固体废弃物等领域,常用的技术规范见表2-1,各监测技术规范规定了监测布点与采样、监测项目与相应监测分析方法、监测数据的处理与上报、质量保证、资料整编等内容。

主要环境监测技术规范或监测方法　　　　　表2-1

	规　范　名　称	规范号	实施日期
总则	环境监测质量管理技术导则	HJ 630—2011	2011-11-01
	环境监测、分析方法标准制修订技术导则	HJ 168—2010	2010-05-01
	工业污染现场检查技术规范	HJ 606—2011	2011-06-01
	环境标准样品研复制技术规范	HJ/T 173—2005	2005-07-01
	污染源在线自动监控(监测)数据采集传输仪技术要求	HJ 477—2009	2009-10-01
噪声	声环境功能区划分技术规范	GB/T 15190—2014	2015-01-01
	声环境质量标准	GB 3096—2008	2008-10-01
	声屏障声学设计和测量规范	HJ/T 90—2004	2004-10-01
	声学　机动车辆定置噪声测量方法	GB/T 14365	1993-12-01

续上表

规范名称	规范号	实施日期
大气		
环境空气质量监测规范(试行)	国家环保总局公告 2007年第4号	2007-01-19
环境空气质量指数(AQI)技术规定(试行)	HJ 633—2012	2016-01-01
固定源废气监测技术规范	HJ/T 397—2007	2008-03-01
大气污染物无组织排放监测技术导则	HJ/T 55—2000	2001-01-01
固定污染源烟气排放连续监测技术规范(试行)	HJ/T 75—2007	2007-08-01
室内环境空气质量监测技术规范	HJ/T 167—2004	2004-12-09
酸沉降监测技术规范	HJ/T 165—2004	2004-12-09
饮食业油烟净化设备技术要求及检测技术规范(试行)	HJ/T 62—2001	2001-08-01
降雨自动监测仪技术要求及检测方法	HJ/T 175—2005	2005-05-08
水		
水质 湖泊和水库采样技术指导	GB/T 14581—1993	1994-04-01
地表水和污水监测技术规范	HJ/T 91—2002	2003-01-01
地下水环境监测技术规范	HJ/T 164—2004	2004-12-09
水污染物排放总量监测技术规范	HJ/T 92—2002	2003-01-01
海洋监测规范	GB 17378.1~17378.7—2007	2008-05-01
水质 采样技术指导	HJ 494—2009	2009-11-01
饮用天然矿泉水检验方法	GB/T 8538—2008	2009-04-01
江河入海污染总量监测技术规程	HY/T 077—2005	2005-10-01
环境中有机污染物遗传毒性检测的样品前处理规范	GB/T 15440—1995	1995-08-01
辐射		
辐射环境监测技术规范	HJ/T 61—2001	2001-08-01
核设施水质监测采样规定	HJ/T 21—1998	1998-07-01
土壤	土壤环境监测技术规范	HJ/T 166—2004	2004-12-09
固体废物		
工业固体废物采样制样技术规范	HJ/T 20—1998	1998-07-01
危险废物鉴别技术规范	HJ/T 298—2007	2007-07-01
生活垃圾卫生填埋场环境监测技术	GB/T 18772—2008	2009-04-01
其他		
生物监测质量保证规范	GB/T 16126—1995	1996-07-01
有机食品技术规范	HJ/T 80—2001	2002-04-01
自然保护区管护基础设施建设技术规范	HJ/T 129—2003	2003-10-01
畜禽养殖业污染防治技术规范	HJ/T 81—2001	2002-01-01
海洋生态环境监测技术规程		2002-04-01

2.2 交通环境质量的监测方法

交通环境质量的监测实质是针对交通系统环境影响要素的监测,这既需要用到环境监测的常规性方法,也需要体现交通环境要素的特殊性。

2.2.1 环境监测的常规技术手段

环境监测技术包括采样技术、测试技术、数据处理技术和综合评价技术。其中,测试技术包括物理化学技术、生物监测技术、生态监测技术、"3S"技术和自动与简易监测技术。

2.2.1.1 物理化学技术

对环境样品中污染物的成分分析及其状态与结构的分析,目前多采用化学分析方法和仪器分析方法。

化学分析方法是以物质化学反应为基础的分析方法。在定性分析中,许多分离和鉴定反应,就是根据组分在化学反应中生成沉淀、气体或有色物质等性质而进行的;在定量分析中,主要有滴定分析和重量分析等方法。这些方法历史悠久,是分析化学的基础,所以又称为经典化学分析法。其中,重量法常用于残渣、降尘、油类和硫酸盐等的测定;滴定分析或容量分析被广泛用于水中酸度、碱度、化学需氧量、溶解氧、硫化物和氰化物的测定。

仪器分析方法是以物理和物理化学方法为基础的分析方法。目前,仪器分析方法被广泛用于对环境中污染物进行定性和定量的测定。它包括光谱分析法、色谱分析法、电化学分析法、放射分析法和联合检验技术等。

(1) 光谱分析法

用于测定生物样品中污染物质的光谱分析法有可见—紫外分光光度法、红外分光光度法、荧光分光光度法、原子吸收分光光度法、发射光谱分析法、X 射线荧光光谱分析法等。

紫外分光光度法已用于测定多种农药(如有机氯、有机磷和有机硫农药),含汞、砷、铜和酚类杀虫剂、芳香烃、共轭双键等不饱和烃,以及某些重金属(如铬、铅等)和非金属(如氟、氰等)化合物等。

红外分光光度法是鉴别有机污染物结构的有力工具,并可对其进行定量测定。

原子吸收分光光度法适用于镉、汞、铅、铜、锌、镍、铬等有害金属元素的定量测定,具有快速、灵敏的优点。

发射光谱分析法适用于对多种金属元素进行定性和定量分析,特别是等离子体发射光谱法(ICP – AES),可对样品中多种微量元素进行同时分析测定。

(2) 色谱分析法

色谱分析法是对有机污染物进行分离检测的重要手段,包括薄层层析法、气相色谱法、高压液相色谱法等。

薄层层析法是应用层析板对有机污染物进行分离、显色和检测的简便方法,可对多种农药进行定性和半定量分析。如果与薄层扫描仪联用或洗脱后进一步分析,便可进行定量测定。

气相色谱法由于配有多种检测器,提高了选择性和灵敏度,广泛用于粮食等生物用品中烃类、酚类、苯和硝基苯、胺类、多氯联苯及有机氯、有机磷农药等有机污染物的测定。如果气相色谱仪中的填充柱换成分离能力更强的毛细血管柱,就可以进行毛细血管色谱分析。该方法特别适用于环境样品中多种有机污染物的测定,如食品、蔬菜中多种有机磷农药的测定。

高压液相色谱法是环境样品中复杂有机物分析不可缺少的手段,特别适用于分子量大于300、热稳定性和离子型化合物的分析,应用于粮食、蔬菜等中的多环芳烃、酚类、苯氧乙酸等农药的测定可以收到良好效果,具有灵敏度和分离效能高、选择性好等优点。

(3) 电化学分析法

示波极谱法、阳极溶出伏安法等近代极谱技术可用于测定生物样品中的农药残留量和某些重金属元素。离子选择电极法可用于测定某些金属和非金属污染物。

(4) 放射分析法

放射分析法在环境污染研究和污染物分析中具有独特的作用。例如,欲了解污染物在生物体内的代谢途径和降解过程,不能应用上述分析方法,只能用放射性同位素进行示踪模拟试验。用中子活性法测定含汞、锌、铜、砷、铅、镍等农药残留量及某些有害金属污染物,具有灵敏、特效、不破坏试样等优点。

(5) 联合检验技术

目前应用较多的联合检测技术有气相色谱—质谱(GC-MS)、气相色谱—傅里叶变换红外光谱(GC-FTIR)、液相色谱—质谱(LC-MS)等。这种分析技术能将组分复杂的样品同时分离和鉴定,并可进行定量测定。其方法灵敏、快速、可靠,是对环境样品中有机污染物进行系统分析的理想手段。

2.2.1.2 生物监测技术

这是利用植物和动物在污染环境中所产生的各种反映信息来判断环境质量的方法,是一种综合的、最直接的方法。生物监测包括生物群落监测、生物残毒监测、细菌学监测、急性毒性试验和致突变物监测等。主要目的是通过测定生物体内污染物含量,观察生物在环境中受伤害症状、生理生化反应、生物群落结构和种类变化等手段来判断环境质量。其中,生物体内污染物监测主要包括生物体中有机物和金属化合物的监测。

生物监测技术常用方法有生物传感器和免疫分析技术,已广泛应用于水环境、大气环境和土壤环境监测。

2.2.1.3 生态监测技术

生态监测是在地球的全部或者局部范围内观察和收集生命支持能力的数据,并加以分析研究,以了解生态环境的现状和变化。换而言之,生态监测是运用可比的方法,在时间或空间上对特定区域范围内生态系统或生态系统组合体的类型、结构和功能及其组成要素等进行系统的测定和观察的过程,监测的结果则用于评价和预测人类活动对生态系统的影响,为合理利用资源、改善生态环境和保护自然提供决策依据。

由于生态系统的复杂性,各生态要素相互作用、相互影响,任何一要素的变化都可能引起生态系统的变化,而对一个生态系统而言,单纯地从理化指标、生物指标来评价环境质量已不能满足要求,因此,生态监测日益重要并显示出其优越性。

目前,生态监测发展趋势是遥感技术和地面监测相结合,宏观与微观相结合,点与面相结合。生态监测可分为地面监测、空中监测和卫星监测3种方法。

(1) 地面监测

在所监测的区域建立固定站,由人徒步或乘车等方式按规划的路线进行测量和数据收集。此法只能收集几千米到几十千米范围内的数据,而且费用较高,但它是最基本不可缺少的手段,这是因为地面监测可以直接获取数据,同时可以对空中和卫星进行校核。某些数据如降雨量、土壤湿度、小型动物等只能从地面监测中获得。

(2) 空中监测

一般采用4~6座单引擎轻型飞机,由4人执行工作:驾驶员、领航员和2名观察记录员。首先绘制工作区域图,将坐标图覆盖所研究的区域,典型的坐标是10km×10km的小格,飞行时间定于上午或下午适当时间,飞行速度一般为15km/h,高度大约为100m,视角约90°,观察地面宽度约250m。

(3) 卫星监测

利用卫星监测天气、农作物的生长状况、森林病虫害、空气和地表水的污染状况等目前已在国内外普及。如简称为"ENVISAT"的地球环境监测卫星净重8111kg,体积庞大,上面装有大量先进的环境监测仪器,工作寿命至少为5年,地球环境监测卫星每101min环绕地球一周,重点监测地球大气层的环境变化,获取有关全球变暖、臭氧层损耗及地球海洋、陆地、冰帽、植被等变化信息。

卫星监测最大的优点是覆盖面广,可获取人工难以达到的高山、丛林资料。随着资料来源的增加,费用相对降低,但此法对地面细微变化难以了解,因此只有地面监测、空中监测和卫星监测相结合才能获得完整的资料。

2.2.1.4 "3S"技术

"3S"技术,是指地理信息系统(GIS)技术、遥感(RS)技术和全球卫星定位(GPS)技术,三项技术形成了对地球进行空间观测、空间定位及空间分析的完整的技术体系。GIS技术是对各种空间信息在计算机平台上进行装载及综合分析的有效工具;RS技术的全天候、多时相以及不同的空间观测尺度,也使其成为对地球日益变化的环境与生态问题进行动态观测的有力武器;而GPS技术所提供的高精度地面定位方法,以其精度高、使用方便及价格便宜,已被广泛应用在野外样品采集,特别在海洋、湖泊及沙漠地区的野外定点工作中,发挥着不可替代的作用。

2.2.1.5 自动与简易监测技术

在自动监测系统方面,一些发达国家已有成熟的技术和产品,如大气、地表水、企业废气、焚烧炉排气、企业废水以及城市综合污水等方面均有成熟的自动连续监测系统。完善的、运行良好的空气自动监测系统,可以实时监测数据,并对空气污染进行预测预报,发布空气污染警报,部分大气污染指标可以进行在线监测。

在水质自动监测系统中主要使用流动注射法(FIA)技术。FIA与分光光度法、电化学法、原子吸收光谱法(AAS)、等离子体发射光谱法(ICP-AES)等结合,可测定Cl、NH_3、Ca、$NO2$、$Cr(III)$、$Cr(VI)$、Cu、Pb、Zn、In、Bi、Th、U以及稀土类等多种无机成分,已应用于各种水体水质的监测分析。化学需氧量(COD)等水质指标已经实现在线监测。

除了常规监测和预防性监测分析外,还有现场快速测定技术,用于调查和解决突发性污染事故,以及半定量地解决污染纠纷,主要包括以下几类:试纸法、水质速测管法—显色反应型、气体速测管法—填充管型、化学测试组件法、便携式分析仪器测定法。

2.2.2 常见交通环境要素监测方法

2.2.2.1 水和废水监测

水质监测可分为环境水体监测和水污染源监测。环境水体包括地表水(江、河、湖、库、海水)和地下水;水污染源包括生活污水、医院污水及各种工业废水。选择正确的监测分析方法,是获得准确结果的重要特征。选择分析方法应遵循的原则包括:灵敏度和准确度能满足定量要求、方法成熟、抗干扰能力好、操作简便,易于普及等。

水质监测分析方法有三个层次,互相补充,构成完整的监测分析方法。

(1)国家水质标准分析方法

我国已编制140多项包括采样在内的标准分析方法,这是一些比较经典、准确度较高的方法,是环境污染纠纷法定的仲裁方法和环境执法的依据,也是用于评价其他分析方法的基准方法。

(2)统一分析方法

经研究和多个单位的实验验证表明,该法是成熟的方法,可以在使用中积累经验,不断完善,为上升为国家标准方法奠定基础。

(3)等效方法

该法是与(1)和(2)类方法的灵敏度、准确性、精密度具有可比性的分析方法。这类方法是在国内少数单位研究和应用过,或直接从发达国家引入的方法,多采用新技术、新方法。

常规分析测试方法包括化学分析方法和仪器分析法,目前,水质监测中各监测项目都有仪器化、自动化的发展趋势,常用的监测方法见表2-2。

常用水质监测方法 表2-2

方法名称	监测项目
重量法	SS、可滤残渣、矿化度、油类、SO_4^{2-}、Cl^-、Ca^{2+}等
滴定法	酸度、碱度、CO_2、溶解氧、总硬度、Ca^{2+}、Mg^{2+}、氨氮、Cl^-、F^-、CN^-、SO_4^{2-}、S^{2-}、Cl_2、COD、BOD_5等
分光光度法	Ag、Al、As、Be、Bi、Ba、Cd、Co、Cr、Cu、Hg、Mn、Ni、Pb、Sb、Se、Th、U、Zn、氨氮、凯氏氮、PO_4^{3-}、F^-、Cl^-、C、S^{2-}、SO_4^{2-}、BO_3^{2-}、SiO_3^{2-}、Cl_2、挥发酚、甲醛、三氯乙醛、苯胺类、硝基苯类、阴离子洗涤剂等
荧光分光光度法	Se、Be、U、油类、B(a)P等
原子吸收法	Ag、Al、Ba、Be、Bi、Ca、Cd、Co、Cr、Cu、Fe、Hg、K、Na、Mg、Mn、Ni、Pb、Sb、Se、Sn、Te、Tl、Zn等
氢化物及冷原子吸收法	As、Sb、Bi、Ge、Sn、Pb、Se、Te、Hg
原子荧光法	As、Sb、Bi、Se、Hg等
火焰光度法	Li、Na、K、Sr、Ba等
电极法	Eh、PH、DO、Cl^-、F^-、CN^-、S^{2-}、NO_3^-、K^+、Na^+、NH_3等
离子色谱法	F^-、Cl^-、NO_2^-、SO_4^{2-}、K^+、Na^+等
气相色谱法	Be、Se、苯系物、挥发性氯代烃、苯胺类、六氯环己烷(六六六)、DDT、有机磷农药类等
高效液相色谱法	多环芳烃类酚类、苯胺类、邻苯二甲酸脂类、阿特拉津等
ICP – AES	K、Na、Ca、Mg、Ba、Be、Pb、Zn、Ni、Cd、Co、Fe等
气相分子吸收光谱法	NO_2^-、NO_3^-、氨氮、凯氏氮、总氮、S^{2-}

续上表

方法名称	监测项目
气相色谱—质谱法	挥发性有机化合物、半挥发性有机化合物、苯系物、二氯酚和五氯酚、有机氯农药、有机锡化合物、邻苯二甲酸脂等
生物监测法	浮游生物、着生生物、底栖生物、鱼类生物调查、初级生产力、细菌总数、粪链球菌、生物性试验、Ames试验、沙门氏菌属等

2.2.2.2 大气和废气监测

由于人类活动所产生的某些有害颗粒物和废气进入大气层,给大气增添了较多外来成分,这些物质称为大气污染物。

1) 大气污染物的分类

根据大气污染物存在的状态,可将大气污染物分为两大类:分子状态污染物和粒子状态污染物。

(1) 分子状态污染物

指常温常压下以气体或蒸汽分子形式分散在大气中的污染物质。如一氧化碳、二氧化硫、二氧化氮、氯化氢、氯气、臭氧、苯蒸气等。分子状态污染物按化学组成形式分为五类:含硫化合物、含氮化合物、碳氢化合物、碳氧化合物、卤素化合物。分子状态污染物的特点是:污染物以分子状态分散在大气中,能与空气随意混合,它们在大气中的扩散速度与污染物的密度和气流流速有关,密度小的污染物向上漂浮,密度大的污染物向下沉降;前者沿气流方向传输,可到达很远的地方,在空气中可以长时间滞留。

(2) 粒子状态污染物

粒子状态污染物(或颗粒物)是分散在空气中的微小液体和固体颗粒,粒径多在 0.01~100μm 之间,是一个复杂的非均匀体系。通常根据颗粒物在重力作用下的沉降特征将其分为降尘和可吸入颗粒。粒径大于 10μm 的颗粒物能较快地降沉到地面上,成为降尘;粒径小于 10μm 的颗粒物能长期地漂浮在大气中,成为飘尘。飘尘易随呼吸进入人体肺部,故又称可吸入颗粒。其存在形式主要有以下三类:

① 烟。烟是某些固体物质在高温下由于蒸发或升华作用变成气体逸散于大气中,遇冷后又凝聚成微小的固体颗粒悬浮于大气中构成的。烟的粒径一般在 0.01~1μm 之间。

② 雾。雾是由悬浮于大气中的微小液滴构成的气溶胶。雾的粒径一般在 10μm 以下。

③ 尘。尘是分散在大气中的固体颗粒,如交通车辆行驶时所带起的扬尘,粉碎固体物料时所产生的细小粉尘等。

依据大气污染物的形成过程,又可将其分为一次污染物和二次污染物。

一次污染物是直接从各种污染源排放到大气中的有害物质。常见的有二氧化硫、氮氧化物、一氧化氮、碳氢化合物、颗粒性物质等。颗粒性物质中包含苯芘等强致癌物质、有毒重金属、多种有机和无机化合物等。

二次污染物是一次污染物在大气中相互作用或它们与大气中的正常组分发生反应所产生的新污染物。这些新污染物与一次污染物的化学、物理性质完全不同,多为气溶胶,具有颗粒小、毒性一般比一次污染物大等特点。常见的二次污染物有硫酸盐、硝酸盐、臭氧、醛类(乙醛和丙烯醛等)、过氧乙酰硝酸酯(PAN)等。

2）大气污染监测和监测项目

大气污染监测工作一般可分为以下三类：

（1）污染源的监测

如对烟囱、汽车排气口的监测。目的是了解这些污染源所排出的有害物质是否达到现行排放标准的规定；对现有的净化装置的性能进行评价；通过对长期监测数据的分析，可为进一步修订和充实排放标准及制定环境保护法规提供科学依据。

（2）环境污染监测

监测对象不是污染源而是整个大气。目的是了解和掌握环境污染的情况，进行大气污染质量评价，并提出警戒限度；研究有害物质在大气中的变化规律，二次污染物的形成条件；通过长期监测，为修订或制定国家卫生标准及其他环境保护法规积累资料，为预测预报创造条件。

（3）特定目的的监测

选定一种或多种污染物进行特定目的的监测。例如，研究燃烧火力发电厂排出的污染物对周围居民呼吸道的危害，首先应选定对呼吸道有刺激作用的污染物、雾、飘尘等做监测指标，再选定一定数量的人群进行监测。由于目的是监测污染物对人体健康的影响，所以测定每人每日对污染物的接受量，以及污染物在一天或一段时间内的浓度变化，就是这种监测的特点。

存在于大气中的污染物质多种多样，应根据优先监测原则，选择那些危害大、涉及范围广、已建立成熟的测定方法，并有标准可比的项目进行监测。国家环保局《环境监测技术规范 第二册 大气和废气监测部分》中规定的例行监测项目如表2-3、表2-4所示。

连续采样实验室分析项目　　　　　　　　　　　　　　　　表2-3

必测项目	选测项目
二氧化硫、氮氧化物、总悬浮颗粒物、硫酸盐化速率、灰尘自然降尘量	一氧化碳、可吸入颗粒物①、光化学氧化剂、氟化物、铅、苯并(a)芘、总烃及非烷烃

注：①凡有条件测定可吸入颗粒的测点，应尽可能地测定可吸入颗粒物浓度；测定可吸入颗粒物的测点，可以不测总悬浮颗粒物，但在报表中要注明。

大气环境自动监测系统监测项目　　　　　　　　　　　　　表2-4

必测项目	选测项目
二氧化硫、氮氧化物、总悬浮颗粒物或可吸入颗粒物、一氧化碳	臭氧、总碳氢化合物

3）大气污染监测点的设置数目确定

采样口的设置数目是一个与精度要求和经济投资相关的效益函数，在一个监测区域内，采样站（点）设置数目应根据监测范围大小、污染物的空间分布特征、人口分布密度、气象、地形、经济条件等因素综合考虑确定。我国对大气环境污染例行监测采样站设置数目主要依据城市人口多少（表2-5），并要求对有自动监测系统的城市以自动监测为主，人工连续采样点辅之；无自动监测系统的城市，以连续采样点为主，辅以单机自动监测，便于解决缺少瞬时值的问题。表2-5中各档测点数中包括一个城市的主导风向的上风向的区域背景测点（作为下风向污染监测的对照点）。

我国大气环境污染例行监测采样点设置数目(单位:个)　　　　表2-5

市区人口(万人)	SO_2、NO_x、TSP	灰尘自然降尘量	硫酸盐化速率
<50	3	≥3	≥6
50~100	4	4~8	6~12
100~200	5	8~11	12~18
200~400	6	12~20	18~30
>400	7	20~30	30~40

4) 采样站(点)布设方法

监测区域内的采样站(点)总数确定后,可采用模拟法、统计法、经验法等进行站点布设。统计法根据城市空气污染物分布的时间和空间上的变化有一定相关性,通过对监测数据的统计处理对现有站(点)进行调整,删除监测信息重复的站(点),该法适用于已积累了多年监测数据的地区。模拟法是根据监测区域污染源的分布、排放特征、气象资料,以及应用数学模型预测的污染物时空分布状况设计采样站(点)。经验法是常采用的方法,特别是对尚未建立监测网或监测数据积累少的地区,需要凭借经验确定采样站(点)的位置。其具体方法有以下几种。

(1) 功能区布点法

按功能区布点的具体做法是:先将监测区域划分为工业区、商业区、居住区、工业和居住混合区、交通稠密区、清洁区等,再根据具体污染情况和人力、物力条件,在各功能区设置一定数量的采样点。各功能区的采样点不要求平均,通常情况下,在采样点总数中,工业区和人口较密集的居民区应占稍大比例,例如60%左右;而文化区和公园则占较小比例。此法多用于区域性的常规监测,也便于了解工业污染对其他功能区的影响。

(2) 网格布点法

网格布点法主要用于有多个污染源且污染源分布较均匀的地区。该法是将监测区域地面分成若干均匀网状方格,采样点设在两条直线的交点处或方格中心(图2-2)。网格大小视污染源强度、人口分布及人力、物力条件等确定。若主导风向明显,下风向设点应多一些,一般约占采样点总数的60%。对于有多个污染源,且污染源分布较均匀的地区,常采用这种布点方法,它能较好地反映污染物的空间分布;如将网格划分得足够小,则将监测结果绘制成污染物浓度空间分布图,对指导城市环境规划和管理具有重要意义。

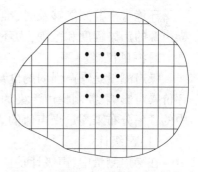

图2-2　网格布点法

(3) 同心圆布点法

同心圆布点法主要用于多个污染源构成的污染群。布点时,先找出污染群的中心,以此为圆心在地面上画若干个同心圆,再从同心圆作若干条放射线,将放射线与圆周的交点作为采样点(图2-3)。不同圆周上的采样点数目不一定相等或均匀分布,常年主导风向的下风向比上风向可多设一些点。例如,同心圆半径分别取4km、10km、20km、40km,从里向外各圆周上分别设4、8、8、4个采样点。

(4)扇形布点法

扇形布点法适用于孤立的高架点源,且主导风向明显的地方。布点时,以点源所在的位置为顶点,主导风向为轴线,在下风向地面上画出一个扇形区域作为布点范围。扇形的角度一般为45°,也可更大些,但不能超过90°。采样点设在扇形平面内距点源不同距离的若干弧线上(图2-4)。每条弧线上设3~4个采样点,相邻两点与顶点连线的夹角一般取10°~20°。在上风向应设对照点。

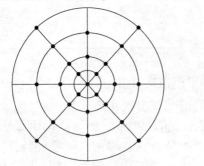
图2-3 同心圆布点法

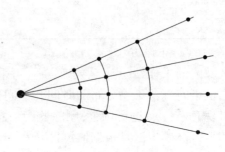
图2-4 扇形布点法

5)采样与监测方法

采集空气样品的方法和仪器要根据空气中污染物的存在状态、浓度、物理化学性质及所用监测方法选择,在各种污染物的监测方法中都规定了相应采样方法。

和水质监测一样,为获得准确和具有可比性的监测结果,应采用规范化的监测方法。目前,监测大气污染物应用最多的方法还属分光光度法和气象色谱法,其次是荧光光度法、液相色谱法、原子吸收法等。但是,随着分析技术的发展,对一些含量低、难分离、危害大的有机污染物,越来越多地采用仪器联用方法进行测定,如气象色谱—质谱(GC-MS)、液相色谱—质谱(LC-MS)、气象色谱—傅里叶变换红外光谱(GC-FTIR)等联用技术。

2.2.2.3 噪声监测

环境噪声监测能够及时、准确地掌握环境噪声现状,分析其变化趋势和规律;了解各类噪声源的污染程度和范围,为环境噪声管理、治理和科学研究提供系统的监测资料。

1)测量仪器

噪声测量是噪声强弱的度量,是分析噪声成分、判明主要噪声污染源的重要手段,也是评价噪声影响、控制噪声污染的基础。噪声测量仪器一般是通过测定声场中的声压或声压中的频率分布来测量噪声值的。常用的测量仪器主要有声级计、声频频谱仪等。

(1)声级计

在噪声测量中,声级计是使用最广泛的基本声学测量仪器之一,一般由电容式传感器、前置放大器、衰减器、输出放大器、频率计权网络以及有效值指示表等组成。声级计的工作原理是声压由传声器膜片接收后,将声压信号转换成电信号,经前置放大器做阻抗变换后送到输入衰减器。由于表头指示范围仅为20dB,而声音变化范围可高达140dB,故必须使用衰减器来衰减信号,再由输入放大器进行定量放大。经过放大后的信号由计权网络对信号进行频率计权(或外接滤波器),然后经衰减器、放大器将信号放大到一定的幅值,输出信号经均方根检波电路(RMS检法)送出有效值电压,推动电流表,显示测量的声压级噪声(dB)。声级计工作原理见图2-5。

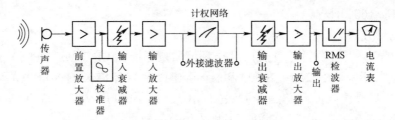

图 2-5　声级计设计原理及结构方框图

声级计中的频率计权网络有 A、B、C 三种标准计权网络。A 计权网络频响曲线相当于 40phon 的等响曲线的倒置曲线,从而使电信号的中、低频段有较大的衰减。B 计权网络相当于 70phon 的等响曲线的倒置曲线,它使电信号的低频段有一定的衰减。C 计权网络相当于 100phon 的等响曲线的倒置曲线,在整个声频范围内有近乎平直的响应。声级计经过频率计权网络测得的声压级称为声级,根据所使用的计权网不同,分别称为 A 声级、B 声级和 C 声级,单位记作 dB(A)、dB(B) 和 dB(C),计权网络特性如图 2-6 所示。

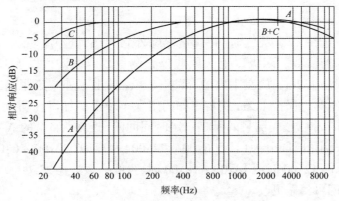

图 2-6　计权网络响应特性

目前,测量噪声用的声级计,表头响应按灵敏度可分为四种:

①"慢"。表头时间常数为 1000ms,一般用于测量稳态噪声,测得的数值为有效值。

②"快"。表头时间常数为 125ms,一般用于测量波动较大的不稳态噪声和交通运输噪声等。快挡接近人耳对声音的反应。

③"脉冲或脉冲保持"。表针上升时间为 35ms,用于测量持续时间较长的脉冲噪声,如冲床、按锤等,测得的数值为最大有效值。

④"峰值保持"。表针上升时间小于 20ms,用于测量持续时间很短的脉冲声,如鸣笛声、枪、炮和爆炸声,测得的数值是峰值,即最大值。

(2)声频频谱仪

声频频谱仪也称为频率分析仪。当声级计接上滤波器和记录仪,可以实现对噪声做频谱分析。声级计按精度可分为精密声级计和普通声级计。精密声级计的测量误差约为 ±1dB,普通声级计约为 ±3dB。在精密声级计上配用倍频程滤波器,即可对噪声进行频谱分析。滤波器将复杂的噪声划分成若干个宽度的频带,测量时只允许某个特定的频带声音通过,此时表头指示的度数是该频带的声压级,而不是总的声压级。根据规定,通常需要使用 10 个频挡,其中心频率分别为 31.5Hz、63Hz、125Hz、250Hz、500Hz、1000Hz、2000Hz、

4000Hz、8000Hz、16000Hz。

2）噪声测量方法

交通环境噪声的监测总体上应符合《声环境质量标准》(GB 3096—2008)、《环境影响评价技术导则　声环境》(HJ2.4—2009)和《公路建设项目环境影响评价规范》(JTG B03—2006)、《铁路边界噪声限值及其测量方法》(GB 12525—1990)、《城市轨道交通车站站台声学要求和测量方法》(GB 14227—2006)等相关规范的要求。

（1）布点

将要普查测量的城市或区域分成等距离网格（例如 500m×500m），测量点设在每个网格中心，若中心点的位置不宜测量（如房顶、污沟、禁区等），可移到旁边能够测量的位置。网格数不应少于 100 个。测点选在受影响者的居住或工作建筑物外 1m，传声器高于地面 1.2m 以上的噪声影响敏感处。传声器对准声源方向，附近应没有别的障碍物或反射体，无法避免时应背向反射体，应避免围观人群的干扰。测点附近有固定声源或交通噪声干扰时，应加以说明。

（2）测量

测量时一般应选在无雨、无雪时（特殊情况除外），声级计应加风罩以避免风噪声干扰，同时也可保持传声器清洁。四级以上大风应停止测量。声级计可以手持或固定在三脚架上。传声器离地面高 1.2m。放在车内的，要求传声器伸出车外一定距离，尽量避免车体反射的影响，与地面距离仍保持 1.2m 左右。如固定在车顶上要加以注明，手持声级计应使人体与传声器距离 0.5m 以上。测量的量是一定时间间隔（通常为 5s）的 A 声级瞬时值，动态特性选择慢响应。测量时间分为白天（6:00～22:00）和夜间（22:00～6:00）两部分。白天测量一般选在 8:00～12:00 时或 14:00～18:00 时，夜间一般选在 22:00～5:00 时，随地区和季节不同，上述时间可稍做更改。

（3）数据处理

测量结果一般用统计噪声级和等效连续 A 声级来表示。通常将测量的结果按照从大到小的顺序排列。绘制测量结果图，计算平均值、最大值和标准偏差。

2.2.2.4　交通振动的测量

测量振动的方法很多，最简单的就是用振动级计直接测定环境振动的加速度级。图 2-7a) 为 AWA6256B 型振动级计，该仪器可以和计算机连接进行数据处理和分析。

振动级计采用加速度计作为测量振动加速度的传感器，测量时将传感器的底座平稳地安置在平坦而坚实的地面上。将传感器水平和垂直放置，可以分别测量水平和垂直方向的振动。在野外测量时，测点应设置在振动敏感点处，先将传感器固定在一平整的平板上，再将平板安置在压实的地面上。平板的尺寸和质量尽可能的小，以使对振动的影响可以忽略不计。应用传感器和磁带记录仪可以将振动信号记录下来，再用信号分析仪对记录的振动信号进行分析，可以获取振动频率、加速度、速度和位移等振动参数。

图 2-7b) 是 HS5933A 型环境振级分析仪。该仪器在 HS5933 型环境振级计基础上，增加了数据存储、分析、打印功能，是一种智能化、轻型便携式环境振动自动测量仪器。仪器由主机与打印机两部分组成，具有自动量程转换、液晶数字显示、最大值保持、自动测量等效连续振级、统计振级等特点，打印机能自动打印出各种测量结果。该仪器性能符合《人体对振动

的响应　测量仪器》(ISO 8041—2006)对Ⅱ型振动测量仪器的要求,并符合《人体承受全身振动的评价标准》(ISO 2631)、《城市区域环境振动测量方法》(GB 10071—1988)标准对测量仪器的要求。

a) AWA6256B型振动级计　　　　b) HS5933A型环境振级分析仪

图2-7　交通振动测量仪器

我国《城市区域环境振动测量方法》(GB 10071—1988)在"测量及读数方法"一节中提出了4种典型振动类型及相应的测量方法,具体如下。

(1)稳态振动:每个测点测量一次,取5s内的平均示数作为评价量。

(2)冲击振动:取每次冲击过程中的最大示数为评价量;对重复出现的冲击振动,以10次读数的算术平均值作为评价量。

(3)无规振动:每个测点等间隔的读取瞬时示数,采样间隔不大于5s,连续测量时间不少于1000s,以测量数据的VLZ10作为评价量。

(4)铁路振动:读取每次列车通过过程中的最大示数,每个测点连续测量20列车,以20次读数的算术平均值作为评价量。

2.2.2.5　电磁辐射监测

电磁环境的测量与实验室的测量有很大的不同,由于一般是室外测量,环境条件复杂,空域中的频谱很宽,辐射场变化幅度很大,部分环境点需要进行连续测量等特点,必须根据环境电磁场的特点和规律采用专用测量仪器,针对每一类辐射源特点制定具体的测量方法,形成一套科学的、实用的测量规范,使监测数据具有可比性和客观性。

1)测量仪器

(1)非选频式辐射测量仪(综合场强仪)

具有各向同性响应或有方向性探头的宽带辐射测量仪属于非选频式辐射测量仪。用有方向性探头时,应调整探头方向以测出最大辐射电平。

(2)选频式辐射测量仪(分频式测量仪)

各种专门用于电磁干扰(EMI)测量的场强仪、干扰测试接收机以及用频谱仪、接收机、天线自行组成测量系统经标准场校准后可用于此目的。测量误差应小于±3dB,频率误差应小于被测频率的10^{-3}数量级。该测量系统经模/数转换与微机连接后,通过编制专用测量软件可组成自动测试系统,达到数据自动采集和统计。

场强仪顾名思义是测量场强的仪器。场强仪的量值是以μV/m作单位,它有一个长度单位 m。从原理上来说，电平表（或电压表）量度的电压值是在仪表的输入端口，而场强仪所量度的电压（或叫电势）是天线在空中某一点感应的电压。严格来说，场强仪是由电平表和天线组成。当天线在空中与被测信号极化方向相同时取得最大感应信号，一般可用射频（RF）的有效值型电平表（电压表）来测量。

就场强仪来说，频谱分析仪与天线关系非常密切，如果要求一定的测量精度，从式（2-1）就可以知道，它直接与天线增益 G_a 有关，与天线的工作频率范围有关，故在实践中，这种天线称之为测试天线，它有严格技术指标，如频率范围，天线增益以及阻抗、驻波比、前后比等等。为适应它的频率范围其形状大有区别，有鞭状天线、半波振子天线、对数周期天线、环行天线等。

场强的测量如图 2-8 所示。

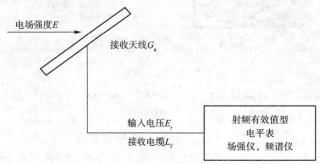

图 2-8　场强测量仪原理

当线路匹配良好时，仪表读取的电平值是仪表输入端口（一般 50Ω 或 75Ω）所取得的射频电压 E_r（dBμv）。E_r 可用下式表示：

$$E_r = E + G_a + 20\lg l_e - L_f - 6 \tag{2-1}$$

式中：E_r——仪表输入口的读取电平（dBμv）；

　　　E——电场强度（dBμv）；

　　　G_a——接收天线增益（dB），如果采用半波长偶极天线时，$G_a = 0$dB；

　　　l_e——接收天线有效长度（λ/π）；

　　　L_f——接收馈线损耗（dB）；

　　　6——从终接值算开放口的校正值（dB）。

2）电磁辐射测量

（1）电磁环境现状监测规范

按《辐射环境管理导则　电磁辐射监测仪器和方法》（HJ/T 10.2—1996）和《移动通信基站电磁辐射环境监测方法》（环发〔2007〕114 号）的要求进行。

（2）布点

①典型辐射体环境测量布点。

对典型辐射体，比如某个电视发射塔周围环境实施监测时，则以辐射体为中心，按每间隔 45°的八个方位为测量线，每条测量线上选取距场源分别 30m、50m、100m 等不同距离定点测量，测量范围根据实际情况确定。

②一般环境测量布点。

对整个城市电磁辐射测量时,根据城市测绘地图,将全区划分为 1km×1km 或 2km×2km 小方格(小城市网格可按 0.5km×0.5km),取方格中心为测量位置。

(3)测点考察与调整

按上述方法在地图上布点后,应对实际测点进行考察。考虑地形地物影响,实际测点应避开高层建筑物、树木、高压线以及金属结构等,尽量选择空旷地方测试。允许对规定测点调整,测点调整最大为方格边长的1/4,对特殊地区方格允许不进行测量。需要对高层建筑测量时,应在各层阳台或室内选点测量。

(4)气候条件

气候条件应符合行业标准和仪器标准中规定的使用条件。测量记录表应注明环境温度、相对湿度。环境温度一般为 $-10 \sim +40℃$,相对湿度小于 80%。室外测量应在无雨、无雪、无浓雾、风力不大于三级的情况下进行。

(5)测量高度

一般取距离地面 $1.7 \sim 2m$ 高度,也可根据不同目的,选择测量高度。为保证测量数据的可比性,测量人员的操作姿势和与仪器的距离(一般不应小于 $0.5m$)应保持相对不变,无关人员远离天线、馈线和测量仪器 $3m$ 以外。

(6)测量频率

选频测量中一般取电场强度测量值 $>50dB\mu V/m$ 的频率作为测量频率(根据需要可选择 $<50dB\mu V/m$ 信号测量)。

(7)测量时间

根据目前广播电视和移动通信均为城市主要电磁辐射源的特征,测量时间可根据监测对象和目的确定。一般可分昼间和夜间,工作时段或休息时段(如早、中、晚、夜间)等。若为 24h 昼夜测量,测量点不应少于 10 个。每次测量观察时间不应小于 15s,并读取稳定状态下的最大值。若指针摆动(显示值起伏较大)过大,应适当延长观察时间。测量仪器为自动测试系统时,每次测量时间不小于 6min,连续取样,采样率为 2 次/s。

2.3 环境影响分析

2.3.1 环境影响分析的概念

环境影响分析是指对拟议的建设项目、区域开发计划和国家政策实施后可能对环境产生的影响(后果)进行分析、预测和评估;提出预防或者减轻不良环境影响的对策和措施,进行跟踪监测的方法与制度。环境影响分析的根本目的是鼓励在规划和决策中考虑环境因素,最终达到更具环境相容性的人类活动。

2.3.2 环境影响分析的作用和意义

环境影响分析是一项技术,也是正确认识经济发展、社会发展和环境发展之间相互关系的科学方法,是正确处理经济发展使之符合国家总体利益和长远利益、强化环境管理的有效手段,对确定经济发展方向和保护环境等一系列重大决策都有重要的指导作用。环境影响分析能为地区社会经济发展指明方向,合理确定地区发展的产业结构、产业规模和产业布局,它根据一个地区的环境、社会、资源的综合能力,把人类活动对环境的不利影响限制到最小,其作用和意义主要表现为以下几个方面:

(1)保证项目选址和布局的合理性

合理的经济布局是保证环境与经济发展的前提条件,而不合理的布局是环境污染的重要原因。环境影响分析从建设项目所在地区的整体出发,考虑建设项目的不同选址和布局对区域整体的不同环境影响,并进行比较和取舍,选择最有利的方案,保证建设选址和布局的合理性。

(2)指导环境保护设计,强化环境管理

一般来说,开发建设活动和生产活动,都要消耗一定的资源,给环境带来一定的污染与破坏,因此必须采取相应的环境保护措施。环境影响分析针对具体的开发建设活动和生产活动,综合考虑开发活动特征和环境特征,通过对污染治理设施的技术、经济和环境论证,可以得到相对最合理的环境保护对策和措施,把因人类活动产生的环境污染或生态破坏限制在最小的范围内。

(3)为区域的社会经济发展提供导向

环境影响分析可以通过对区域的自然条件、资源条件、社会条件和经济发展等进行综合分析,掌握该地区资源、环境和社会等状况,从而对该地区的发展方向、发展规模、产业结构和产业布局等做出科学的决策和规划,以指导区域活动,可以实现持续发展。

(4)促进相关环境科学技术的发展

环境影响分析涉及自然科学和社会科学的广泛领域,包括基础理论研究和应用技术开发。环境影响分析工作中遇到的问题,必然会对相关环境科学技术提出挑战,进而推动相关环境科学技术的发展。

2.3.3 环境影响分析的基本内容

(1)确定环境影响分析工作等级

环境影响分析工作等级是对环境影响分析及其各专题工作深度的划分,一般按照要素(大气环境、水环境、声环境等)分别划分环境影响分析等级。各单项环境要素影响分析划分为三个工作等级(一级、二级、三级),一级最详细,二级次之,三级较简略。

(2)环境现状调查

环境现状调查是每个环境影响分析工作项目(或专题)共有的,也是必须做的工作,虽然各项目(或专题)所要求的调查内容不同,但其调查目的都是为了充分掌握项目所在区域环境质量现状或本底值,为后续的环境影响的预测、分析和累积效应分析以及投产运行进行环境管理提供基础数据。

(3)环境影响预测与分析

环境影响预测一般按环境要素(大气环境、水环境、声环境等)分别进行。预测的范围、时段、内容及方法应根据其影响分析工作等级、工程与环境的特性、当地的环境要求而定。同时应考虑在预测范围内,规划的建设项目可能产生的环境影响。

(4) 评价建设项目的环境影响

评价建设项目环境影响的方法有单项评价法和多项评价法。单项评价法是以国家、地方的有关法律法规、标准为依据,评定和评估各项目的单个质量参数的环境影响;多项评价方法适用于各评价项目中多个质量参数的综合评价。建设项目如果需要进行多个厂址的优选时,要进行各评价项目的综合评价。

2.3.4 建设项目环境影响分析的特点及主要任务

2.3.4.1 大气环境影响分析

(1) 大气环境影响分析的基本任务

大气环境影响分析的基本任务是从保护环境的目的出发,通过调查、预测等手段,分析、判断建设项目在建设施工期和建成后生产期所排放的大气污染物对大气环境质量影响的程度和范围,为建设项目的厂址选择、污染源设置、制定大气污染防止措施及其他有关的工程设计提供科学依据或指导性意见。

所谓建设项目既包括新建项目,也包括改、扩建项目。对大气环境质量影响的程度,主要是对照环境空气质量标准进行分析,但应注意建设项目所在地区的总控制问题,其允许排放量只能按空气质量标准的某一份额考虑。

(2) 大气环境影响分析的特点

为分析建设项目对大气环境质量的影响,首先必须调查当地的大气自然净化能力。大气和地面水都属于流体,它们各自对其中的污染物的自然净化作用有类似之处。然而,大气却有显著特点,它是地球表面上占据空间最大的一种物质。约占总质量98%的大气分布在地面30km高度范围内的空间,太阳辐射能通过大气作用于海洋或其他地表,在这一系统的能量交换和收支平衡中,可以使大气产生从几公里到几千公里不同范围内的平均流动(例如,局地的山谷风和大尺度环流等)和小尺度的湍流扩散。如果周围污染物迁移到远处和稀释扩散到允许的浓度值,这就是大气的自然净化能力。

由此可见,在大气环境影响分析中应该注意下述特点:

①自然净化能力比较大,可以采用高烟囱排放或尽可能将污染源设置在远离人口密集或环境敏感的地区;

②为了调查或探测大气的运动规律,必将增加影响分析工作的难度和周期。

(3) 大气环境影响分析工作程序

大气环境影响分析的技术工作可分为四个阶段:第一、第二阶段是分析工作的基础,包括了解工程设计方案、现场勘探,了解环境法规和标准的规定,确定评价的级别和评价范围,编制大气影响评价工作大纲,开展工作分析、收集资料、现场调查和监测等;第三阶段是首先根据污染源特征,选择或建立和验证大气扩散模型,分析预测项目建设行动对大气污染影响程度及范围(含项目运行期的监测与分析),并对其做出定性、定量评价,提出应对措施,此阶段是环境影响分析的主要阶段;第四阶段是总结工作成果,提出大气环境影响专题报告。这四个阶段密切联系,目的是提供一份满足预防性环境保护要求的报告书。详细过程如图2-9所示。

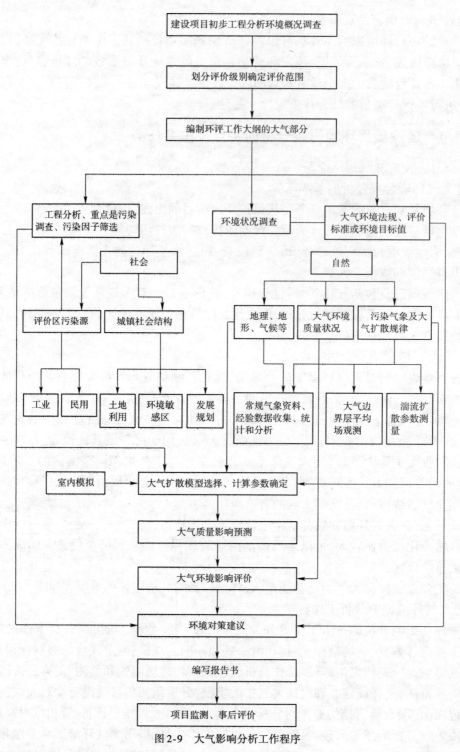

图 2-9 大气影响分析工作程序

2.3.4.2 水环境影响分析

1) 地表水环境影响分析

(1) 地表水环境影响分析的基本任务

①明确工程项目性质,全面了解建设项目的背景、进度和规模,调查其生产工艺和可能造成的环境影响因素,明确工程及环境影响性质。

②划分影响等级。

依据《环境影响分析技术导则》,结合建设项目特点和当地水环境问题特征,对地面水环境影响分析工作进行分级。

③地面水环境现状调查和分析。

通过水质与水温调查、现有污染物调查,了解水环境现状,确定环境问题的性质和类型,绘制保护目标区域示意图和污染源、水质现状示意图,运用水质分析方法对水质现状进行分析。

④建设项目工程污染分析。

了解拟建项目与地面水环境有关的各种情况,弄清该项目所产生的污染量、污染指标和可能造成地面水污染的范围,调查项目的生产工艺,确定污染负荷。

⑤项目环境影响的预测与分析。

利用现状调查和工程分析的有关数据,确定水质参数和计算条件,选择合适的水质模型,建立水质输入响应关系,设计各种计算情景,预测建设项目对地面水环境的影响。根据环境影响预测结果,依据国家污染物排放标准和环境质量标准,对建设项目环境影响进行综合分析。

⑥提出控制方案和环保措施。

根据上述的项目环境影响预测和分析,比较优化建设方案,评定与估计建设项目对地面水影响的程度和范围,预测受影响水体的环境质量和达标率,为了实现环境质量保护目标提出环境保护的建议和措施。

(2)地表水环境影响分析工作程序

地表水环境影响分析的技术工作程序分为四个阶段:第一阶段为准备阶段,包括了解工程设计、现场踏勘、了解环境法规和标准的规定、确定分析级别和分析范围、编制环境影响分析工作大纲,在这个阶段还要做一些环境现状调查和工程分析方面的工作;第二阶段是评价工作的重点,详细开展水环境现状调查和监测,仔细地做工程分析,在此基础上评价水环境现状;第三阶段是根据水环境排放源特征,选择或建立和验证水质模型,预测拟议行动对水体的污染影响,并对影响的意义及其重大性做出评价,并且研究相应污染防范对策;第四阶段是提出污染防治和水体保护对策,总结工作成果,完成报告书,为项目的竣工验收监测和后评估做准备。整个工作程序详见图2-10。

2)地下水环境影响分析

(1)地下水环境影响分析的基本任务

地下水环境影响分析的任务是根据环境现状调查、踏勘实验等资料,利用数学模型等相应的方法将拟建设项目不同建设阶段对地下水环境影响程度和影响范围进行预测,并根据相关法规、标准进行分析评价。

在我国,地下水影响分析开展尚不广泛,除资金、时限等因素制约外,人们的认识以及地下水评价的难度也是影响其广泛开展的因素。与大气影响分析和地面水影响分析相比较,除具有影响分析工作的相同特征外,地下水影响评价还具有它自身的特点,主要表现有以下几个方面:

①不仅需要分析水质的好坏,还需要分析水量的多少,并要分析水的径流、补给和排泄的关系。

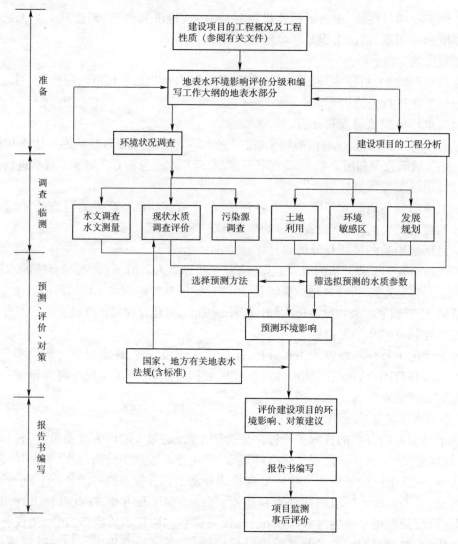

图2-10 地表水环境影响分析工作程序

②地下水埋藏于地质介质中,受地质、构造、水文地质条件及地球化学条件等多种因素的影响,情况十分复杂。各种环境因素(如pH值、Eh值、有机物含量、游离氧、游离二氧化碳等)也会影响污染物在地质介质上的吸附、解吸以及在地下水环境中的迁移和转化。因此,在研究污染物在地下水的迁移时,单单掌握水文地质资料是不够的。

③地下水储存和运动的环境通常包括非饱和水带及饱和水带,而饱和水带可能具有承压性或不具承压性。另外,环境介质可能是孔隙介质,也可能是裂隙介质。这就需要用不同的方法进行模拟和评述。显然,这就增加了模拟的复杂性。

④地下水运动及其污染是一个缓慢过程,而且,污染物质自身的转化以及地质介质的作用都将包含在这一过程中,在短时期内,往往难以完全弄清这些变化过程。因此,这些过程的模拟和验证是十分困难的。

(2)地下水环境影响分析工作程序

地下水环境影响分析工作程序与地表水评价工作程序类似,均划分为准备、实施和总结三个阶段进行,各阶段主要工作内容有以下几点。

①准备阶段:搜集和研究有关资料、法规文件;现场踏勘,了解建设项目工程概况并进行初步工程分析,明确影响分析任务要求;研究确定影响分析工作等级及影响分析重点。

②实施阶段:完成评价大纲中所规定的全部外业调查、检测、实验、考察等实物工作量;进行室内资料分析和地下水环境现状影响分析,为进行地下水环境影响预测、分析奠定基础。

③总结阶段:汇总和综合分析上述阶段工作所取得的各种资料,筛选拟预测项目及参数,选择预测模式,进行地下水环境影响预测与分析,研究保护措施与防治对策,完成报告书的编制任务。

2.3.4.3 噪声环境影响分析

1)噪声环境影响分析的基本任务

噪声影响分析就是解释和评估拟建设项目造成的周围声环境预期重大变化,据此提出消减其影响的措施。

(1)根据拟建项目多个方案的噪声预测结果和环境噪声评价标准,评述拟建项目各个方案在施工、运行阶段噪声的影响程度、影响范围和超标状况(以敏感区域或敏感点为主)。采用噪声环境影响指数对项目建设前和预期建设后的指数值进行比较,可以直观地判断影响的重大性。依据各个方案噪声影响的大小择优推荐。

(2)分析受噪声影响的人口分布(也包括受超标和不超标噪声影响人口分布)。可以通过以下两个途径估计评价范围内受噪声影响的人口:

①城市规划部门提供的某区域规划人口数;

②若无规划人口数,可以用现有人口数和当地人口增长率计算预测年限的人口数。

(3)分析拟建项目的噪声源和引起超标的主要噪声源及其主要原因。

(4)分析拟建项目的选址、设备布置和选型的合理性;分析建设项目设计中已有的噪声防治对策的适用性和效果。

(5)为了使拟建项目的噪声达标,评价必须提出需要增加的、适用于该项目的噪声防治对策,并分析其经济、技术的可行性。

(6)提出针对该拟建项目的有关噪声污染管理、噪声监测和相关规划方面的建议。

2)噪声环境影响分析工作程序

《环境影响评价技术导则 声环境》(HJ 2.4—2009)规定的噪声环境影响分析技术工作程序见图2-11。噪声影响的主要对象是人群;但是,在邻近野生动物栖息地(包括飞禽和水生生物)应考虑噪声对野生动物生长繁殖以及候鸟迁移的影响。噪声环境影响分析第一阶段是开展现场踏勘、了解环境法规和标准的规定、确定影响分析级别与评价范围和编制噪声环境影响分析工作大纲;第二阶段是开展工程分析、收集资料、现场监测调查噪声的基线水平及噪声源的数量、各声源声级与发声持续时间、声源空间位置等;第三阶段是预测噪声对敏感点人群的影响,对影响的意义和重大性做出影响分析,并提出削减影响的相应对策;第四阶段是编写噪声环境影响的状态报告。

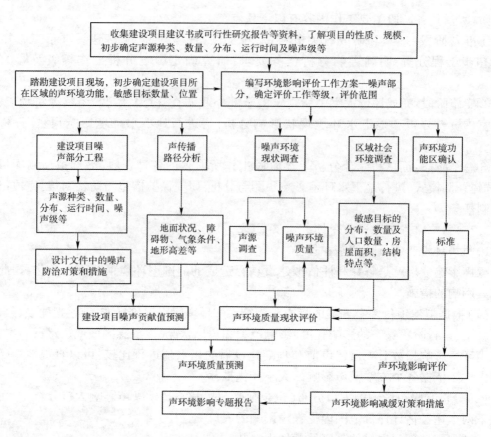

图2-11 噪声环境影响分析技术工作程序

2.3.4.4 生态环境影响分析

生态环境影响是指生态系统在受到外来作用时所发生的变化和响应,对某种生态环境的影响是否显著、严重及可否为社会和生态接受进行的判断。科学地分析和预估这种响应和变化的趋势,称为生态环境影响预测。对生态环境现状进行调查与分析,对其影响进行预测与分析,对其保护措施进行经济技术论证的过程称为生态环境影响分析。

生态环境影响具有区域性、累积性、综合性的特点,这与生态因子间的复杂联系密切相关。例如,在河流上修建水库这一开发建设行为的环境影响有:上游河水利用所产生的污染源会使水库水质恶化,开发建设过程所产生的建筑垃圾等会影响库区的水质,上游流域的水土流失会增加水库的淤积,而水土流失又与植被覆盖紧密联系,可见库区的植被、陆地、河流及人类开发活动与水库水质是高度相关的。所以,生态环境影响不仅涉及自然问题,还常常涉及社会和经济问题。

由于有上述特点,生态环境影响也就具有了整体性特点,即不管影响到生态系统的什么因子,其影响效应对系统而言是具有整体性的。

(1) 生态环境影响分析主要任务

① 开发建设活动主要影响的生态系统和生态因子,影响的性质和程度。

② 生态环境变化对流域或区域生态环境功能和生态系统稳定性的影响。

③ 对区域敏感的生态保护目标的影响程度和保护途径。

④影响区域可持续发展的生态环境问题及区域可持续发展对生态环境的要求。

⑤明确改善生态环境的政策取向和技术途径。

(2)生态环境影响分析程序

生态环境影响分析的基本程序与环境影响分析是一致的,可大致分为生态环境现状调查与分析、影响预测与分析、减缓措施和替代方案四个步骤。

生态环境影响分析一般需要阐明以下几点:

①生态系统的类型、基本结构和特点(整体性、稳定性等)、评价区内居优势的生态系统及其环境功能或生态功能规划。

②域内自然资源赋存和优势资源及其利用状况。

③域内不同生态系统间的相关关系(空间布局、物流等)及连通情况,各生态因子间的相关关系。

④明确区域生态系统的主要约束条件(限制生态系统的主要因子)及所研究的生态系统的特殊性,如脆弱性问题。

⑤明确主要的或敏感的保护目标。

⑥分析生态环境目前所受到的主要压力、威胁和存在的主要问题。

2.3.4.5 区域环境影响分析特点及主要任务

1)区域环境影响分析的基本概念

区域开发的环境影响分析比较具有战略性,它着眼在一个区域内如何合理规划和建设,强调把整个区域作为一个整体来考虑,分析的重点在于论证区域内建设项目的布局、结构和时序,同时也根据区域环境的特点,对区域的开发规划提出建议,并为开展单个项目的环境影响分析提供依据。区域环境影响分析相对于建设项目环境影响分析而言,不仅是分析范围和内容的扩展,而且包含了区域系统协调发展的思想。它以区域效益最大化为目标,对区域的开发建设进行系统的、综合的研究和分析。

2)区域环境影响分析的特点

区域开发活动的环境影响分析涉及的因素多,层次复杂,相对于单项开发活动环境影响分析而言具有以下几个特点:

(1)广泛性和复杂性

区域环境影响分析范围广,内容复杂,其范围在地域上、空间上、时间上均远远超过单个建设项目对环境的影响,一般小至几十平方公里,大至一个地区,一个流域;其影响涉及面包括区域内所有开发行为及其对自然、社会、经济和生态的全面影响。

(2)战略性

区域环境影响分析是从区域发展规模、性质、产业布局、产业结构及功能布局、土地利用规划、污染物总量控制、污染综合治理等方面论述区域环境保护和经济发展的战略规划。

(3)不确定性

区域开发一般都是逐步、滚动发展的,在开发初期只能确定开发活动的基本规模、性质,而具体入区项目、污染源种类、污染物排放量等不确定因素多。因此,区域环境影响分析具有一定的不确定性。

(4)分析时间的超前性

区域环境影响分析应在制订区域环境规划、区域开发活动详细规划以前进行,以作为区域开发活动决策不可缺少的参考依据。只有在超前的区域环境影响分析的基础上才能真正实现区域内未来项目的合理布局,以最小的环境损失获得最佳社会、经济和生态效益。

(5)分析方法的多样化(定性和定量相结合)

由于区域环境影响分析内容多,可能涉及社会经济影响分析、生态环境影响分析和景观影响分析等。因此,分析方法也应随区域开发的性质和分析内容的不同而有所不同。

区域环境影响分析既要在宏观上确定开发活动的规模、性质、布局的合理性,又要分析不同功能是否达到微观环境指标的要求。既应分析开发活动的自然环境影响,又要考虑其对社会、经济的综合影响。而某些分析指标是很难量化的,因此,必须是定性分析与定量预测相结合。

3)区域环境影响分析的基本内容

(1)区域开发活动环境影响分析和预测

在分析所有区域开发活动的基础上,预测与分析开发活动对区内外大气、水、噪声及生态等环境要素的影响,为制定区域开发活动的环境保护措施、防止环境污染提供依据。

(2)开发区的选址合理性分析

开发区选址合理性分析主要是从开发区的性质或发展方向出发,分析其与所在区域与城市总体发展规划的要求是否一致。

(3)开发区的总体布局合理性分析

开发区的总体布局合理性分析主要是从开发区的各种功能对环境的影响及其对环境的不同质量要求出发,结合开发区的社会、经济和自然环境条件,分析开发区的各种功能安排或功能分区的合理性。

(4)开发区规模与区域环境承载力分析

通过分析开发区的经济、社会和自然环境特征,特别是分析开发区自然、社会环境中的限制因子,进而分析开发区环境对开发活动强度和规模的可承受能力。

(5)区域开发土地利用与生态适宜度分析

根据区域土地的不同生态、社会和自然环境因素对不同土地利用的固有适宜性,分析开发区内各类土地利用安排的合理性。

(6)拟订开发区环境管理体系规划

开发区环境管理体系规划是开发区环境保护工作的制度保证,其内容包括:开发区环境管理方针;开发区环境管理机构的设置;开发区环境管理规划方案;开发区环境监控系统的规划等。

4)区域环境影响分析的工作程序

区域环境影响分析与建设项目环境影响分析工作程序基本相同,大体分为三个阶段,即准备阶段、正式工作阶段和报告书编写阶段。

应该说明的是,区域开发建设项目涉及多项目、多单位,不仅需要分析现状,而且需要预测和规划未来,协调项目间的相互关系,合理确定污染分担率。因此,为使区域环境分析工作成果更有针对性和符合实际,应在分析中间阶段提交阶段性中检报告,向建设单位、环保主管部门通报情况和预审,以便完善充实,修订最终报告。

区域环境影响分析工作程序如图 2-12 所示。

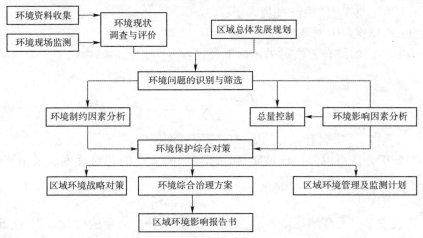

图 2-12　区域环境影响分析工作程序

2.3.5　环境影响分析的主要方法

所谓环境影响分析是按照一定的影响分析目的,把人类活动对环境的影响综合起来,对环境影响进行定性或定量的评定。由于人类活动的多样性与各环境要素之间关系的复杂性,分析各项活动对环境的综合影响是一个十分复杂的问题。尽管已经开发了许多方法,各有其优、缺点,且使用时都有一定的局限性,但目前还没有通用的方法。这里介绍较为常用、具有代表性的方法。

2.3.5.1　指数法

环境现状影响分析中常采用能代表环境质量好坏的环境质量指数进行评价,具体有单因子指数影响分析、多因子指数影响分析和环境质量综合指数影响分析等方法。其中,单因子指数影响分析是基础。

(1) 普通指数法

一般的指数计算需要先引入环境质量标准,然后对环境影响分析对象进行处理,通常以实测(或预测值)C 与标准值 C_s 的比值作为其数值:$P = C/C_s$。

单因子指数可分析该环境因子的达标($P_i < 1$)或超标($P_i > 1$)程度。显然,越小代表该环境要素的质量越好,越大则越差。

在各单因子的影响分析已经完成的基础上,为求所有因子的综合影响分析,可引入综合指数,所用方法称为"综合指数法",综合过程可以分层次进行,如先综合得出大区环境影响分指数、水体污染影响分指数、土壤环境影响分指数等,然后再综合得出总的环境影响综合指数。各影响权重相等的综合指数计算方法可采用如下公式:

$$P = \sum_{i=1}^{n} \sum_{j=1}^{m} P_{ij} \tag{2-2}$$

$$P_{ij} = \frac{C_{ij}}{C_{sij}} \tag{2-3}$$

式中:i——第 i 个环境要素;

n——环境总要素；

j——第i环境要素中的第j环境因子；

m——第i环境要素中的环境因子总数。

各影响权重不同的综合方法可采用如下公式：

$$P = \frac{\sum_{i=1}^{n}\sum_{j=1}^{m}W_{ij}P_{ij}}{\sum_{i=1}^{n}\sum_{j=1}^{m}W_{ij}} \tag{2-4}$$

式中：W_{ij}——权重因子，根据有关专门研究或专家咨询确定。

指数影响分析方法可以分析环境质量好坏与影响大小的相对程度。采用同一指数，还可作不同地区、不同方案的相互比较。

(2)巴特尔指数法

巴特尔指数不是引入环境质量标准，而是引入影响分析对象的变化范围，把此变化范围定为横坐标，把环境质量指数定为纵坐标，且把纵坐标标准化为0~1，以"0"表示质量最差，"1"表示质量很好。每个影响分析因子，均有其质量指数函数图。各影响分析因子若已得出预测值，便可根据此图得出该因子的质量影响评价值。

2.3.5.2 列表清单法

列表清单法又称为核查表法，是利特(Little)等于1971年提出的方法。该法是将可能受开发方案影响的环境因子和可能产生的影响性质，通过核查在一张表上分别列出，构成用于进行环境影响识别的一维表格。该方法在使用中有多种形式：

(1)简单型清单：仅列出可能受影响的环境因子表，并对可能产生影响的性质（例如不利影响的时间长度、是否可逆、影响范围等）做出判断而不做其他说明。简单型清单可做定性的环境影响识别分析，但不能作为决策依据。

(2)描述型清单：除了列出环境因子外，还同时说明对每项因子影响的初步度量以及影响预测和评价的途径。环境影响识别常用的是描述型清单，目前有两种类型的描述型核查表。

①环境资源分类核查表：即对受影响的环境因素（环境资源）先做简单的划分，以突出有价值的环境因子，然后按照工程活动对环境因子影响的程度进行判断。该类清单已按照工业、能源、水利工程、交通类等编制了主要环境影响识别表，在世界银行《环境评价资源手册》等文件中可以查看，供具体建设项目环境影响识别时参考。

②问卷核查表：在清单中仔细列出有关"项目—环境影响"要询问的问题。答案可以是"有"或"没有"。如回答为"有影响"，则在表中的注解栏中说明影响的程度、发生影响的条件以及环境影响的方式。

(3)分级型清单：在描述型清单基础上增加了对环境影响程度进行分级，利用分级技术评价人类活动对环境的影响，附有对环境参数主观分级的判据。

列表清单法有助于系统地考虑一系列直接的、明显的环境影响，简要分析和概括环境影响结果，但其缺陷是过于笼统，也不能阐述影响之间的相互作用关系和因子之间的间接影响，并且具有较大的主观性。

2.3.5.3 矩阵法

矩阵法由清单法发展而来，不仅具有影响识别功能，还有影响综合分析评价功能。它将清单所列内容系统地加以排列,把拟建项目的各项"活动"和受影响的环境要素组成一个二维矩阵,在拟建项目的各项"活动"和环境影响之间建立起直接的因果关系,以定性或半定量的方法说明拟建项目的环境影响。

矩阵法有几种形式,比较有代表性的是利奥波德矩阵(Leopold)法。它是美国地质调查局的 Leopold 等人于 1972 年提出的一种半定量分析方法。该方法是在开发行为和环境影响之间建立起直接的因果关系,即在矩阵垂直方向列出环境因子,水平方向列出工程建设活动。某项开发活动可能对某一环境要素产生的影响,在矩阵相应交叉点标注出来,同时综合考虑环境影响的程度和权系数。影响程度可以划分为若干个等级,如 5 级或 10 级,用数字表示;影响的重要性用权系数表示,可用 1~10 的数字表示。数字越大表明影响的程度或重要性越大。工程对环境产生有利影响时,冠以" + ",产生不利影响时,冠以" - ",见表 2-6。

环境影响程度及权重系数　　　　　　　　　　表 2-6

项目	活动 1	活动 2	…	活动 n	环境因子总影响
环境因子 1	$M_{11}W_{11}$	$M_{12}W_{12}$	…	$M_{1n}W_{1n}$	$\sum_{j=1}^{m} M_{1j}W_{1j}$
环境因子 2	$M_{21}W_{21}$	$M_{22}W_{22}$	…	$M_{2n}W_{2n}$	$\sum_{j=1}^{m} M_{2j}W_{2j}$
…					
环境因子 m	$M_{m1}W_{m1}$	$M_{m2}W_{m2}$	…	$M_{mn}W_{mn}$	$\sum_{j=1}^{m} M_{mj}W_{mj}$
活动总影响	$\sum_{i=1}^{m} M_{i1}W_{i1}$	$\sum_{i=1}^{m} M_{i2}W_{i2}$	…	$\sum_{i=1}^{m} M_{jn}W_{jn}$	$\sum_{i=1}^{m}\sum_{j=1}^{m} M_{ij}W_{ij}$

表中 M_{ij} 表示开发行为 j 对环境因素 i 的影响分级;W_{ij} 表示开发行为 j 对环境因素 i 的权重;所有开发行为对环境因子 i 的总影响为 $\sum_{j=1}^{m} M_{ij}W_{ij}$;开发行为 j 对整个环境的总影响为 $\sum_{i=1}^{m} M_{ij}W_{ij}$,所有开发行为对整个环境的影响,则为 $\sum_{i=1}^{m}\sum_{j=1}^{m} M_{ij}W_{ij}$。

2.3.5.4 网络法

网络法是索伦森(J. Sorensen)于 1971 年提出的。它是采用因果关系分析网络来解释和描述拟建项目的各项"活动"和环境要素之间的关系。除了具有相关矩阵法的功能外,可识别间接影响和累计影响。

网络法以原因—结果关系树来表示环境影响链,即反映初级—次级—三级之间的关系。因网络呈树枝状,故又称为影响关系树或影响树,见图 2-13。网络树由许多事件链组成,链上每个事件的影响除了可以用影响程度 m 及其权重值 W 表示外,还要考虑事件链发生的概率为 P。网络影响的计算方法如下。

一个分支 i 上事件链发生的概率是该分支上每级概率之积。如图 2-13 上分支 1 的概率是:

$$P_1 = P_A \times P_{A_1} \times P_{A_{11}} \times P_{A_{111}} \quad (2-5)$$

一个分支 i 上环境影响是该分支上环境影响程度及其权重之积的和。例如,分支 1 的加权影响为:

$$I_1^0 = m_{A_1} \times W_{A_1} + m_{A_{11}} \times W_{A_{11}} + m_{A_{111}} \times W_{A_{111}} \quad (2-6)$$

考虑到分支 1 影响发生的概率,则分支 1 可能发生的加权影响为:

$$I_1 = P_1 \times I_1^0 = P_1(m_{A_2} \times W_{A_1} + m_{A_{11}} \times W_{A_{11}} + m_{A_{111}} \times W_{A_{111}}) \quad (2-7)$$

总的影响为:

$$I = \sum_{i=1}^{m} P_i I_1^0 \qquad (2-8)$$

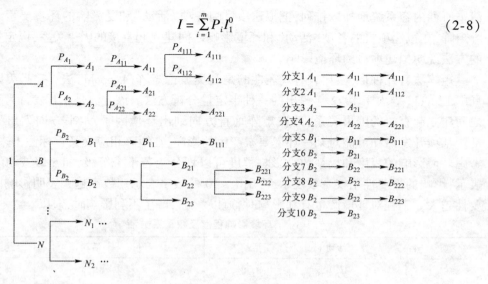

图 2-13 网络法基本结构示意图

网络法与其他识别方法结合,有助于确保一些重要的次级影响不被忽略。信息丰富的网络看起来很复杂、费时,除非有计算机程序支持,否则制作起来比较困难。但网络法对于建立"影响假设"和其他结构的科学基础方法具有有效的支持作用。以沿海地区发展规划环境影响因子分析为例说明网络法的结构,如图 2-14 所示。

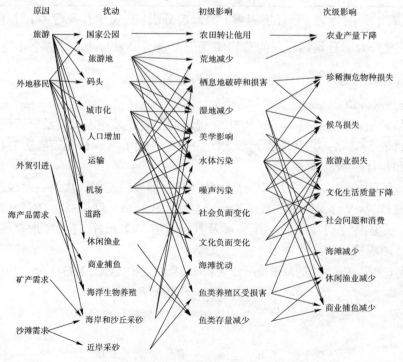

图 2-14 沿海地区发展规划的原因—后果网络(部分)

网络法的优点为能明确地表述活动与环境因子间的关联性和复杂性;其简化形式可以有效识别次级影响和累积效应;可以分辨直接影响和间接影响;可识别实施战略行为的制约

因素。网络法的缺点是如果使用非简化的模式,其表达结果会非常复杂,不能表示时空关系,难以建立可比性单位,无法定量描述影响程度。

2.3.5.5 图形叠层法

图形叠层法是麦哈格(Ian Macharg)1969年提出的。它是将一套表示各环境要素一定特征的透明图片,叠置在带有项目位置和影响评价区域轮廓的基图上,用以表示环境的综合特征,反映建设项目的影响范围以及环境影响的性质和程度。

该法首先将所研究的地区划分成若干个环境单元,以每个环境单元为独立单位,把通过各种途径、手段所获得的有关各环境的资料,分别做成反应环境性质、特征的各环境要素的单幅环境图,这样所绘出的图就是一系列环境图,然后把这一系列环境图衬透于该环境单元的基本地图(或称为地图)之上,就编制成了一个环境单元的综合环境图。把若干个环境单元的综合图加以衔接,就可构成一个地区的综合环境图,通过图上所表示的不同颜色及阴影的深浅等可以说明其影响的程度。据此可进行综合分析,判别环境影响的范围、性质和程度。

叠图法用于设计地理空间较大的建设项目,如"线形"影响项目(公路、铁道、管道等)和区域开发项目。该法比较简单,对环境只能做出定性评价,其作用在于预测评价和传达某一地区适合开发的程度,识别供选择的地点和路线等。随着地理信息系统(GIS)在环境影响分析中的应用,传统应用的手工叠图法得到了极大的改进,也使图形叠置法焕发了新的生机。

联合国出版物《环境影响评价规划及决策指南》(SI/ISCAP/351/ESCAP)对后面四种分析方法的使用性进行了总结,对使用者采取何种方法有着借鉴意义,见表2-7。

常用的四种环境影响分析方法总结　　　　　　表2-7

标　准	核查表法	叠图法	网络法	矩阵法
全面性	S	N	L	S
沟通性	L	L	S	L
灵活性	L	S	L	L
客观性	N	S	S	L
聚集性	N	S	N	N
可推广性	S	L	S	S
多功能性	N	S	S	S
不确定性	N	S	S	S
空间尺度	N	L	N	N
时间尺度	S	N	N	N
数据需求	L	N	S	S
摘要格式	L	S	S	L
方案比较	S	L	L	L
时间要求	L	N	S	S
人力要求	L	S	S	S
经济要求	L	L	L	L

注:L-完全符合,或需要较少资源;S-部分符合,或需要适中的资源量;N-极少符合,或需要大量资源。

复习思考题

1. 交通环境监测的内容和方法有哪些?
2. 交通环境调查与环境监测的关系是什么?
3. 环境影响分析和环境保护的关系是什么?
4. 现行交通建设项目的常见环境要素影响分析的内容和方法是什么?

第3章 大气环境影响分析

大气是由一定比例的氮气、氧气、二氧化碳、水蒸气和固体杂质微粒组成的混合物。其组成可以分为固定的、可变的和不定的三部分。正常的大气组成成分,在标准状态下氮气(N_2)约占78%,氧气(O_2)约占21%,稀有气体约占0.94%,这些是恒定的。可变的组分是指空气中的二氧化碳(CO_2)以及水蒸气。

各种自然变化往往会引起大气不定部分成分的变化。例如,火山喷发时有大量的粉尘和二氧化碳等气体喷射到大气中,造成火山喷发地区烟雾弥漫,毒气熏人;雷电等自然原因引起的森林大面积火灾也会增加二氧化碳和烟粒的含量等。一般来说,这种自然变化是局部的,短时间的。随着现代工业和交通运输的发展,向大气中持续排放的物质数量越来越多,种类越来越复杂,引起大气成分发生急剧的变化。当大气正常成分之外的物质达到对人类健康、动植物生长以及气象气候产生危害时,我们就说大气受到了污染。

近年来,随着国民经济的大力发展,我国交通运输事业也得到了极大的扩张与发展。交通运输系统主要分为公路、铁路、航空、水运以及管道五大运输方式。在交通运输事业给人们带来巨大经济效益以及便民服务等优势的同时,伴随而生的大气污染问题也应当引起人们的关注。

3.1 交通行业空气污染的产生

交通行业空气污染的产生主要是指公路、铁路、航空、水运等各种运输方式在施工期和营运期所产生的大气污染。

公路、铁路、港口和机场在施工期的空气污染均包括土石方施工、材料运输和装卸造成的扬尘、山体开挖爆破产生的有害气体、大型车辆及运输设备车辆排放的废气以及施工用临时锅炉排放的锅炉烟尘。而道路建设中大量使用的沥青路面在沥青材料拌和期和施工期会产生大量的沥青烟气。

公路运营期间车辆排放的空气污染物,除了碳氢化合物(HC)外,其余大部分均来自车辆的废气排放。汽车排放的碳氢化合物来源有三个方面:一是汽车排放废气(约占60%);二是曲轴箱窜气(约占20%);三是燃料系统的蒸发(油箱和化油器,约占20%)。

铁路在营运期的空气污染物主要来源于内燃机车排放的废气、煤炭铁路运输过程中产生的煤尘以及沿途排泄物的直接排放。

航空方式在营运期间主要是飞机在起飞、滑跑及初始爬升阶段,排出大量的空气污染物。

内河航运造成空气污染主要来源有:固体散货在港口装卸和储存过程产生的粉尘;石油、散装液体化学品在运输及港口转运和储存过程中挥发的有机气体;燃油性港口装卸机械和船舶排放的大气污染物。

3.2 交通废气的主要成分及对人体的危害

现代社会中的汽车、内燃机车、船舶、飞机排放出的废气是空气污染的主要来源。这些废气严重地影响了生态环境和人类身体健康。它们排放的废气主要包括有一氧化碳(CO)、碳氢化合物(HC)、氮氧化合物(NO_x)、二氧化硫(SO_2)、二氧化碳(CO_2)、臭气(甲醛)、含铅化合物及固体颗粒物等。但是由于各种交通运输工具燃料的采用和燃料燃烧机理等的不同,废气的排放情况存在一定的差异:一方面是废气成分的不同,另一方面则是各种废气成分排放量的不同。

3.2.1 交通废气的主要成分

(1)公路运输工具的废气成分

公路交通运输所采用的交通工具主要是汽车。20 世纪 90 年代以来,我国汽车产业出现了迅速增长的局面,汽车已经成为日常生活中必不可少的一部分,汽车工业的迅速发展不可避免地带来了环境污染问题,特别是近年来,随着汽车拥有量的增加,废气污染问题日益突出,汽车污染物排放量比国际水平高 10 倍,如何避免或降低汽车废气产生的环境污染,已成为社会关注的热点问题。

汽车废气主要是指汽车燃料燃烧后产生的废气,其中主要的废气成分包括:一氧化碳(CO)、碳氢化合物(HC)、氮氧化合物(NO_x)、二氧化硫(SO_2)、二氧化碳(CO_2)、臭气(甲醛)、含铅化合物及固体颗粒物等。此外,这些污染物进入大气之后,与正常的空气成分混合之后,在一定的条件下发生各种物理和化学反应,可能产生一些新的污染物。常见的新产生的污染物主要是指臭氧(O_3)、过氧乙酰硝酸酯(PAN)、硫酸(H_2SO_4)及硫酸盐气溶胶、硝酸及硝酸盐气溶胶,以及过氧化氢基、过氧化氮基等。

汽车燃料主要指汽油机(点燃式发动机)用燃料和柴油机(压燃式发动机)用燃料,它们目前是汽车运行的主要动力来源,其他汽车燃料还包括甲醇、乙醇汽油以及压缩天然气(CNG)等。

汽油:外观为透明液体,主要成分为 C4~C12 脂肪烃和环烃类,并含少量芳香烃和硫化物。一般汽油燃烧后废气主要包括两类:一类是常规检测污染物(如 CO、THC 和 NO_x);另一类是非常规检测污染物(如多环芳香烃、苯、杂环化合物等可挥发性有机物),此外含铅汽油燃烧还会产生含铅化合物。

柴油:是石油提炼后的一种油质的产物。它由不同的碳氢化合物混合组成。它的主要成分是含 10~22 个碳原子的链烷、环烷或芳烃。柴油主要由原油蒸馏、催化裂化、热裂化、加氢裂化、石油焦化等过程生产的柴油馏分调配而成;也可由页岩油加工和煤液化制取。分为轻柴油(沸点范围为180~370℃)和重柴油(沸点范围为350~410℃)两大类。广泛用于大型车辆、铁路机车、船舰。

与汽油相比,柴油含更多的杂质,它燃烧时更容易产生烟尘,造成空气污染。柴油燃烧后的产物主要包括:氮氧化物(NO_x)、一氧化碳(CO)、二氧化碳(CO_2)、醛类和不完全燃烧时的大量黑烟。黑烟中有未经燃烧的油雾、碳粒,一些高沸点的杂环和芳烃物质,并有些致癌物如苯并芘。

甲醇:甲醇燃料是利用工业甲醇或燃料甲醇,加变性醇添加剂,与现有国标汽柴油(或组分油)按一定体积(或重量比)经严格科学工艺调配制成的一种新型清洁燃料。可替代汽柴油,用于各种机动车、锅灶炉。生产甲醇的原料主要是煤、天然气、煤层气、焦炉气等,特别是利用高硫劣质煤和焦炉气生产甲醇,既可提高资源综合利用,又可减少环境污染。发展煤制甲醇燃料,补充和部分替代石油燃料,可缓解我国能源紧张局势,提高资源综合利用。

甲醇燃料和汽油燃料相比,由于甲醇燃料是比较纯的化合物,不含硫以及其他复杂的有机化合物,含氧量高,燃烧充分,废气中的一氧化碳(CO)、碳氢化合物(HC),二氧化硫(SO_2)、氮氧化物(NO_x)及固体悬浮颗粒的排放量都会下降,有毒有害的碳氢化合物,如苯、芳香烃等的排放量也会低很多。因此甲醇燃料车污染物的排放较汽油车少。但是甲醇燃料车冷起动困难,会导致未完全燃烧的甲醛、甲酸甲酯等碳氢化合物的排放。

乙醇汽油:也被称为 E 型汽油,是一种由粮食及各种植物纤维加工成的燃料乙醇和普通汽油按一定比例混配形成的新型替代能源。按照我国的国家标准,我国使用乙醇汽油是用90%的普通汽油与10%的燃料乙醇调和而成,它可以改善油品的性能和质量。与普通汽油相比,乙醇汽油在使用过程中由于燃料中乙醇的加入,含氧量增加,辛烷值提高,降低了汽车废气中一氧化碳(CO)、碳氢化合物(HC)的排放,氮氧化物(NO_x)略有升高,实验表明汽车废气中的一氧化碳,碳氢化合物的排放量分别下降了30.8%和13.4%,此外乙醇汽油所产生的温室气体要比使用纯汽油减少3.9%。

压缩天然气(Compressed Natural Gas,简称CNG):是一种可以替代汽油、柴油或者液化石油气的化石燃料。虽然它的燃烧会产生温室气体,但是比其他燃料对环境的污染小得多,而且比其他燃料更加安全。天然气作为一种气体燃料,与空气混合更加均匀,燃烧也更加充分,排放的 CO、HC 等有害物质更少;其他一些没有受到排放法规控制的有害成分(如对区域环境影响的毒性物质、烟雾、酸性物质等)也比汽油、柴油要少,在所有碳氢燃料中,天然气的碳氢比例为 4:1,CO_2 的排放量比汽油少25%左右,有利于保护全球的环境。

(2)铁路运输工具的废气成分

现代社会中,铁路运输的动力来源大多为电力机车,其电力来源若为火电,则其对空气污染的影响主要体现在发电过程中的煤炭燃烧环节;在经济相对落后的国家或地区还存在较多的内燃机车,其动力来源于燃油(柴油)在气缸内燃烧做功,伴随产生一氧化碳(CO)、碳氢化合物(HC)、二氧化硫(SO_2)、氮氧化物(NO_x)等有害气体。

(3)航空运输工具的废气成分

航空运输工具飞机,主要采用航空煤油作为燃料。煤油俗称灯油,其主要用作各种灯和工业炉的燃料。航空煤油是由直馏馏分、加氢裂化和加氢精制等组分及必要的添加剂调和而成的一种透明液体。航空煤油的组成一般有下列规定:芳香烃含量在20%以下(其中双环芳烃含量不超过3%)、烯烃含量在2%~3%,正构烷烃含量用燃油结晶点不高于-60~-50℃来限制。航空燃油中还加有多种添加剂,用以改善燃油的某些使用性能。

航空煤油的燃烧主要排放二氧化碳( )、氮硫氧化物、碳氢化合物(HC)及其他微小颗粒等有害物质,这些物质排放到大气会对环境造成恶劣影响。

(4)水路运输工具的废气成分

水运交通工具船舶,采用的燃料包括两大类:一类是柴油,一类是燃料油。柴油基本是针对一些小的柴油机船,燃料油基本都是用于较大型的船舶。

燃料油(Fuel Oil)作为成品油的一部分,是石油加工过程中在汽、煤、柴油之后从原油中分离出来的较重的剩余产物。因此被叫作重油、渣油。主要由石油的裂化残渣油和直馏残渣油制成。其特点是黑褐色黏稠状可燃液体,黏度适中,燃料性能好,发热量大,含非烃化合物、胶质、沥青质较多。燃料油燃烧会产生高排放量的二氧化硫(SO_2)、氮氧化物(NO_x)、碳氢化合物(HC)、一氧化碳(CO)和碳粒子等不完全燃烧产物。

SO_2排放量高的原因是重油中的硫在燃烧后全部以SO_x的形式随废气排出。粗略计算可知,当重油的含硫量为2%时,在完全燃烧情况下,每立方米废气中可含有0.014kg的SO_2,远高于国家规定的排放要求。

NO_x排放量高的原因一方面是燃料与空气的不均匀混合燃烧,出现局部高温而导致空气中的氮热力氧化产生;另一方面是重油自身较高的含氮量在燃烧中转化和氧化而产生的。

HC、CO和碳粒子等不完全燃烧产物的排放量高的原因可能是雾化不良、油与空气混合不均或在燃烧高温区中停留时间不足。

3.2.2 交通废气对人体的危害

3.2.2.1 对人体危害的主要表现

废气对人体的危害主要表现在以下4个方面:

(1)对呼吸系统的影响

废气的排放由于靠近人体呼吸带,人体呼吸系统成为其对健康危害的主要靶器官。国内外的研究认为,长期接触废气可直接刺激人体呼吸道,使呼吸系统的免疫力下降,导致暴露人群慢性支气管炎、呼吸困难的发病率升高,人群肺功能下降等一系列症状。实验动物长期吸入柴油机颗粒物可引起肺部清除能力下降,长期大量的炎症细胞和多种细胞因子的浸润,细胞膜受到损害。肉眼可见肺部形成明显的碳素沉着、斑点等病理改变;显微镜下,可见肺泡内大量沉着的颗粒物、肺泡Ⅱ型细胞、间质组织和胶原纤维增生,大量的中性粒细胞、浆细胞和吞噬了颗粒物的巨噬细胞在肺部形成片状斑点;肺部清除颗粒物的半衰期延长,巨噬细胞功能和免疫力下降,感染细菌能力明显增强,最终损害肺的通气功能,造成慢性损伤和病变。

(2)对免疫系统的影响

废气颗粒物对机体免疫功能的影响一方面是诱发机体出现超常的免疫反应如变态反应,另一方面是引起机体特异性和非特异性免疫的损害,使机体免疫监视功能低下,导致机体对感染其他疾病的抵抗力降低。国外的一些流行病调查发现:近年来工业化国家空气污染严重的地区过敏性疾病的患病率升高,他们发现悬浮颗粒物可以使大鼠IgE抗体的数量增加,人体鼻腔灌洗液中总 IgE 和特异性 IgE 的水平升高。

(3) 对生殖系统的影响

长期吸入较高浓度的废气,可以影响内分泌功能而改变性激素平衡和生殖细胞的形态和功能。国际上有研究曾把大鼠分别暴露在柴油发动机废气组(颗粒物浓度 5.63mg/m³、NO_2 8.42mg/m³、NO 10.85mg/m³)、废气过滤组(除去颗粒物)和清洁空气组,结果发现其血浆中睾酮、雌二醇在柴油发动机废气组和废气过滤组显著增加,促卵泡生成激素(FSH)、黄体生成素(LH)减少,大鼠精子数量、精子在形成和成熟过程中的形态学均有改变,并且发现氮氧化物比颗粒物对内分泌系统的影响更大。

(4) 刺激性效应

伴随大量的黑烟,废气具有典型的刺激性异味。急性眼刺激是废气排放物引起急性反应最敏感的指标之一,废气中的 NO,可转变为 HNO,从而对眼睛产生刺激作用,废气中甲醛、乙醛和丙烯醛等醛类物质,也可引起急性眼刺激症状,同时高浓度的废气还能引起头痛、喉痛、咳嗽、气喘、呼吸困难等症状和诱发哮喘发作等。

3.2.2.2 对人体危害的机理

各种废气对人体危害的机理分别介绍如下:

(1) 一氧化碳(CO)

一氧化碳是烃燃料燃烧的中间产物,主要是在局部缺氧或低温条件下,由于烃不能完全燃烧而产生,混在内燃机废气中排出。由于一氧化碳(CO)和血液中具有输氧能力的血红素蛋白(Hb)的亲和力,比氧气和血红素蛋白的亲和力大 200~300 倍,因而 CO 能很快和 Hb 结合形成碳氧血红素蛋白(CO-Hb),使血液的输氧能力大大降低。一氧化碳经呼吸道进入血液循环,与血红蛋白亲和后生成碳氧血红蛋白,从而削弱血液向各组织输送氧的功能,危害中枢神经系统,造成人的感觉、反应、理解、记忆力等机能障碍,重者危害血液循环系统,导致生命危险。因此,即使是微量吸入一氧化碳,也可能给人造成可怕的缺氧性伤害。不同浓度 CO 对人体健康的影响如表 3-1 所示。

不同浓度 CO 对人体健康的影响   表 3-1

CO 浓度(10^{-6} ppm)	对人体健康的影响
5~10	对呼吸道患者有影响
30	接触 8h,视力及神经机能出现障碍,血液中 CO-Hb=5%
40	接触 8h,出现气喘
120	接触 1h,中毒,血液中 CO-Hb>5%
250	接触 2h,头痛,血液中 CO-Hb=40%
500	接触 2h,剧烈心痛、眼花、虚脱
3000	接触 30min 即死亡

(2) 氮氧化物(NO_x)

NO_x 是燃烧过程中形成的多种氮氧化合物,是 NO、NO_2、N_2O_3、N_2O_5 等的总称。氮在内燃机中高温燃烧的主要产物是 NO,约占 95%,其次为 NO_2。NO 是无色无味气体,只具有轻度刺激性,毒性不大,高浓度时会造成中枢神经轻度障碍。NO 遇空气很快被氧化成二氧化氮(NO_2)。二氧化氮是一种红棕色呼吸道刺激性气体,气味阈值约为空气质量的 1.5 倍,对人体影响甚大。由于其在水中溶解度低,不易被上呼吸道吸收而深入下呼吸道和肺部,引发支气管炎、肺水肿等疾病。此外 NO2 吸入体内极易与血液中血红蛋白素(Hb)相结合,使得血液输氧能力下降,对心脏、肝、肾都会有影响。不同浓度 NO_2 对人体健康的影响如表3-2 所示。

不同浓度 NO_2 对人体健康的影响　　　　　　表 3-2

NO_2 浓度 (10^{-6} ppm)	对人体健康的影响	NO_2 浓度 (10^{-6} ppm)	对人体健康的影响
1	闻到臭味	80	接触 3min 感到胸痛、恶心
5	闻到强臭味	100~150	在接触 30~60min 内肺水肿而死亡
10~15	接触 10min,眼、鼻、呼吸道受到刺激	250	很快死亡
50	接触 1min 内人呼吸困难	—	—

(3)碳氢化合物(HC)

碳氢化合物也称为烃,在化学上的定义是指由碳和氢组成的化学物质,但是在研究空气质量方面,通常 HC 所包含的范围扩大到包括各种挥发性有机物在内的物质,比如醇类和醛类。所以,通常认为碳氢化合物包括未燃和未完全燃烧的燃油、润滑油及其裂解产物和部分氧化物,如苯醛、酮、烯、多环芳香碳氢化合物等 200 多种复杂成分。

在 HC 中,甲烷基本上不参与化学反应,是窒息性气体,其嗅觉阈值是 $142.8\mathrm{mg/m^3}$,只有高浓度时才对人体健康造成危害。乙烯、丙烯和乙炔则主要是对植物造成伤害,使路边的树木不能正常生长。苯是无色类似汽油味的气体,可引起食欲不振、体重减轻、易倦、头晕、头痛、呕吐、失眠、黏膜出血等症状,也可引起血液变化,红细胞减少,出现贫血,还可导致白血病。废气中还含有多环芳烃,虽然含量很低,但由于多环芳烃含有多种致癌物质(如苯丙芘)而引起人们的关注。汽油机排气中 HC 的组成如图 3-1 所示。

图 3-1　汽油机排气中 HC 的组成

醛是烃类燃烧不完全产生,主要由内燃机废气排放。醛类主要由甲醛和乙醛组成,在形成臭氧方面,具有极强的光化学活性。当甲醛、丙烯醛类气体浓度超过 1ppm 时,会对眼、呼吸道和皮肤有强刺激作用;浓度超过 25ppm 时,会引起头晕、恶心和贫血;超过 1000ppm 时,会急性中毒。

此外,HC 和 NO_x 在大气环境中受强烈太阳光紫外线照射后,产生一种复杂的光化学反应,生成含有臭氧(O_3)、甲醛、丙烯醛和过氧酰基硝酸盐(PAN)等的一种浅蓝色、具有强烈刺激性的有害烟雾。其中,甲醛、丙烯醛和过氧酰基硝酸盐(PAN)对人的眼睛有刺激作用。臭氧(O_3)是强氧化剂,可危害人体健康,使植物变黑直至枯死,损害有机物质(如橡胶、棉布、尼龙和树脂等)等,如表3-3 所示。1952 年 12 月伦敦发生的光化学烟雾事件导致 4 天中死亡人数较常年同期约多 4000 人,45 岁以上的死亡人数最多,约为平时的 3 倍,1 岁以下的约为平时的 2 倍。事件发生的一周中,因支气管炎、冠心病、肺结核和心脏衰弱者死亡分别为事件前一周同类死亡人数的 9.3 倍、2.4 倍、5.5 倍和 2.8 倍。

不同浓度(体积分数)的 O3 对人体健康的影响　　　　　　　　　表 3-3

O_3 浓度(10^{-6}ppm)	对人体健康的影响
0.02	开始闻到臭味
0.2	接触 1h 感到胸闷
0.2~0.5	接触 3~6h 视力下降
1	接触 1h 气喘,2h 头痛、胸痛
5~10	全身疼痛、麻痹、引起肺气肿
50	接触 30min 即死亡

(4)二氧化硫(SO_2)

二氧化硫的产生主要来源于含硫的石油制品和煤的燃烧。二氧化硫是一种稳定的无色气体,极易溶于水。在大气环境中可与氧气反应形成三氧化硫(SO_3)。二氧化硫及三氧化硫(SO_3)与湿空气反应还可以形成亚硫酸(H_2SO_3)和硫酸(H_2SO_4),再以酸雨形式落于地表之前,可在风的作用下迁移数百公里。这些硫化物与吸附在颗粒物上的金属发生反应可形成硫酸盐。一般来讲,柴油车排气中二氧化硫比汽油车排气中多得多。

二氧化硫进入呼吸道后,因其易溶于水,故大部分被阻滞在上呼吸道,在湿润的黏膜上生成具有腐蚀性的亚硫酸、硫酸和硫酸盐,使刺激作用增强。上呼吸道的平滑肌因有末梢神经感受器,遇刺激就会产生窄缩反应,使气管和支气管的管腔缩小,气道阻力增加。上呼吸道对二氧化硫的这种阻留作用,在一定程度上可减轻二氧化硫对肺部的刺激。

二氧化硫可被吸收进入血液,对全身产生毒副作用,它能破坏酶的活力,从而明显地影响碳水化合物及蛋白质的代谢,对肝脏有一定的损害,不同浓度的 SO_2 对人体危害如表3-4所示。此外,动物试验证明,二氧化硫慢性中毒后,机体的免疫受到明显抑制。二氧化硫与飘尘一起被吸入,飘尘气溶胶微粒可把二氧化硫带到肺部使毒性增加 3~4 倍。若飘尘表面吸附金属微粒,在其催化作用下,使二氧化硫氧化为硫酸雾,其刺激作用比二氧化硫增强约1倍。

不同浓度 SO_2 的对人体健康的影响　　　　　　　　　表 3-4

SO_2 的浓度(ppm)	人体生理反应
0.3~1	可察觉的最初的 SO_2
2	允许的暴露浓度(OSHA、ACGIH)
3	非常容易察觉的气味
6~12	对鼻部和喉部有刺激
20	对眼睛有刺激
50~100	30min 内最大的暴露浓度
400~500	引起肺积水和声门刺激的危险浓度,延长一段暴露时间会导致死亡

长期生活在大气污染的环境中,由于二氧化硫和飘尘的联合作用,可促使肺泡纤维增生。如果增生范围波及广泛,形成纤维性病变,发展下去可使纤维断裂形成肺气肿。二氧化硫可以加强致癌物苯并芘的致癌作用。据动物试验,在二氧化硫和苯并芘的联合作用下,动物肺癌的发病率高于单个因子的发病率,在短期内即可诱发肺部扁平细胞癌。

(5) 二氧化碳(CO_2)

二氧化碳是一种在常温下无色无味无臭的气体,属于碳氧化物之一,俗称碳酸气,也称碳酸酐或碳酐。密度比空气略大,溶于水(1体积H_2O可溶解1体积CO_2),并生成碳酸。固态二氧化碳俗称干冰,升华时可吸收大量热,因而用作制冷剂,如人工降雨,也常在舞美中用于制造烟雾(干冰升华吸热,液化空气中的水蒸气)。CO_2本身没有毒性,但当空气中的CO_2超过正常含量时,会对人体产生有害的影响,如表3-5所示。

不同浓度的CO2对人体健康的影响　　　　　表3-5

CO_2浓度(ppm)	对人体健康的影响
350～450	同一般室外环境
450～1200	空气清新,呼吸顺畅
1200～2500	感觉空气浑浊,并开始觉得昏昏欲睡
2500～5000	感觉头痛、嗜睡、呆滞、注意力无法集中、心跳加速、轻度恶心
>5000	可能导致严重缺氧,造成永久性脑损伤、昏迷、甚至死亡

(6) 颗粒物

颗粒物对人体健康的危害和颗粒的大小及其组成有关。颗粒越小,悬浮在空气中的时间越长,进入人体肺部后停滞在肺部及支气管中的比例越大,危害越大。小于$0.1\mu m$的颗粒能在空气中做随机运动,进入肺部并附着在肺细胞组织中,有些还会被血液吸收。$0.1\sim 0.5\mu m$的颗粒能深入肺部并黏附在肺叶表面的黏液中,随后会被绒毛所清除。大于$5\mu m$的颗粒常在鼻孔处受阻,不能深入呼吸道,大于$10\mu m$的颗粒可以排出体外。颗粒除对人体呼吸系统有害外,由于颗粒存在孔隙而能黏附SO_2、HC、NO_2等有毒物质或苯并芘等致癌物,因而可对人体健康造成更大的危害。

固体悬浮颗粒随呼吸进入人体肺部,以碰撞、扩散、沉积等方式滞留在呼吸道的不同部位,引起呼吸系统疾病。当悬浮颗粒累积到临界浓度时,便会激发形成恶性肿瘤。此外,悬浮颗粒还能直接接触皮肤和眼睛,阻塞皮肤的毛囊和汗腺,引起皮肤炎和眼结膜炎,甚至造成角膜损伤。

据相关调查,汽车排放的铅占大气中铅含量的90%,大部分颗粒物直径为$0.51\mu m$或者更小,因此可以长时间地飘浮在空气中。汽车废气排放的含铅颗粒大部分来自内燃机的废气排放。四乙铅是作为抗爆剂加进汽油中的,一般汽油的含铅量在0.08%～0.13%,四乙铅燃烧后生成氧化铅排出。铅主要作用于神经系统、造血系统、消化系统和肝、肾等器官。铅能抑制血红蛋白的合成代谢过程,还能直接作用于成熟的红细胞。经由呼吸系统进入人体的铅粒,颗粒较大者能吸附于呼吸道的黏液上,混于痰中而吐出;颗粒较小者,便沉积于肺的深部组织,它们几乎全被吸收。铅在人体内各器官中累积到一定程度,会对人的心脏、肺等造成损害,使人贫血,行为呆傻,智力下降,注意力不集中,严重的还可能导致不育症以及高血压。根据进入身体的方式,可以有高达60%的总铅摄入量永久留在人体内,成年人血液中混入0.8mg以上称为铅中毒。

近年来备受关注的PM2.5也是颗粒物中的重要成分。PM2.5是指大气中直径小于或等于$2.5\mu m$的颗粒物,也称为可入肺颗粒物。PM2.5粒径小,富含大量的有毒、有害物质且在大气中的停留时间长、输送距离远,因而对人体健康和大气环境质量的影响很大。PM2.5

主要对呼吸系统和心血管系统造成伤害，包括呼吸道受刺激、咳嗽、呼吸困难、降低肺功能、加重哮喘、导致慢性支气管炎、心律失常、非致命性的心脏病、心肺病患者的过早死。老人、小孩以及心肺疾病患者，是PM2.5污染的敏感人群。

3.3 交通空气污染的主要影响因素

3.3.1 公路运输造成空气污染的主要影响因素

(1) 机动车保有量增长

随着我国经济的大力发展和人民生活水平的提高，我国汽车保有量将保持持续增长的趋势。根据统计，2009~2015年，中国汽车产销量快速增长，2015年汽车销量接近2500万辆。与之相对应，中国汽车保有量持续增长，从2007年的0.57亿辆达到2015年的1.72亿辆(图3-2)，年复合增长率约14.8%。照此速度发展，预计2020年中国汽车保有量将突破2亿辆。

以目前使用最多的93号汽油为例，汽车发动机每燃烧1 kg汽油，排出200 g左右一氧化碳(CO)、8 g左右碳氢化合物(HC)、20g左右氧化氮(NO_x)等污染物。汽车保有量的增加，势必会导致交通能源需求的增长和废气污染物排放量的增加。2010年道路石油需求已占石油总需求的42.8%，预计在2020年交通部门将成为中国最大石油消耗部门，占石油消耗总量的55%~60%。石油产品在交通行业的大量消耗，加剧了我国能源的消耗和大气污染物的排放。

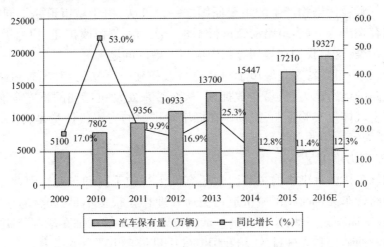

图3-2 汽车保有量增长趋势

(2) 轮胎磨损

在人们已经开始关注机动车废气排放污染的同时，轮胎磨损的污染却还未引起足够的重视。机动车在行驶过程中，轮胎磨损产生的粉末也会进入大气中，其主要成分是橡胶颗粒与炭粒的复合体，另外还掺杂着轮胎生产中添加的包括树脂、硫黄在内的150多种物质。废气排放中的污染物也会附着在轮胎粉末上，增加颗粒污染物成分。由于轮胎粉末的颗粒细小、成分复杂,加上道路网四通八达,因此轮胎磨损形成的污染无所不至。

虽然单个轮胎磨损产生的粉尘量很小,但由于国内截至 2015 年的机动车已超过 2.79 亿辆,其中还不包括未登记的农用车、电动车和自行车,而每条轮胎都是一个微小的污染源,在行进中随时会产生污染,积少成多,总量可观,其对大气环境的影响不容忽视。

机动车轮胎的更换周期平均为 5 万 km,重型载货汽车轮胎的更换周期更短,我国在用轮胎的质量也良莠不齐,劣质轮胎更易磨损,使用期更短,造成的污染也更大。同时国内的道路质量也存在诸多问题,无论是高速公路、国道、省道,还是乡间公路,许多道路破损率较高,路面不平整,维修也不及时。劣质轮胎和破损的道路均会加重轮胎粉末的污染。

(3)交通扬尘

道路扬尘是城市扬尘的重要组成部分,一部分来源于车辆行驶导致的路面灰尘的二次扬起,另一部分为车辆轮胎与路面摩擦损耗产生的微小颗粒物。有关研究表明,交通运输、道路扬尘对大气中颗粒物含量有重要贡献,城市扬尘对 PM2.5 贡献率约为 20%。

运输中的各种遗洒物质落到道路上,会被往来车辆反复多次碾压,变成细小的颗粒,直至粒径小于 10μm 后悬浮在空中或随风飘落到其他地方造成污染。道路扬尘污染会形成一条线形污染带,这些污染物会沿着车辆的运动及风力的影响进行跨区域迁移。因此交通形成的扬尘对环境污染的影响应引起社会关注。目前,城市环境与近郊农村环境的差别已经逐渐变得不明显,只有远离城市和公路交通不发达的地区,环境质量才有明显好转,这与道路交通引发的空气污染的关系密不可分。

(4)道路规划建设不完善

城市道路网在规划建设阶段的不足会间接导致大气污染。首先,城市道路建设阶段的施工扬尘是空气颗粒污染物产生的主要原因之一。其次,由于城市道路不同时段的近期规划和远期规划存在出入,许多道路动辄进行不止一次的大规模改扩建,相当于给大气带来了二次甚至多次污染,这是我们在规划过程中应当考虑的问题。

另一方面,城市道路特别是城市干道在进行改扩建时,势必会对现有道路网造成影响,增加了其他道路的运行压力,极易造成拥堵,从而带来发动机燃油的不完全燃烧,排放废气中存在更多有害气体。实验证明,机动车在拥堵时排放的有害气体量是自由行驶时的 2~4 倍,这就加剧了大气污染的严重程度。

(5)交通管理力度不足

由于影响汽车排放污染物的主要因素还有汽车行驶工况和车速。因此,交通管理的好坏严重影响道路行车。目前我国城市道路交通管理存在很多不足,如交通信号灯过多且配时不合理,导致车辆频繁制动,停车容量不足或疏导措施不够增加车辆绕行距离等。这些都带来了大量的燃油消耗和废气排放,给我国空气质量带来了严重的压力。

CO 和 HC 等污染物质排放量随着车速的减小而增加。因为车速很低时,发动机在富燃状态下工作,转速较低,燃料不能充分燃烧,所以,CO 和 HC 的排放量明显增大。一般情况下,在怠速或者低速运转下的车辆,其 HC 和 CO 的排放量是正常运转的 2~3 倍。图 3-3 为美国轻型汽油车废气排污物综合排放因子随车速的变化,表 3-6 为车辆在不同类型道路上行驶时排气污染物浓度的测试结果。

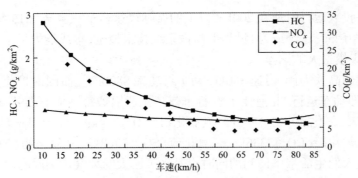

图 3-3　美国轻型汽油车废气排污物综合排放因子随车速的变化
（平均车速:45km/h,环境温度:23.9℃）

不同道路上汽车排放系数[单位:g/(辆·km)]　　表 3-6

道 路 类 型	平均车速(km/h)	HC	CO
商业街	16	6.48	98.65
住宅街	29	4.23	59.19
公路	39	3.66	47.91
高速公路	72	2.40	28.19

(6)不良驾驶习惯

据统计,汽车废气污染有30%是从"娘胎"里带来的,40%属于驾驶员的不良操作习惯引起,其他原因为30%,如油品质量、维修保养、道路因素等。可见驾驶员不良的驾驶习惯是导致机动车废气排放增加的重要因素。不良驾驶习惯的主要表现有以下几个方面:

①近距离出行的驾驶员选择小汽车出行。作为驾驶员,首先应该具有强烈的环保意识、责任意识,近距离的目的地应尽量步行;或者能使用其他公共交通工具时应尽量不开车出行,此外尽力做到"拼车"出行也是减少废气排放的重要措施。

②错误操作汽车。加油时应当"轻踏轻放",切忌"猛踩猛踏",避免浪费燃油和造成多余排放。低速挡位时应避免轰大油门,车辆过慢过快均容易造成燃油燃烧不充分,导致排放超标。遇到交通堵塞或较长时间的红灯,应该尽量采取"熄火"措施,若发动机处于运作状态就会导致废气的排放。

③错误地选择燃油。根据发动机的压缩比选择相应燃油,标号过高或者过低都将使得燃油燃烧不充分而造成污染。此外,不符合国家标准的燃油是造成大气污染的原因之一。

3.3.2　铁路运输造成空气污染的主要影响因素

(1)高铁大力发展对电力的需求过大

随着高铁大规模建设,对电力需求急剧加大,这直观地反映在煤炭的消耗上。2004年1月,国务院审议并通过了《中长期铁路网规划》。2008年铁道部对该规划做了进一步调整,规划到2020年建成客运专线1.2万公路以上,形成"四纵四横"客运专线骨架。8条客运专线中有7条为1000~2300km的中远程客运专线。同时原铁道部为了满足大城市的高密度客流需求,在环渤海地区、长三角地区、珠三角地区的三大城市群以及中原、东北和西北城市群中大量建设并投入运行时速在200km以上的城际快速客车。截至2015年年底,我国大陆高铁里程达1.9万km,已经成为"世界上高铁系统技术最全、集成能力最强、设计速度最高、运营里程最长、规模最大的国家"。

以正在兴建的高铁为例,时速350km动车组功率8800kW,而国内目前一吨标准煤可发电3100kW·h,即动车运行1h消耗2.8t标准煤。工业锅炉每燃烧1t标准煤,就产生二氧化碳(CO_2)2620kg、二氧化硫(SO_2)8.5kg、氮氧化物(NO_x)7.4kg。即350km动车组每运行1h,就会间接排放二氧化碳(CO_2)7336kg、二氧化硫(SO_2)23.8kg、氮氧化物(NO_x)20.72kg。高铁的大力发展给人们生活带来便利的同时也带来了巨大的大气污染问题。

(2)直接排泄的粪便造成大气污染

普通列车直接将厕所粪便排放在轨道上也会导致大气污染。时至今日,由于技术的不纯熟,我国列车厕所直接排粪便问题没有得到足够的重视和控制,除了近两年的动车和高铁采用真空集便器外,其他普通列车厕所均为直排式,旅客粪便直接排到路基上。

列车在高速行驶中产生强大的气流,抛洒出的粪便大部分被卷入后端车轮中,瞬间被碾成细块和粪滴。散落在路基上的粪便被过往车辆的强气流逐渐分散而随风飞扬,造成沿线铁路的大气污染。

(3)煤炭的运输造成扬尘与大气污染

作为煤炭大国,2014年全年我国原煤产量为38.7亿t,经济的迅速发展对煤炭产生了巨大的需求,而铁路因其运输的准确性和连续性强、速度快、运量大、成本低和可靠安全等特点,使其成为目前煤炭的主要运输方式。据统计,约80%的煤炭通过铁路运输。但煤炭在铁路运输中,由于列车颠簸及风力等原因,表面细小的煤粉粒被吹离车体,散落到地面导致扬尘污染。

3.3.3 航空运输造成交通空气污染的主要影响因素

(1)航空业大力发展与大气污染

根据有关部门统计,目前世界上主要航空公司拥有的民用飞机总数已经达到15271架次。根据波音公司预测,在未来20年里,世界民航业的客运量将以每年4.9%的速度增长,货运量将以6.4%的速度增长。到2021年,世界主要航空公司的飞机总量将达到32495架。

我国经济的大力发展和人民生活水平的提高,使得我国航空事业得到了大力发展,我国飞机数量迅速增多,航线数量也有很大的增长,如表3-7所示。飞机数量的增加必将导致更多的废气排放,航线数量增加导致飞机运行时间增加,是造成大气污染的一大来源。

我国航空运输业的快速发展(截至2015年年底)　　　　表3-7

指　标	数　据	总　数	增长率
全国民用飞机架数	—	2650架	11.8%
不重复距离计算的民用航空航线里程	—	531.7万km	14.7%
	国际航线	292.3万km	18.5%
	国内航线	239.4万km	35.5%

续上表

指标	数据	总数	增长率
民航航线总条数	—	3326 条	比上年增长 5.8%
	国际航线	660 条	比上年增长 34.7%
	国内航线	2666 条	比上年增长 0.5%
民用航空运输周转量	—	851.65 亿 t·km	比上年增长 13.8%
	国际航线	292.61 亿 t·km	比上年增长 21.9%
	国内航线	559.04 亿 t·km	比上年增长 10.0%

此外，环保人士指出，在各种交通方式中，定期航线对环境的污染最为严重，约 16000 架次商业飞机可累计产生超过 60 亿 t 二氧化碳气体，导致"温室效应"，造成气候恶化、海平面上升、破坏性洪水和干旱等。航空运输造成的大气污染需要引起关注与重视。

（2）飞机机型与大气污染

飞机机型的不同也会导致航空废气排放的差异，见表 3-8。我国现状飞机发动机技术和国际上一些发达国家还有很大差距，这也是导致我国航空运输造成大量废气排放的原因。

不同机型废气排放情况　　　　　　　　　　　　表 3-8

飞机型号	飞行阶段	污染物排放指数（g/kg）				燃油流量（kg/s）
		HC	CO	NO_x	SO_2	
A320	起飞	0.1	0.5	28.7	1	1.166
	爬升	0.1	0.5	23.3	1	0.961
	进近	0.13	2.33	10	1	0.326
	滑行	3.87	31.9	4.3	1	0.107
B737	起飞	0.041	0.53	26.5	1	1.053
	爬升	0.041	0.62	22.3	1	0.88
	进近	0.061	2.44	8.9	1	0.319
	滑行	0.105	12.43	4.7	1	0.128
ERJ145	起飞	0.221	0.77	19.66	1	0.3826
	爬升	0.257	0.96	16.63	1	0.318
	进近	0.655	3.91	7.1	1	0.113
	滑行	3.818	23.73	3.47	1	0.0461
B757	起飞	0.02	0.33	29.41	1	1.57
	爬升	0.02	0.34	23.96	1	1.307
	进近	0.11	1.95	9.77	1	0.458
	滑行	1.92	22.36	4.1	1	0.152
CRJ2	起飞	0.06	0	11.26	1	0.3991
	爬升	0.05	0	9.68	1	0.3288
	进近	0.13	1.88	6.63	1	0.116
	滑行	4.69	47.59	3.72	1	0.0489

目前民航飞机机型主要包括有 A330、A320、B737、ERJ-145、B757 等机型,我国直线航空还不发达,而国内执行干线航线的机型较多是 A320 和 B737、B757 机型。这种机型系列的排放占据航空废气排放的绝大部分。A320 和 B737 属于中型客机,B747、B757 和 A330 等属于重型客机,其他部分机型是轻型客机。

(3)航空运输管制力度不足与大气污染

虽然我国目前制定了一系列的控制大气污染的法规,但是后续的监督措施和技术防范手段没有跟上,这也是导致废气排放造成大气污染的一大因素。

中国作为负责任的民航大国,面对国际上针对发展中国家航空减排的强大压力,特别是欧盟在 2012 年将国际航空纳入 EU-ETS 的举措,需要在政策上创新思路并做出实际工作,此外关于民航局启动的排放权交易制度也应该严格执行。

3.3.4 水运船舶造成交通空气污染的主要影响因素

(1)水运船舶数量增加

近年来,随着我国经济的快速发展,航运业也取得了长足发展。根据交通运输部统计数据,截至 2015 年年底,全国拥有水上运输船舶 16.59 万艘,比 2014 年减少 3.5%;净载重量 27244.29 万 t,比 2014 年增长 5.7%。

一艘燃油含硫量 3.5% 的船舶平均每天的排放量相当于 21 万辆卡车造成的污染,带来几十种致癌的化学污染物。船舶数量的增加势必导致能源消耗的增加和更多的空气污染物的排放。

(2)燃油质量低

我国船用燃料品质相对欧美发达国家质量较差,杂质也较多,加剧了大气污染的程度,其中远洋船舶吨位较高,污染物排放量大,是大气的主要污染物源之一;而沿海内贸船舶以及内河船舶的突出问题是燃油品质参差不齐,部分船舶使用的燃油品质较差,加上现在内河船舶靠近市区,其污染排放对内陆的影响也很大,因低质量燃油的使用群体广泛,使用区域密集的特点,对内陆地区的影响更大,导致污染气体排放量居高不下。

(3)未设置合理的排放区,控排力度不足

近年来,我国以高污染为成本的经济发展模式暴露出的问题日益严重,国家也加强了对陆域生产活动污染的防治,但对船舶运输业的防治力度较弱。我国对大气污染防治起步较晚,对船舶污染源的控制主要集中在油类及化学品对水域的污染防止方面,对船舶造成大气污染缺乏意识上的重视。相比于欧美地区,我国对船舶废气排放控制力度较差,没有根据沿海、内河港口的特点和沿岸敏感性资源设置限制船舶排放的特殊区域,导致了长期以来船舶在我国航行水域内大气污染物排放严重。

(4)船舶岸电普及率不高

船舶岸电技术的使用可以实现大气污染物的降低(减少大量的 CO_2、约 99% 的 CO 和超过 50% 的 NO_2 的排放)、燃油消耗降低,且具有很强的可操作性等优点。为了控制船舶在港口的污染物排放,促进绿色水运建设,交通运输部《"十二五"水运节能减排总体推进实施方案》将靠港船舶使用岸电作为重点推广的节能减排技术,但是根据相关统计,目前码头使用比例还不到 5%。且船舶使用岸电需要增加设备,港口企业提供岸电也需要在设计和建设阶段增设设备,这些费用造成了航运和港口企业的负担。因此在我国水运交通领域,岸电技术的使用还未落实。

3.4 交通空气污染物排放量计算

机动车废气污染已经成为城市空气污染的主要来源,是发展城市低碳交通过程中待解决的重要问题。机动车废气排放因子是反映机动车排放状况的最基本的参数,也是确定机动车污染物排放总量及其扩散影响的重要依据。通过排放模型计算排放因子的方法,在国内外机动车废气排放研究过程中取得了较好的应用效果。通过排放因子来计算废气排放的方法也同样适用于航空运输和水运的废气排放计算。至于铁路运输造成大气污染物的计算主要是考虑电力来源——煤燃烧产生的废气量计算。

3.4.1 交通行业空气污染物源强计算

3.4.1.1 公路交通废气排放量计算

公路交通废气排放量可以根据各种车型的交通量、行驶里程或行驶时间和机动车排放因子相乘得到,其中,机动车排放因子是指单辆机动车运行单位里程或单位时间所排放的污染物,常用计量单位有 g/km 或 g/h。废气排放量也可以根据燃油消耗水平进行计算,其排放因子的计量单位为 g/kg。

排放因子反映了机动车的实际排放水平,是进行排放控制对策研究的基础和主要依据。确定机动车排放因子的主要目的是为了量化城市的实际机动车污染情况,进而为机动车污染控制管理部门的科学决策提供重要依据。

机动车排放因子可以被理解为单车污染物(CO、NO_x、HC、Pb 等)排放系数,即指某类型车辆(i)单位行驶里程排放污染物(j)的量,用 K_{ij}[g/(km·辆)] 或 K'_{ij}[单车气态污染物体积排放系数,m³/(km·辆)]表示。

$$K'_{ij} = K_{ij} \frac{22.4 \times 10^{-3}}{j 污染物摩尔数量} \tag{3-1}$$

单车污染物排放系数 K_{ij} 在公路项目环境影响评价和工程设计中具有重要的作用。客观合理的 K_{ij} 值仍在不断的测试研究中,表 3-9 是我国《公路建设项目环境影响评价规范》(JTG B03—2006)给出的单车排放系数值。

车辆单车排放系数推荐值 [单位:g/(km/辆)]　　　　表 3-9

平均车速(km/h)		50.00	60.00	70.00	80.00	90.00	100.00
小型车	CO	31.34	23.68	17.9	14.76	10.24	7.72
	NO_x	1.77	2.37	2.96	3.71	3.85	3.99
中型车	CO	30.18	26.19	24.76	25.47	28.55	34.78
	NO_x	5.40	6.30	7.20	8.30	8.80	9.30
大型车	CO	5.25	4.48	4.10	4.01	4.23	4.77
	NO_x	10.44	10.48	11.10	14.71	15.64	18.38

影响机动车排放因子及单车污染物排放系数(K_{ij})的因素主要有：车辆行驶速度、车龄、行驶里程、行驶路段的纵坡、路况以及海拔高度等。K_{ij}的测试计算方法主要有以下几种：

(1) 实验室工况法

在实验室中模拟复现若干常用工况组合，来测量各种污染物的排放量，综合评价车辆的排放水平。对轻型车，在实验室中可以进行整车排放试验。实验过程中，被测试车辆需要按照规定的试验循环运转，试验结果以单位行驶里程的质量排放量(g/km)表示。由于机动车在道路上行驶时的运行工况差异较大，没有严格的比较基准，实际道路上的试验很难保证结果的重现性。因此，一般根据大量试验结果提取的汽车在城市典型道路上或市郊道路上的实际工况，在底盘测功机上按照模拟实际工况进行排放试验，以获取轻型车排放因子。

根据实际行驶工况确定排放因子的一般步骤是：行车工况调查—行驶工况解析—提取典型行驶工况—模拟实际工况曲线进行整车试验—确定排放因子。

(2) 燃料消耗量估算法

燃料消耗量估算法一般用于进行区域或国家层次的污染物排放估算，在大量试验结果的基础上，确定污染物排放量与燃料消耗之间的比例关系，然后根据区域燃料消耗量估算总体排放量。由于这种方法研究的区域范围大，对排放因子的估算相对比较粗略，往往仅能给出一定范围内不同车型的平均排放因子，难以满足在城市层次上进行污染物排放和扩散研究的需要。也有部分学者认为根据燃料消耗量计算得到的排放因子具有很好的代表性，主要原因是以燃料消耗量为基础得到的排放因子对交通状况和运行条件的变化不敏感。

(3) 模型预测法

模型预测法是通过模型计算确定机动车排放因子，模型预测法的基础数据仍来源于大量实际车辆的排放测量结果，通过对大量试验数据的统计分析，用数学模型表达各种因素对排放的影响。利用排放模型计算排放因子，可以给决策者提供近似精确的污染物排放清单，这种方法不需要对各种机动车进行实际的排放实验研究。

模型预测法综合考虑了机动车排放控制水平、运行工况、车辆使用年限、累计行驶里程、车辆的维修保养状况、燃料特征以及运行环境条件等各种因素对实际排放结果的影响，能相对全面地反映机动车的实际排放水平，因此被广泛应用于国内外大中城市机动车的污染控制对策研究。

(4) 公路隧道法

公路隧道法是通过检测过往隧道的机动车排入隧道内的污染物浓度分布和隧道内风速等环境和气象要素，计算出在一定机动车组成和流量下污染物的排放因子。该方法的基本原理是将隧道看成一个理想的圆柱状活塞，在一定时间内活塞进出的污染物浓度差与通风量的乘积等于通过隧道的机动车污染物的总排放质量。

(5) 道路实测法

由于前面提到的各种排放因子的获取方法均不是在实际道路上进行的，基础数据中缺乏交通环境信息，与车辆在实际道路上的真实排放状况存在差别。因此，利用先进的测试技术，对道路上行驶的机动车进行实时排放测试，获取实际的排放数据是有重要意义的。

车载排放测试方法，利用车载排放测试系统对车辆排气直接取样，将排气连接到车载气体污染物测量装置上，实时测量污染物的体积浓度和排气体积流量，计算得到气体污染物的质量排放量。根据试验测得的瞬时排放和 GPS 道路交通信息,获取实际排放因子。这种方法不仅可以保证测试的准确度和可靠性,而且可以节约大量的测试时间和测试成本。车载排放测试系统具有重量轻、体积小的特点,能够安放在各种被测车辆上开展测试,得到车辆实际道路排放特征,为评估整个城市的机动车排放污染物水平及污染分担率,提供了有效方便的测试方法。因此道路实测法——车载排放测试方法是排放因子研究的重要方向。

3.4.1.2 航空废气排放计算

针对航空运输飞机产生废气的计算方法,主要采用 EDMS(Emissions and Dispersion Modeling System)模型。该模型是由联邦航空管理局(FFA)和美国空军(USAF)合作开发,包括排放模型和扩散模型,主要用于建立民用机场和军事航空基地大气污染物排放清单和计算污染物浓度。从 20 世纪 70 年代开始,经过多年完善,模型可以进行机场污染物排放计算和扩散模拟。

EDMS 模型中设定了飞机在起飞和降落循环过程(LTO)中不同状态下的排放因子,根据不同类型飞机实际运行状态计算污染物排放量,此外模型内置了美国环保局(EPA)开发的 MOBILE6、NON-ROAD 及 AP-42 排放模型,可同时计算地面辅助机械(车辆)、辅助动力设施排放、道路机动车、停车排放、固定源和消防训练等的排放。

在 EDMS 模型中,飞机的排放因子表达为 1 个 LTO(Landing and Take-Off)循环中污染物排放量,单位为 kg/LTO。1 个 LTO 循环由 6 个工作模式组成:进场(Approach),进场滑行(Taxi in),登机口(Gate),出场滑行(Taxi out),起飞(Take-off)和爬升(Climb out),如图 3-4 所示。这些工作模式只适用于飞机主动发动机,辅助动力设施( )的排放单独进行计算。

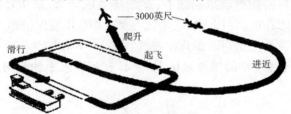

图 3-4 LTO 循环

EDMS 模型中内置了不同型号飞机的排放因子,同种型号的飞机根据采用的发动机型号不同,排放因子也不同。飞机废气排放量根据不同机型的 LTO 次数和起飞过程中不同工作模式的操作时间计算。根据不同机场的实际情况,模型中可以对 6 个工作模式的操作时间进行调整,进而调整排放因子,模型中飞机废气排放量的计算公式如下:

$$E_i = \sum_i \sum_m E_{i,m} \tag{3-2}$$

式中:i——污染物类型;

m——发动机工作模式;

$E_{i,m}$——i 污染物在 m 模式中 1 个月排放量(kg);

E_i——污染物一个月排放总量(kg)。

飞机污染气体排放量计算公式:

$$E_{i,m} = \sum_a n_a i_a F_{a,m} E_{a,m} t_{m,a} \tag{3-3}$$

式中:a——飞机类型;

n_a——a 型飞机发动机数量(台);

i_a——a 型飞机 1 个月的 LTO 循环数;

$F_{a,m}$——a 型飞机在 m 工作模式下的燃油消耗率(kg/s);

$E_{a,m,i}$——a 型飞机在 m 工作模式下污染物 i 的排放因子(g/kg);

$t_{m,a}$——a 型飞机在 m 模式的工作时间(s)。

燃油消耗率计算公式如下:

$$F_{a,m} = \frac{1}{A} \sum_j K_j F_{j,m,i} \tag{3-4}$$

式中:A——a 型飞机总架数;

j——发动机类型;

K_j——a 型飞机配 j 型发动机的架数;

$F_{j,m,i}$——j 型发动机在 m 工作模式下的燃油消耗率(kg/s)。

排放因子计算公式如下:

$$E_{a,m,i} = \frac{1}{A} \sum_j K_j F_{j,m,i} \tag{3-5}$$

式中:$E_{j,m,i}$——j 型发动机在 m 工作模式下的污染物 i 的排放指数(g/kg);

其余符号意义同前。

3.4.1.3 船舶废气排放计算

船舶废气污染物排放量计算方法可采用 EPA 计算方法。随着世界各国不断地研究与实践,在计算船舶废气污染物排放量问题上,逐渐将主机功率、辅机功率、负荷系数、排放因子、航线状态等因素考虑在内,并作为核心输入参数,美国环境保护组织 EPA 提出了将以上参数考虑在内的算法,该算法是目前最具权威的算法,世界各国的研究学者也用该算法成功计算出特定的船舶废气污染物的排放量情况,并具有相当水平的说服力。EPA 算法具体计算公式如下:

$$TE = \sum E$$
$$E = P \cdot FL \cdot T \cdot EF$$
$$FL = \left(\frac{AS}{MS}\right)^3 \tag{3-6}$$

式中:TE——船舶废气污染物总排放量;

E——船舶废气污染物排放量;

P——船舶航行功率;

FL——排放因子;

T——航行时间;

EF——航行时船舶废气污染物排放因子;

AS——船舶航行时的实际速度;

MS——船舶航行时的最大速度。

3.4.1.4 铁路机车废气排放计算

目前针对铁路内燃机车运输尾气排放估算主要是基于美国环保局(EPA)非道路发动机和车辆研究的方法。这项研究涵盖 80 多种不同类型设备发动机活动水平和排放水平的评估。计算公式为：
$$Q = N \cdot P \cdot L \cdot H \cdot E \tag{3-7}$$
式中：Q——污染物排放量（g/年）；
　　　N——发动机数量；
　　　P——发动机的额定功率（kW）；
　　　L——负载因子,表示平均额定功率下典型操作负荷,根据相关研究,下线拖运机车的负载因子约为 0.4g/(kW·h),一台典型调车发动机的负载因子约为 0.06g/(kW·h)；
　　　H——平均年运行小时数（h/年）；
　　　E——发动机排放因子[g/(kW·年)]。

EPA 对新制造的和改造的柴油机动力机车的 NO_x、HC、CO、PM 和烟度值制定了排放因子标准。根据机车投入运行的时间不同,排放标准分为 3 级。EPA 估算了所有类型机车的平均排放因子,以便反映不同类型机车的排放情况。

目前铁路系统中的电力机车不直接产生废气,但是电力机车的动力来源大部分来自火力发电,因此也可以理解为电气化列车会间接产生空气污染物,其污染物的排放量计算方法可借鉴火力发电的空气污染物排放。

美国国家环境保护署（USEPA）推荐的 AP-42 排放系数手册中提供了火力发电产生的气态污染物排放因子。排放因子根据数据质量、代表性和可靠性分为不同的等级,包括 A、B、C、D、E 5 级,A 级表示最好,B、C、D、E 依次递减。排放因子按照燃料的使用情况分为 4 大类,包括无烟煤、烟煤、次烟煤和褐煤,每个大类又按照燃烧方式、机组类型、排渣方式和建造时间分为若干小类。

排放因子与燃料消耗数据相乘即可得到污染物的排放量,值得注意的是并不是所有气态污染物的排放因子都以数值表示。如 SO_2 就表示为燃料消耗数值与燃料中 S 的百分含量相乘的形式,这与 SO_2 的生成原理有关,烟气中的 SO_2 完全来自燃料中的 S 元素,只要了解有多少 S 元素转化为 SO_2 及燃料中 S 元素的含量,即可计算出 SO_2 的产生量。

3.4.2 空气污染物扩散模型

3.4.2.1 高斯模式坐标及其假设

高斯模式的坐标系规定：排放源点在地面上的投影点为坐标原点；平均风向为 x 轴,横风向为 y 轴的正向；y 轴在水平面内垂直于 x 轴,y 轴的正向在 x 轴的左侧；z 轴垂直于水平面,向上为正向。即该坐标系为右手坐标系。

高斯模式的四点假设：①污染物在空中按高斯分布（正态分布）；②在整个空中风速是均匀的、稳定的,且风速大于 1m/s；③源强是连续均匀的；④在扩散过程中污染物质量是守恒的。

3.4.2.2 点源扩散高斯模式

（1）无限空间连续点源的高斯模式

由污染物正态分布的假设,下风向任一点的污染物平均浓度分布函数为：
$$C(x,y,z) = A(x)\exp(-ay^2)\exp(-bz^2) \tag{3-8}$$

由概率统计理论,其方差的表达式为:

$$\sigma_y^2 = \frac{\int_0^\infty y^2 C \mathrm{d}y}{\int_0^\infty C \mathrm{d}y}$$

$$\sigma_z^2 = \frac{\int_0^\infty z^2 \mathrm{d}z}{\int_0^\infty c \mathrm{d}z} \tag{3-9}$$

由假设④可写出污染物的源强为:

$$Q = \int_\infty^\infty \int_\infty^\infty \bar{u} C \mathrm{d}y \mathrm{d}z \tag{3-10}$$

上述4个方程组成一个方程组。其中,源强 Q、平均风速、标准差 σ_y 和为已知量,浓度 $C(x,y,z)$、函数 $A(x)$、系数 a 和 b 为未知量。经推导计算,便得到无限空间连续点源污染物扩散的高斯模式为:

$$C = \frac{Q}{2\pi \bar{u} \sigma_y \sigma_z} \exp\left[-\left(\frac{y^2}{2\sigma_y^2} + \frac{z^2}{2\sigma_z^2}\right)\right] \tag{3-11}$$

式中:σ_y、σ_z——污染物在 y、z 方向的标准差(m);

$\bar{u}$——平均风速(m/s);

Q——无限污染物源强(g/s)。

(2)高架连续点高斯模式

高架连续点源的扩散问题,必须考虑地面对扩散的影响。它的坐标系和假设条件同前所述,所不同的是认为地面像镜面那样对污染物起全反射作用。可以用"像源法"来处理这类问题。如图3-5所示,P 点的污染物浓度可看成是由位置(0、0、$-H$)的实源和位置(0、0、$-H$)的像源在 P 点所构成的污染物浓度之和。

①实源的作用。

P 点在以实源排放点(有效源高处)为原点的坐标系中,它的垂直坐标(距烟流中心线的垂直距离)为 $z-H$。当不考虑地面影响时,实源在 P 点处所造成的污染物浓度为:

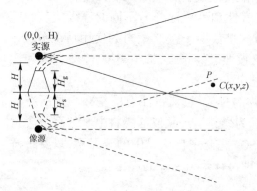

图3-5 高架连续点源扩散模式示意图

$$C_1 = \frac{Q}{2\pi \bar{u} \sigma_y \sigma_z} \exp\left[-\left(\frac{y^2}{2\sigma_y^2} + \frac{(z-H)^2}{2\sigma_z^2}\right)\right] \tag{3-12}$$

②像源的作用。

P 点在以像源排放点(负的有效源高处)为原点的坐标系中,它的垂直坐标为 $z+H$。像源在 P 点所产生的污染物浓度为

$$C_2 = \frac{Q}{2\pi \bar{u} \sigma_y \sigma_z} \exp\left[-\left(\frac{y^2}{2\sigma_y^2} + \frac{(z-H)^2}{2\sigma_z^2}\right)\right] \tag{3-13}$$

P 点的实际浓度为实源和像源的作用之和($C = C_1 + C_2$),即

$$C = \frac{Q}{2\pi \bar{u} \sigma_y \sigma_z} \exp\left(\frac{-y^2}{2\sigma_y^2}\right) \left\{\exp\left[-\frac{(z-H)^2}{2\sigma_z^2}\right] + \exp\left[-\frac{(z+H)^2}{2\sigma_z^2}\right]\right\} \tag{3-14}$$

式中:H——高架点源排放点有效高度(m),排放点有效高度指点源实际高度与排放抬升高度之和;

其余符号的物理意义与式(3-11)相同。

式(3-14)为高架连续点源污染物扩散模式。由这一模式可求出下风向任一点的污染物浓度。

3.4.3 交通行业空气污染预测模型

在各种交通方式中,公路交通方式的覆盖范围最广,机动车在道路上的连续运行产生的空气污染在各种交通运输方式引起的大气污染中居首。在道路上由机动车排气所形成的空气污染源(车流量大于100veh/h)可以看作是线源。

一条平直的足够长的繁忙公路,可以看作一无限长连续线源。设 x 轴的正向为主导风向的下风方向,x 轴与无限长线源的交点为坐标原点。在水平面内 y 轴垂直于 x 轴,y 轴正向位于 x 轴左侧。铅直向上为 z 轴正向(图3-6)。

一无限长线源可看成是由无限多个点源组成,每个点源的源强可以用单位长线源源强表示。无限长线源在某一空间点产生的污染物浓度,相当于无限长线源上所有点源(单位长度线源)在该空间点产生的污染物浓度对 y 轴的积分。因此,把点源扩散高斯模式中的式(3-14)对 y 积分,可得无限长线源扩散模式。

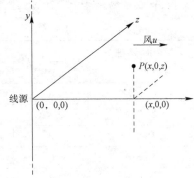

图3-6 线源坐标系示意图

(1) 风向与线源垂直时的无限长线源扩散模式

当风向与线源垂直时,取 x 轴与风向平行,y 轴为线源方向,其扩散模式为:

$$C_{垂直} = \frac{Q_L}{2\pi \bar{u} \sigma_y \sigma_z} \left\{ \exp\left[-\frac{(z-H)^2}{2\sigma_z^2}\right] + \exp\left[-\frac{(z+H)^2}{2\sigma_z^2}\right] \right\} \int_{\infty}^{\infty} \exp\left(\frac{-y^2}{2\sigma_y^2}\right) dy$$

$$= \frac{Q_L}{2\sqrt{2\pi}\sigma_z} \left\{ \exp\left[-\frac{(z-H)^2}{2\sigma_z^2}\right] + \exp\left[-\frac{(z+H)^2}{2\sigma_z^2}\right] \right\} \tag{3-15}$$

(2) 风向与线源平行时的无限长线源扩散模式

当风向与线源平行时,取 x 轴为线源方向。在 $\sigma_y/\sigma_z =$ 常数(B),$\sigma_y = ax$ 条件下的扩散模式为:

$$C_{平行} = \frac{Q_L}{2\sqrt{2\pi}\sigma_z} \left\{ \operatorname{erf}\left[\frac{r_1}{2\sqrt{2\pi}\sigma_y(x-x_0)}\right] - \operatorname{erf}\left[\frac{r_1}{\sqrt{2}\sigma_y(x+x_0)}\right] \right\}$$

$$\operatorname{erf}(\eta) \frac{2}{\sqrt{\pi}} \int_0^{\eta} e^{-x^2} dx$$

$$r_1 = y^2 + \frac{(z-H)^2}{B} \tag{3-16}$$

式中:Q_L——线源单位长度源强[mg/(s·m)];

H——线源的有效高度(m);

z——接收点(计算点)的高度(m);

其余参数意义同前。

(3) 风向与线源成任意夹角

风向与线源成任意夹角(φ)时,用简单的内插方法,计算无限长线源两侧的污染物浓度,即

$$C_\varphi = \sin^2\varphi C_{\text{垂直}} + \cos^2\varphi C_{\text{平行}} \tag{3-17}$$

扩散参数 σ_y、σ_z 与地面风、大气稳定及距线源的横向距离等有关,一般表达式为: $\sigma_y = b_1 x^{a_1}$, $\sigma_z = b_2 x^{a_2}$。系数 b_1、b_2 和指数 a_1、a_2 可参阅有关资料或通过试验得出。

在道路交通空气污染物浓度预测计算中,大气稳定是一个重要的气象要素。《制定地方大气污染物排放标准的技术原则和方法》(GB/T 3840—1991)中,关于大气稳定度的分类方法见表3-10。表中关于太阳辐射等级与地区云量和太阳高度角度等的关系,可参阅该国标的有关规定。稳定度的级别规定是:A——极不稳定;B——不稳定;C——微不稳定;D——中性;E——微稳定;F——稳定;A——B 按 A、B 级数据内插,其余类推,见表3-10。

大气稳定度的等级　　　　表3-10

地面风速 (m/s)	太阳辐射等级					
	+3	+2	+1	0	-1	-2
≤1.9	A	A~B	B	D	E	F
2~2.9	A~B	B	C	D	E	F
3~4.9	B	B~C	C	D	D	D
5~5.9	C	C~D	D	D	D	D
≥6.0	C	D	D	D	D	D

(4) 有限长线源扩散模式

估算有限长线源产生的环境空气污染浓度时,必须考虑有限长线源两端的"边缘效应"。随着接收点距有限长线源距离的增加,"边缘效应"将在更大的横风距离上起作用。

3.5 交通行业空气污染的防治措施

我国在大力发展交通、提高人民生活质量的同时,也不可避免地带来交通对环境的污染。因此,本着"在发展中保护,在保护中发展"的原则,应加大对交通空气污染的研究,可根据国情运用政策、法律、工程技术和监督管理措施加以解决。

3.5.1 治理公路运输空气污染

3.5.1.1 施工期

(1) 减少场地扬尘

公路施工场地(包括施工路段、料场、拌和场及沿线运输道路等),由于大量的土石方工程以及大量运输车辆,往往伴随着尘土飞扬。针对扬尘主要有以下治理措施:

①在施工场地进行非雨天实时洒水,包括正在施工的路段、灰土拌和场及主要运输道路的洒水。

②水泥、石灰等粉末状材料,在运输过程中应该选择灌装或者袋装,避免运输途中扬尘、散落,此外在储存时还应该堆入库房或用篷布遮盖。

③粉煤灰需要采用湿装湿运,运输车应盖篷布,严禁运输途中扬尘、散落,运至拌和场还

应尽快与土混合,减少堆放的时间,堆放时盖篷布,必要时设围栏,并定时洒水防止飞扬。

④土、砂、石料运输过程中严禁超载,装高不得超出车厢板,并盖篷布,严禁沿途散落。

(2)防治沥青烟污染

在道路建设中散发沥青烟的工序主要有两道。一道是沥青路面施工现场,沥青混合料由车辆倾倒时散发大量沥青烟,随后摊铺、碾压过程中也散发沥青烟。另一道是沥青混合料的生产场(站)在熬油、搅拌、装车等工序中产生、散发沥青烟。

第2种情况的沥青烟散发防治可采取以下措施:

①吸附法。吸附法是利用吸附原理,采用比表面积大的吸附剂吸收沥青烟的技术。吸附法的关键在于选择合适的吸附剂,常见的吸附剂有焦炭粉、氧化铝、白云石粉、滑石粉等。吸附法是防治沥青烟的一种很好的方法。

②洗涤法。洗涤法是利用液体吸收原理,在洗涤塔中采用液相洗涤剂吸附沥青烟的技术。工艺流程通常是使洗涤剂先进入塔顶,沥青烟则由塔底部进入,烟尘与洗液在塔内相向接触,经过洗涤后的烟气由塔顶排入大气,洗涤液落到塔底重复使用,洗涤液可用清水、甲基萘、溶剂油。

③静电捕集器。静电捕集器是由放电级和捕集极组成的捕集装置。其基本原理是,当沥青烟进入电场后,由放电极放电使沥青烟中微粒带电趋向捕集极,达到清楚沥青烟微粒的目的。静电捕集器的运行电压一般在 40000~60000V 之间。静电捕集器的捕集效率较高,一般大于90%。

④焚烧法。由于沥青烟是由100多种有机化合物组成的混合气体,在一定温度和供氧条件下是可以燃烧的,因此,可以用焚烧法处理沥青烟气。沥青烟的燃烧温度在大于900℃时才能燃烧完全。沥青烟的浓度越高越便于燃烧。为了在较低的温度下使沥青烟完全燃烧,可以采用催化燃烧方法。

3.5.1.2 营运期

(1)采用清洁燃料

①天然气和液化石油气。

天然气是一种资源丰富的气态资源。具有辛烷值很高、价格低廉、对环境污染小以及使用安全可靠等优点。天然气的主要成分是甲烷(CH_4),甲烷不易着火、抗爆性好。甲烷的氢原子和碳原子比例高达4,是汽油和柴油的2倍左右,产生同样的热能,甲烷燃烧产生的 CO_2 比柴油和汽油燃烧产生的少30%左右。根据对使用汽油和天然气的车辆实测,使用天然气的 CO 排放量减少60%以上,NO_x 排放量降低80%以上,HC 的总量虽略有增加,但能导致产生臭气的非甲烷碳氢化合物却减少了90%以上。目前天然气汽车技术已日渐成熟,在许多国家都获得广泛使用并被大力推广。

液化石油气是以丁烷为主的碳氢化合物,具有较高的辛烷值、污染小、储运方便。液化石油气与石油和天然气一样,是化石燃料,可以从石油和天然气提炼而得,就像从原油提炼汽油一样。尽管大多数能源企业都不专门生产液化石油气,但由于它是其他燃料提炼过程中的副产品,所以有一定产量,因此液化石油气汽车的保有量仍将有所增长。

②醇类。

醇类能源主要是指甲醇和乙醇。可以利用生物以及煤炭来制取,来源有长期保证,且其自身含氧,要求的理论空气量少,其热值虽然比汽油、柴油低,但是理论空燃比下的混合热值却比它们高,自燃温度和辛烷值高,着火界限度宽,火焰传播速度快,有利于提高充气系数。但是其沸点低,蒸气压高,易产生气阻;汽化潜热高,低温启动性差;对塑料及橡胶有腐蚀作用;对人体有害。

目前研究表明柴油机中掺入醇类蒸汽后,在中等负荷运转时可明显降低排气中有害成分含量,且能节约柴油用量,因此有很大的发展前景。在美国,相当一部分商用汽油掺入10%的乙醇。

③氢气。

氢气是一种理想的清洁燃料,具有辛烷值高、热值高且不会产生有害气体的优点。氢与空气混合器的着火界限度宽,氢的含量在4%~75%的范围内均可以燃烧;氢的点火能量较低,与其他燃料相比,约差一个数量级;氢火焰的传播速度很快,为普通燃料的7~9倍;氢完全燃烧后,其容积有所缩小。这些特点要求氢在稀有混合气条件下工作,以减少NO_x的产生量。不过实验表明,当空气系数近于1时,NO_x的排放量也不多。研究还表明,用1%的氢和99%的汽油混合燃烧,可以节油,并且实现减少CO和HC的排放量。目前许多国家都在致力于氢发动机的研究,并取得了不少成果。由于氢气的制取和储存问题还有待于进一步研究解决,目前氢发动机还停留在试验阶段。

④二甲基醚。

二甲基醚(DME)是一种储运较方便,污染小,可用于压燃式发动机的新燃料。其主要成分是丙烷和丁烷,燃烧时几乎不产生碳烟,颗粒排放也很低。允许使用较大的EGR(废气再循环)率,可使NO_x排放量大幅度降低。其原料广泛,可以用煤、石油、天然气和生物来制取。燃用DME的汽车可以满足美国ULEV(超低排放标准)和EURO-Ⅲ排放法规。但是DME黏度比柴油低,用于一般柴油机燃油系统时容易泄漏,且恶化滑动部分的润滑作用,容易引起磨损,其可压缩性随温度变化大,导致每循环供油量波动,但可以适当加入增加黏度的添加剂以保证准确的每循环喷射量。DME虽无腐蚀性,但会与弹性材料发生反应,导致密封件损坏。

⑤电能。

为了防止汽车造成的空气污染,世界各国汽车行业都在寻找不产生空气污染物的汽车新能源。电能作为汽车动力能源具有零排放、噪声很小的优点,结构简单,维修方便。特别是采用车用燃料电池,在常温下就能够工作,并输出高密度电流,无须维护,具有很强的耐振性和耐冲击性,在低负荷、高负荷下都能够高效率地工作,甚至可以在0℃以下工作。

近年来,许多国家都在研究、开发电动汽车,虽然总体来说还处于试验阶段,但是已经在电动汽车技术方面取得长足发展,欧、美、日等国家的电力汽车已试验成功,在未来必定会受到人们的关注。

(2)对现有燃料的改进及其处理

①燃油掺水。

燃油掺水后在气缸中燃烧时,由于水具有较高的比热,尤其是水蒸气的生成要吸收大量潜热,使燃烧最高温度下降,同时水蒸气稀释燃气降低了氧浓度,因而使得NO_x产生量减少。此外燃料掺水还能达到一定节油的效果。柴油中的水在乳化剂的作用下形成油包水的微液滴,在燃烧过程中,微液滴外部轻质油分先期蒸发,重质成分包着水,由于热传导,液滴中的水受热汽化,体积急剧膨胀产生爆裂,使混合气中的油雾进一步细化。同时喷油束动量及贯穿力的增加(因乳化油颗粒重量比细粒重)使油束含有水分,导致燃烧室中局部过量空气系数增加,着火滞燃期延长,空气和燃料在燃烧前的预混合燃料增加,燃烧更趋完善,提高了发动机的经济性。再者由于燃气中含着水分使燃烧温度降低,热分解的倾向得到缓和,改善了排气污染。但对于化油器式的汽油机采用乳化油是否节能还没有得到确切的证实。但是掺水燃料的抗爆性的提高以及废气中 NO_x 的排放量减少是肯定的。

②采用无铅汽油。

无铅汽油是一种在提炼过程中没有添加四乙基铅作为抗震爆添加剂的汽油。含铅汽油是指铅含量大于 $0.013g/L$ 的汽油。为了提高汽油的辛烷值,人为地添加了用作抗爆剂的四乙基铅,而使汽油中含铅量增大。辛烷值高,则汽油点火前爆炸程度就小。只要向汽油中添加 0.5% 的四乙基铅就可以使其辛烷值升高 $15\sim20$ 个单位。汽油的编号就是汽油的辛烷值。含铅汽油燃烧后约 75% 的铅都排放到大气环境中。1986~1995 年 10 年间,我国由燃烧含铅汽油排放的铅累计约有 151823t,对大气环境造成严重的污染。

为了控制含铅汽油的污染,国务院 1998 年 9 月 2 日发出通知,要求 2000 年 1 月 1 日起在全国停止生产含铅汽油,2000 年 7 月 1 日起停止使用含铅汽油。目前我国已经基本实现了车用无铅汽油(铅含量少于 $0.013g/L$)的推广应用。

③将汽油裂化为可燃气体。

汽油裂化为可燃气体的方法也称汽油裂化前处理方法。该方法是将液体燃料(例如无铅汽油和柴油)经裂化汽化器转变为可燃气体后,送入气体发动机工作。由于可燃气体与空气形成的混合气较均匀,燃烧完全,使得空气污染物的排放量减少。目前该项目技术尚处于试验研究阶段,有待完善。

(3)改进发动机结构及有关系统(机内净化)

改进发动机结构及有关系统主要包括:燃料直喷技术(分层燃烧系统、均质燃烧技术)、电子控制发动机以及化油器的净化措施。

改进发动机结构及有关系统,可以提高燃料在内燃机内的燃烧水平,是控制汽车污染的根本途径。其主要原理是控制空燃比。汽油发动机的可燃混合物中空气和燃料的比例(简称空燃比)是重要的设计参数,对发动机的功率、效率和排放都有很大的影响。若空气与燃料的混合气中刚好有足够的空气供燃烧,使得空气和燃料都无剩余,这种状态叫化学当量平衡,此时的空燃比叫作化学当量比(或称理论空燃比),过量空气系数 $\Phi_a=1.0$(汽油的理论空燃比是 $14.7:1$)。混合物中空气过量的状态叫作贫燃,此时 $\Phi_a>1.0$;而混合物中燃料过量则叫富燃,即 $\Phi_a<1.0$。若发动机设计为燃烧十分稀燃的混合气,其 $\Phi_a>1.2$(汽油实际空燃比 $17.6:1$),叫作稀薄燃烧。汽油机的污染物排放随空燃比的变化如图 3-7 所示。

①燃料直喷技术。

燃料直喷技术又称燃料分层喷射技术。燃料直喷技术采用了两种不同的燃烧系统,即均质燃烧系统和分层燃烧系统。传统内燃机的气缸中是均匀的富油混合气体,由于燃烧不完全,会增加碳氢化合物的排放量。如果气缸中是贫油混合,可使燃烧完全,但点燃困难,使发动机难以正常工作。

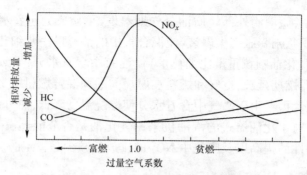

图 3-7 汽油机的排放随空燃比的变化

采用分层进料,使得发动机燃料事先不与空气混合,而是将燃料直接注入一种特殊设计的燃料室内,通过一系列严格精细的控制,使空气—燃料比在气缸中不同部位呈不同的数值,即不同比例的油气混合按层分布,火花塞附近呈富油混合,便于点燃,而其余部分的混合气含空气多,燃烧完全,因而产生各种污染物少。

当发动机采用汽油喷射系统时,各气缸喷油量非常均匀,并且能按照发动机的使用状况和不同工况,准确地供给发动机所需的最佳混合气空燃比。它可以在较稀的混合气条件下工作,从而减少 HC 和 CO 的排放量。试验结果还表明,该技术可以提高功率约 10%,节省燃料 5%~10%,在采用电子控制式汽油喷射系统的情况下,每缸的喷油量控制得更加精确,混合气空燃比控制得更严格,使得 CO 和 HC 的排放量达到最少。

②均质稀燃模式。

均质稀燃技术是对现有发动机稍作修改,如改进燃烧室的形状、结构,以改善混合气的形式,实现改善混合气的形成与分配。

实现该技术的实例主要有:丰田的扰流发生罐,三菱的喷流控制阀系统及火球型燃烧室等。这些实例的共同点是在实现稀混合气稳定燃烧的同时,力求增大燃烧速度,以实现快速燃烧,获得高的热效率和降低排污量。

③化油器的净化措施。

化油器对混合气的空燃比有直接影响,改进化油器的结构及使用调整,对减少排气中 CO、HC、NO_x 有重要作用。关于这方面的技术已发展了许多种,如控制阻风门的开度、热怠速补偿装置、怠速转数调整及减速时的空燃比等。

(4) 在发动机外安装废气净化装置(机外净化)

机外净化是指利用单独的处理系统,在废气离开发动机而未被排入大气之前,去除其中的污染物。一般在汽车的排放系统安装各种装置以减少废气中污染物的排放量。

机外净化主要包括:二次空气喷射、热反应器、催化转化器(二效催化反应器、三效催化反应器和稀燃氮氧化物催化转化器)。

①二次空气喷射。

二次空气喷射是用空气泵把空气喷射到汽油发动机各缸的排气门附近,借助于排气的高温使喷射空气中的氧和废气中的 HC、CO 相混合后再燃烧,以减少 HC 和 CO 的排放量,达到排气净化的目的。

②热反应器。

热反应器是指在发动机之外另增加一个燃烧室,使未燃烧完全的物质再进一步氧化成无害的物质。热反应器通常是与二次空气喷射技术相互结合使用。热反应器是由壳体、外筒和内筒三层壁构成,壳体与外筒之间填有绝热材料,使热反应器内保持高温,以利于 HC 和 CO 的再燃烧。由喷管向排气门喷射的二次空气与排气相混合后进入热反应器的内筒及热反应器的心部,利用热反应器和排气的高温,使 HC 和 CO 燃烧变为无害的物质。

③催化转化器。

氧化催化反应器是具有很大表面并具有催化剂的载体。当汽车排气经过反应器时,排气中的 HC 和 CO 在催化剂的作用下可以在较低的温度下与氧气反应,生成无害的水和二氧化碳,从而使排气得以净化。由于所有催化剂为贵金属铂和钯,使该方法的应用受到了限制。在 20 世纪 70 年代,发现用稀土金属做催化剂也可以收到良好的效果,给催化反应器的实际应用带来了希望。

二效催化反应器也叫作氧化催化反应器,在稀混合气状态下,以铂、钯或两者的组合为催化剂,将排气中的污染物 H_2O 和 CO_2 快速氧化成无害的 HO 和 CO,但是对 NO 不起作用。催化转化器所需的过量空气,在汽油喷射的汽油机中,可以通过调节喷油量来实现。化油器式汽油机则需要在催化转化器前输入空气。

三效催化反应器是一种能使 HC、CO_2 和 NO_x 三种有害成分同时得到净化的处理装置。这种反应器要把空燃比精确地控制在理论空燃比的最佳范围内,以实现同时对三种有害成分的高效率净化。为实现这一点,将三元催化反应器与电子计算机控制系统结合使用。该反应器净化效率高,但成本费用大,只适用于汽油发动机。

稀燃氮氧化物催化转化器是在稀燃条件下,普通的三效催化反应器对氮氧化物无效而新出现的技术,主要采用贵金属 Pt、Pd 附着在 SiO_2、Al_2O_3 等载体上,可在氧气大量过剩时使还原剂优先与 NO_x 反应生成无害的 N_2 的一种方法。尽管稀燃氮氧化物催化剂的效率通常只有 50%,比三效催化剂在等当量条件下的转化效率低很多,但是其前景仍然比较乐观。

(5)控制城市机动车保有量,大力发展公共交通,实现"低碳交通"出行

城市交通工具系统是由多种交通工具组成的,不同的交通工具碳排放量不同。据美国联邦公交协会 2010 年报告,美国平均各交通方式每人每英里 CO_2 排放量:私家车为 0.96,公交车为 0.64,轨道交通为 0.22,轻轨为 0.36,通勤铁路为 0.33,共乘汽车为 0.22(单位:lb)。由此可知,公共交通(公交车、轨道交通)不仅碳排放量比例小,而且人均碳排放量更是比其他方式,尤其是私人机动车低。在符合城市交通高效率要求的各种交通体系中,以公共交通为主的系统的碳排放量大大低于以私人小汽车为主的交通系统,其中以轨道交通为主的公共交通工具系统碳排放最低。

从废气排放来看,轨道交通碳氧化物、氮氧化物和硫氧化物的排放量分别是公共汽车的 3.75%、71.43%、52.63%。据专家的精确计算,如果我国有 1% 的个体小汽车出行转乘公共交通,仅此一项全国每年将节省燃油 0.8 亿升。这些数据表明:轨道交通、公共汽车在交通系统中比例越高,交通系统的排放就越少。

此外,低运能的交通工具大量使用必然造成交通拥堵,英国城市经济学家巴顿指出,"高峰时的交通拥挤更多是由于汽车的数量而不是由于上下班的人数。私人车辆造成的交通拥挤的影响大大超过车辆的运送能力"。在拥堵状态下,车辆耗油量增大,排放增多。据研究,

拥挤状况下的燃油消耗将比正常行驶状况下高出10%左右。因此,公共交通为主的交通系统可减少交通拥堵,从而可以明显降低碳排放。

(6)实施大气环境的动态监测

空气监测指对存在于空气中的污染物质进行定点、连续或定时的采样和测量。为了对空气进行监测,一般在一个城市设立若干个空气监测点,安装自动监测的仪器作连续自动监测,将监测结果定期取回,加以分析并得到相关的数据。空气监测的项目主要包括二氧化硫、一氧化氮、碳氢化合物、浮尘等。空气监测是大气质量控制和对大气质量进行合理评价的基础。

通过对大气环境中主要污染物质进行定期或连续地监测,判断大气质量是否符合国家制定的大气质量标准,并为编写大气环境质量状况评价报告提供数据;为研究大气质量的变化规律和发展趋势,开展大气污染的预测预报工作提供依据;为政府部门执行有关环境保护法规,开展环境质量管理、环境科学研究及修订大气环境质量标准提供基础资料和依据。

截至2015年年底,我国城市环境空气质量监测网由113个重点城市扩大到338个地级市(含州盟所在地的县级市),国控监测点位由661个增加到1436个。已建成14个国家环境空气背景监测站。建成31个农村区域环境空气质量监测站,还将针对区域污染物输送监测需要新增65个站点,基本形成覆盖主要典型区域的国家区域空气质量监测网。为摸清重点区域污染特征,形成特殊污染气象条件下重点地区空气质量预测和预警能力,珠三角、京津冀、长三角区域的空气质量预警监测网已经建立,国家环境空气监测网络范围更大,点位更多,有利于我们在更大的尺度上动态掌握全国空气质量变化状况。

3.5.2 治理铁路运输空气污染

铁路与公路设施在施工期对空气污染的影响和来源具有高度的相似性,因此对于铁路在施工期的空气污染防治可参考前文。

(1)内燃机车废气排放的控制措施

内燃机的废气主要是来源于机车柴油机。柴油机排出的废气中含有大量的NO_x、SO_2、CO、HC等有害物质。控制废气排放,实质是降低废气中的有害物质的含量,降低废气浓度及湿度。控制内燃机车废气排放的措施主要包括以下几点:

①增设废气净化器。选用带有废气净化功能的柴油机,或者另外配置废气净化器。使柴油机气缸中的废气在净化器内进行二次燃烧处理,废气经过二次燃烧后,燃烧较为完全,此时排出的有害物质的含量将会大幅度降低。

②采用水洗塔。在机车柴油机废气排放系统中,设置一个废气水洗塔,使柴油机排出的高温废气,经过水洗塔水洗冷却,一方面可以有效降低废气排放的温度,另一方面通过H_2O来吸收废气中的NO_x、SO_2等有害物质。

③采用混硫稀释。在机车柴油机的废气排放出口处,设置一个环形废气混流器。利用机车冷却风扇,把外界大量的清新空气吸入,经过混流器稀释柴油机排出的废气,也可达到降低废气有害物质浓度和废气排放湿度的目的。

(2)煤炭铁路的抑尘

目前我国煤炭铁路常采用喷淋抑尘剂法,即在煤层表面喷淋抑尘剂,形成固化层,列车行驶时固化层不会剥离,达到防止污染的目的。该方法施工简单、省时省工、容易实施。

3.5.3 治理航空运输空气污染

施工期的空气污染可参考 3.5.1 章节,营运期的污染防治可从以下两个方面进行控制。

(1)航空器排气污染控制

①减少飞机发动机排气对大气的污染,关键在于飞机燃烧系统的改进和航空燃油品质的提高。实验表明,在排气中发现的污染物都是在燃烧室中产生的。如果燃烧室设计得更加合理,能够为燃料燃烧提供适宜的温度、压力、助燃空气和燃烧时间,排气中的污染物就会减少。燃油的化学性质、蒸发性和黏度对喷气燃料的燃烧有显著影响。以烷烃、环烷烃为基础,蒸发性和黏度适宜的喷气燃料具有良好的燃烧完全性、稳定性,可以有效地抑制排气中的污染物。

②学习欧盟和美国,从管理体制入手,通过改进空管体制提高飞行效率,减少飞机飞行时间,并通过减缓着陆过程中发动机运行速度等举措,减少飞机在特定阶段内产生的废气。

③尽量使用大机型以减少航空器流量,从而实现减少航空器废气排放总量的目的。

④航空器的起降在时间上的分布应该尽可能地均匀,以避免航班波的出现,从而使堆积的废气能够及时得以扩散。

⑤减少飞机在地面时的发动机工作台数和运行时间。

⑥飞机生产商积极参与飞机废气减排计划,以碳纤维合成材料取代金属制作机体,使飞机重量大大减轻,耗油量减少,飞行效能提高。

⑦将航空业纳入废气排放权交易机制。

⑧加大税收,限制航空业的发展。比如,在英国皇家环境污染控制委员会提议征收"气候保护费",提高欧洲在内陆起飞和着陆的航班机票价格,迫使旅客改用其他运输方式;限制扩建、新建航空港;鼓励短途旅客采用快速轨道的运输方式。

(2)机场车辆废气排放控制

①采用环保技术措施使地面车辆排气达到一定的标准,改进燃油品质、实现汽车环保技术(机内净化、机外净化)的提高、对废气排放标准的严格管理可以在机场车辆自身这一环节上进行控制。

②对于机场陆侧交通系统进行合理的规划,控制机场地面车辆的数量以及活动次数。

③在机场采用方便环保或者排污较少的公交客运工具,如地铁、磁悬浮、轻轨等,以减少进出机场的汽车数量。

④设置合理的车辆进场程序,保证供汽车行驶的机场道路通行顺畅,无交通堵塞,使车辆在机场的停留时间减少,也能在一定程度上减少大气污染。

⑤树木净化空气。飞行区附近空气污染浓度超标范围通常比飞机噪声超标范围小得多。在该范围内预防空气污染措施宜结合预防噪声污染进行。主要措施为在建筑物临近飞行区一侧植树,树的高度应符合机场净空要求,树的种类应不会招引鸟类。

3.5.4 治理水运设施空气污染

3.5.4.1 港口、码头粉尘污染防治

国内外对于煤炭、矿石等散货专用码头中的粉尘污染的防治,一般都采用"以防为主,以

治为辅"的原则,力求从根本上抑制尘源的产生和扩散。防尘处理技术基本上可分为湿法、干法和其他机械物理方法3种。

(1)湿法防(除)尘

湿法防(除)尘主要是对尘源喷雾洒水或喷洒化学药剂,以增加粉尘颗粒的黏滞性和重量来消除和防止起尘。湿法防(除)尘具有操作简单、运转费用低、抑尘效果好的优点,为国内外专业煤(矿石)码头防尘处理的主要手段。

(2)干法防(除)尘

干法防(除)尘是将重点产尘部位尽可能封闭起来,同时辅以一些集尘机械装置,该方法在我国港口煤灰、矿石的中转作业防尘措施中使用较多。

(3)其他机械物理方法

①设置防风网。在煤炭、矿石堆场或港口整体区域布设防风网,通过防风网改变堆场上空的风压,使其风速流线形式发生显著变化,网后的风速明显降低,减至煤(矿石)堆的起尘风速以下,从而抑制和减缓堆场和生产作业中起尘。

②营造防风林带。营造防风林带的作用机理同防风网相似,即降低堆垛表面风速,减少堆垛和装卸中的起尘。一般防风林带的宽度不能少于5m,成林后的树木高度应不低于堆垛高度,林带应布置成透风、半透风式,可以设在堆场四周,也可以建在堆场和居民区之间。

3.5.4.2 营运期船舶大气污染防治

针对船舶大气污染防治要在积极开展易挥发有机化合物控制、采用氯氟碳替代品用作船舶制冷剂及减少其他卤化物在船舶中使用的基础上,重点做好以下几点:

(1)开发和采用船舶节能减排技术

研发推广新一代节能环保型运输船舶。通过建立健全船舶节能环保设计规范、评价体系和技术标准,大力发展船舶节能环保新技术,积极开发和采用节能环保新船型和先进动力系统,鼓励采用新技术、新材料、新工艺和新结构提高船舶设计制造水平,优化新船型及其主尺度线形,优化设计减轻船舶自重,优选先进推进器、低转速大直径螺旋桨,采用节能环保型柴油机,提高燃油效率,减少废气排放。

(2)调整优化船舶运力结构

调整优化船舶运力结构,是在更高层面上实现节能减排的有效途径。把节能减排的压力转变为调整优化船舶结构的动力,用集约、节约、环保的理念来指导船舶运力结构优化调整。

(3)使用低含硫燃料和研发推广新型替代燃料

使用价格低廉的劣质燃油是船舶排放高污染性废气的重要原因。船舶柴油机主要以低质燃油为燃料,低质燃油的最大问题就是硫含量较高。为了促进资源节约型、环境友好型水路运输的发展,应大力推广用低硫含量的燃油,并开发经济有效的船舶发动机废气除硫装置。

(4)制定船舶燃料消耗限制标准

按照法律规定,交通运输部负责组织制定营运船舶燃料消耗量限制标准及相关配套措施和实施方案;建立营运船舶燃料消耗检测体系并加强对检测的监督管理,建立经济补偿机制,促进船厂切实强化节能技术进步与创新,加强对高耗能营运船舶进入运输市场的源头管理。

(5) 推进内河船型标准化

加强推进长江、京杭运河、西江等内河船型标准化工作,有助于促进内河船舶运力结构的优化,提升内河航运竞争力,促进内河航运节能环保比较优势的充分发挥。

(6) 加强行业监督管理,建立节能减排统计监测考核体系

完善节能减排监督体系,建立健全水路运输行业节能监督管理体制,形成权责明确、协调顺畅、运行高效、保障有力的节能监督管理网络,明确专门的机构、人员和经费。严格执行国家和交通行业节能、环保法规标准,依法加强部、省和市级水路运输节能减排监督管理,强化节能减排监管能力建设,加大节能减排工作的监督检查力度。

复习思考题

1. 交通行业各种交通方式空气污染物的主要源头及其主要成分是什么?
2. 交通运营阶段产生的空气污染物对人体的危害主要有哪些?
3. 道路运输造成空气污染的主要影响因素有哪些?
4. 各种交通方式在运营环节的废气排放量计算方法中有哪些共性特征?
5. 道路运输行业的空气污染物治理措施有哪些?

第4章 声环境影响分析

4.1 交通噪声的产生

4.1.1 交通噪声的概念

声波是由物体振动或空气振动产生的,振动的物体称为声源。声源的振动引起周围空气的疏密交替变化,这种疏密变化由声源向外传播就产生声音。其传播速度决定于弹性介质的特性,声音在介质中传播时,介质的质点本身并不随声音一起传递出去,是质点在其平衡位置附近来回振动,传播出去的是物质运动的能量,而不是物质本身。在环境噪声问题上,我们一般是考虑声音在空气中传播。

只要是对人们的健康和工作以及日常生活产生不良影响的,或者使人们烦恼度增加的声响统称为噪声。按照声源类别可将噪声分为交通噪声、工业噪声、施工噪声、生活噪声及其他噪声5种。

交通噪声的主要声源是各类交通工具(汽车、火车、轮船、飞机)在不同的行驶状态和条件下产生的合成噪声。但是交通噪声真正成为一个污染问题,还是在汽车的出现并成为一种主要交通工具之后。

4.1.2 交通噪声的产生

4.1.2.1 交通系统的固定噪声来源

(1)公路交通噪声

公路交通噪声主要是车辆运行过程中产生的噪声。车辆在运行过程中受内燃机和机械传动机的影响以及路面的冲击,所有的零部件都会产生振动和噪声,实际上车辆是一个包括各种不同性质噪声的复杂噪声源。主要包括:燃烧噪声、进气和排气噪声、风扇转动噪声、机械噪声、轮胎噪声和车身噪声。

①发动机噪声。

在我国,由于受到技术水平的限制,发动机噪声量占汽车自发噪声总量的一半以上。汽车发动机在工作状况下所产生的噪声源,如图4-1所示。由该图可以了解到汽车发动机所产生的噪声包括发动机燃烧时的噪声(活塞往复运动的撞击声、活塞载荷、正时齿轮和正时皮带的噪声),机械部分的噪声(正时齿轮和正时皮带工作噪声、配气系统噪声、供油系统噪声),液体动力噪声(水泵工作的噪声、缸体的噪声),气体动力噪声(进气系统噪声、排气系统噪声、风扇工作的噪声)。以上几方面的噪声辐射是汽车在工作时所产生的可控噪声源,其大小与诸多因素相关。

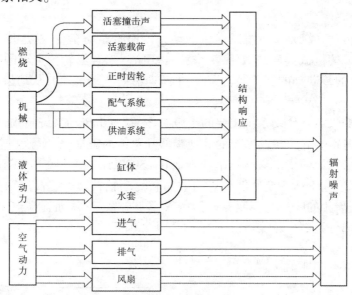

图4-1 发动机工作辐射噪声产生机理

发动机的燃烧噪声和发动机机械噪声的辐射方式是通过发动机机体表面向空气中传播。另外,空气动力噪声是发动机在工作时进气和排气过程所产生的,其直接向空气中传播。据有关研究表明,发动机的转速高低会直接导致汽车噪声等级的变化,发动机在中、低速运转时,所产生的主要噪声源是发动机燃烧噪声。随着发动机运转速度的逐渐变高,所产生的主要噪声源为发动机的机械噪声和空气动力噪声。

②制动系统噪声。

制动系统噪声是指汽车底盘部分比较明显的噪声类别,它由制动器工作噪声和轮胎制动时产生的胎噪声组成。摩擦式制动器的工作主要靠制动盘(制动鼓)与制动钳(制动蹄)之间的摩擦把机械能转变成为热能释放到空气中,在摩擦式制动器工作时易产生高频摩擦噪声。

③排气系统噪声。

排气系统产生的噪声是汽车底盘噪声中最为重要的噪声源,发动机的燃烧废气存在着一定的脉冲特性,这种带有脉冲的高温高压废气在排气管中快速流动,就产生了比较明显的发动机排气噪声。排气系统产生的噪声主要由高压气体的脉冲震动噪声、废气流经排气门产生的涡流声、高压气体排出的喷射噪声等组成。另外,机动车个性改装将排气管进行改动,使其小排量发动机发出大排量发动机的排气噪声等问题也较为多见。

④汽车附属设备和车身产生的噪声。

夏季使用的汽车空调和冬季使用的发动机暖风循环在汽车行驶工作中会产生较大的噪声,主要分为机械部分工作噪声和气体涡流噪声。随着汽车行驶速度的不断增加,车身各部件的共振噪声日趋严重,由于车身板件构造的震动引起的车厢空间内低频噪声,使人有不适应的"低音振动"感觉,对于汽车的乘坐舒适性是一个较大的影响,它是各种客车和载货汽车驾驶室内部噪声产生的主要原因之一。车身与空气的冲击摩擦噪声也比较突出,即所谓的"风噪"。

⑤变速器噪声。

汽车底盘的传动系统是负责将发动机的动力传递给驱动车轮,在这传力的过程中比较容易产生较为明显的机械噪声,主要噪声来源是变速器啮合齿轮传力时的齿与齿的撞击噪声、万向传动装置的传动轴的旋转振动噪声、主减速器的主动齿轮和从动齿轮的齿与齿的撞击噪声等。

汽车变速器的噪声是传动系统主要的噪声源之一,由于传动系统结构连接的特殊性,当变速器产生振动时也会导致传动系统的其他零部件总体的震动,从而影响全车的良性工作。变速器啮合齿轮齿与齿的撞击噪声频率处于 200～5000 Hz,这一频率范围的噪声是人体较敏感的区域,人会产生不适。变速器载荷的增加和传动轴转速的提高所引发的齿轮噪声较为突出,所以降低齿轮的噪声对控制变速器的噪声十分重要,从而提高汽车的乘坐舒适度。变速器的噪声大部分是由齿轮噪声造成的,如图 4-2 所示。

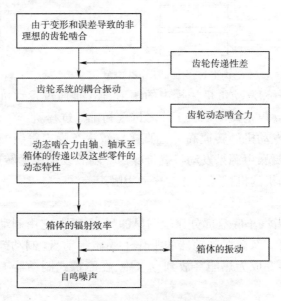

图 4-2 变速器的噪声

⑥轮胎噪声。

汽车制动时的轮胎噪声是由路面与轮胎互相摩擦引起的,其形成有以下几方面的情况:轮胎花纹凹部转动至地面时被压缩空气和随之的快速释放压缩空气形成的噪声;轮胎胎体的震动噪声;轮胎花纹扰动空气气流产生的空气噪声;轮胎附着力的下降导致的花纹与地面的抱死摩擦噪声。

轮胎花纹压缩空气引发的噪声强度与汽车轮胎的表面花纹和路面类型有关。带花纹的轮胎在路面上行驶时,轮胎与路面接触的部位会因为汽车的自重而压缩变形,此时轮胎里面的原有空气被压缩挤出形成真空,被挤出的空气在轮胎局部会产生不稳定的空气流。路面的空隙数量和形状将直接影响轮胎花纹的压缩真空度,路面的空气越大,轮胎的真空度就越小,当轮胎继续滚动时,轮胎与路面接触部分被逐渐分离,被压缩的轮胎花纹也重新恢复原来的形状,空腔里面的容积会突然增大,迅速吸入一定量的空气。这种空气泵吸作用会使汽车行驶过程中形成喷射噪声,使得轮胎周围的空气形成比较激烈的振动噪声,这种噪声称为气压噪声。轮胎的泵吸作用产生的机理,如图4-3所示。

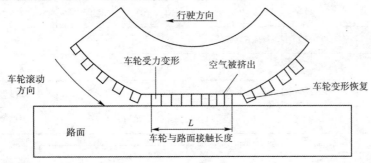

图4-3 轮胎泵吸作用原理

（2）铁路交通噪声

和公路噪声一样,铁路噪声也属于流动污染源、具有线长、面广、间歇性等特点,其污染程度随列车速度的提高而日益加重。普通铁路线路噪声的声源主要包含机车鸣笛噪声和轮轨噪声,以轮轨噪声为主;而对于提速后及新建的高速铁路,铁路线路噪声还包括铁路桥梁结构的噪声、空气动力噪声以及集电系统噪声,如图4-4所示。

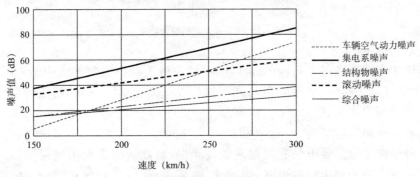

图4-4 铁路系统噪声值与速度的关系

据日本测试结果,高速铁路的轮轨噪声、桥梁结构的噪声、空气动力噪声、集电系统噪声四种噪声源的强度及其点声级的比重见表4-1,测试条件为:未研磨的板式轨道、混凝土高架桥、垂直式隔声屏障、测点距线路中心线25m,高于地面1.2m。

①轮轨噪声。

轮轨噪声是指由于轨道结构和车轮的振动经由空气传播而产生的,一般把它分为三类：撞击声、滚动声与尖叫声。撞击声是车轮经过钢轨接缝处或钢轨其他不连续部位（如辙叉）及表面呈波纹状钢轨时所产生的噪声;滚动声是由于车轮和钢轨接触表面粗糙所造成的;尖叫声是列车沿小半径曲线轨道运行时产生的强烈噪声。轮轨噪声是铁路噪声的主要来源,我国铁路的轮轨噪声频谱特性见图4-5,其中客车的轮轨噪声能量主要集中在频率范围500～2000Hz。

铁路噪声主要噪声源强度及其所占比重　　　　　　　　表4-1

声源 \ 声级及比重	速度（km/h）					
	190		210		240	
	声级[dB(A)]	比重(%)	声级[dB(A)]	比重(%)	声级[dB(A)]	比重(%)
集电系统噪声	71.5	18	74	23	77.5	35
轮轨噪声	77	63	78	58	79	50
桥梁结构噪声	70	13	71	11	72	10
空气动力噪声	<67	<6	<70	<8	<73	<5
总声级	79		80.4		82	

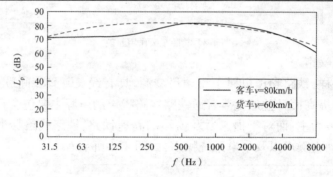

图4-5　我国铁路轮轨噪声频谱

②空气动力噪声。

主要是因为在高速铁路上行驶的动车组，会使车体表面出现空气流中断，并因此引起涡流，从而产生空气动力噪声，这种噪声与列车的行驶速度、车体表面的粗糙程度以及车体前端是否流线化等因素有关。

③集电系统噪声。

集电系统噪声主要是受电弓和接触网的高频振动，高速时常发生的弓网脱离和导线波磨等引起的。它主要表现为三种形式：滑动声、电弧声、受电弓的气动噪声。随着受电弓滑板与接触导线间的滑动，因受电弓和接触网的高频波振动产生滑动声；列车在高速运行时受电弓会脱离接触网而产生电弧噪声；受电弓突出在车顶上，几乎受到与列车速度相同的风速作用而产生摩擦，从而引发受电弓的气动噪声。其中电弧噪声瞬时可达100dB(A)。

日本新干线在电动车组车速为200km/h牵引和滑行时，所测得的集电系统噪声级表明，在电动车组牵引时的声压级一般要比滑行时的声压级高5dB左右。随着列车运行速度的提高，当车速达到300km/h以上时，集电系统噪声将成为列车的主要噪声。

④桥梁结构噪声。

铁路桥梁结构噪声是列车通过桥梁时所发出的噪声，铁路桥梁噪声与普通线路产生的噪声具有较大的差别。具体如表4-2所示。

除了上述噪声外，铁路列车在运营过程中还包括列车车体辐射的噪声，机车运行时设备（电动机、压缩机、冷却风扇等）产生的机械噪声。

桥梁噪声与普通线路比较的声级增加值　　　　　表4-2

铁路桥梁构造类型	声级增加值[dB(A)]
有砟道床的混凝土或混凝土板与钢梁的混合结构	0~5
无砟道床的混凝土或混凝土板与钢梁的混合结构	5~10
有砟道床钢结构	5~10
无砟轨枕道床或钢轨直接安装在纵梁上的钢结构	10~15
钢轨直接固定在钢板道床上的钢结构	15~20

(3) 航空交通噪声

飞机噪声是指飞机飞行时存在的各种噪声源的声辐射总和。飞机噪声来源主要有两类：推进系统噪声和空气动力噪声。

① 推进系统噪声。

推进系统噪声主要来源于风扇、压气机、燃烧室、涡轮、尾喷管等位置。当气流进入压气机被动增压时，不断增大的逆压梯度与各级间流动的空气形态的周期性变化产生了高频噪声；同样，气流在涡轮中做功时由于顺压梯度与冲击作用的存在也导致高频噪声的产生。在燃烧室部件中，气流的湍流燃烧形成低频噪声，并最终在喷射出流时与外部气流和环境空气相掺混，形成射流噪声。由于风扇前为湍流进气，流动的不稳定性决定了风扇进口流场的声学边界条件，再加上叶轮机械的变转速运动，使得风扇组件产生的噪声覆盖了全频率范围。

② 空气动力噪声。

空气动力噪声是由于气流流过飞机表面引起的气流压力扰动产生的，它起因于气体内部的脉动质量源、作用力的空间梯度以及应力张量的变化。气体具有弹性和惯性，前者引起气体反抗压缩，后者表现出"动者恒动"的属性，由于这两个原因，压力脉动在某处发生后会传给周围空气介质，并以声波形式向外传播。

③ 声爆。

当飞机飞行速度超过声速(海平面约 750mile/h)，压力波合成为激波，到达地面后发出巨大的"噼啪声"，令人们的耳朵备受折磨，并损坏建筑，这一现象被称为飞机的声爆(又称音爆)，见表4-3。

飞机噪声种类　　　　　表4-3

推进系统噪声	空气动力噪声(机体噪声)	声爆(超音速飞机)
螺旋桨噪声、喷流噪声、风扇和压气机噪声、涡轮噪声、燃烧噪声	前起落架、主起落架、缝翼、襟翼、垂直尾翼、水平尾翼等	超音速飞机在声爆条件下飞行时，产生的巨响声

另外，大型喷气式客机飞行过程中的噪声辐射问题是一个复杂的过程，地面的噪声监测设备收集到的噪声信号为飞机表面各个噪声源噪声辐射的总和，如图4-6所示。飞机噪声源分散在机体的不同部位，大型客机多为尺寸近百米范围的飞行器，其在起飞和着陆过程中，相对于噪声所能传播的范围而言，自身的几何尺寸并不能轻易忽略。

大型喷气式客机发动机噪声主要包括风扇进口噪声、风扇出口噪声、喷流噪声、燃烧噪声和涡轮噪声；起落架噪声主要包括前后起落架和主起落架噪声，此外，还有分布于机翼中部位置的机翼、缝翼和襟翼噪声源以及位于尾翼中部的尾翼噪声源。各个不同位置的点噪声源产生的辐射噪声叠加在一起就得到了飞机总体的噪声辐射信号。

图 4-6 飞机结构图

(4)船舶交通噪声

船舶噪声是由船舶的动力机械(主机、辅机、螺旋桨、推进系统等)和辅助机械(泵、风机等)在运行时发出的令人不舒服的声音。船舶噪声源的主要部分包括主机噪声、螺旋桨噪声和水动力噪声。

①主机噪声。

主机噪声是船舶噪声源中最强的噪声源,可分为空气噪声和机械噪声两部分。主机的空气噪声主要指进排气系统直接辐射的噪声以及燃油在气缸内燃烧所产生的噪声。进气系统是主机(特别是柴油机)最强烈的噪声来源,往往决定着机舱内总噪声声压级,涡流、气柱脉动、气流阻塞以及废气涡轮中的气流旋转都是引起进气系统空气噪声的主要原因。主机的机械噪声是由组成主机的一些机械构件在主机运转时相互撞击或摩擦产生的。其噪声级与频谱特性主要与主机的结构特征、材料、作用于运动件上的各种力以及主机的转速有关。此外还有主机在基座上产生的振动噪声,这种振动噪声是由主机运转时所产生的周期性不平衡力所产生的,极易沿船体传播形成结构噪声。

②螺旋桨噪声。

螺旋桨是船舶的一个主要噪声源,主要分为引起船体振动所产生的噪声和直接产生的噪声。螺旋桨引起船体振动的噪声按频率分可分为轴频和叶频,轴频与螺旋桨的动力不平衡性有关,叶频则与流体动力有关。螺旋桨直接产生的噪声有空泡噪声和谐鸣声,空泡噪声是螺旋桨旋转时产生的气泡爆破时产生的冲击波冲击船体和螺旋桨出现的类似铁锤打击船底时的声响,它是螺旋桨水下噪声的主要成分。谐鸣声是在一定转速下叶片产生旋涡,漩涡的频率与桨叶固有频率相近而发出的共鸣。

③水动力噪声。

水动力噪声主要是由于高速水流的不规则起伏作用于船体湿表面,激起船体的局部振动并向周围介质(空气与水)辐射的噪声。此外,还有船下附着的空气泡撞击声呐导流罩,湍流中变化的压力引起壳板振动所辐射的噪声(声呐导流罩的噪声一部分就是因此产生的)等。

4.1.2.2 交通系统运行中的随机噪声来源

根据以上描述可知,各交通方式固有噪声的产生存在着类似的机理,交通工具在前进过程中,由于动力装置工作、机械装置传动、走行系统与相关介质接触而产生的固有噪声。此外,出于交通运行安全需要或者传递交通信令的需要,公路、铁路、轮船等运输工具还会固定或随机发出鸣笛声,这部分声音对于周围居民则构成了一类随机噪声。

例如铁路机车鸣笛原因主要有两个:一个为联络信号,主要为机车运行时驾驶员与驾驶间及驾驶员与车站值班员、扳道员、运转车间的联络;另一个为警告信号,列车经过弯道、信号机、平交道口时,警告突发性横跨路基的人畜、车辆,或接近列车行走的人。鉴于机车鸣笛主要起联络和警告作用,因此国际铁路联盟规定:风笛的轴向声级在5m处需达到120~125dB(A)。我国已有的典型高低音机车风笛声级水平见表4-4(注:测点位置距地面高度1.5m)。列车鸣笛噪声是铁路沿线环境噪声中最扰民的,城市铁路沿线居民对此反映最为强烈。

我国典型机车鸣笛噪声状况　　　　　　　　　　　　表4-4

风笛类型	测点位置	声级水平[dB(A)]	
		正向	侧向
138T501	半消声室内距声源5m处	124	117
138T502		122	115
138T501	室外开阔场地距声源30m处	105	98
138T502		102	95

4.2 交通噪声特性与危害

4.2.1 声波的特性

声波是在具有弹性的媒介中传播的一种机械波,来源与发生体的振动有关。声波传入人耳时,使耳鼓膜发生振动,刺激听神经而产生感觉,波动频率高于2000Hz(超声波)和低于20Hz(次声波)的波不能引起声感,介于两者之间的声波才能被听到,故称为可听声。声波具有衍射、反射、吸收和投射等特性。

频率、波长和声速,是描述声波的三个重要物理量,有如下关系:

$$C = \lambda \cdot f \tag{4-1}$$

式中:λ——波长(m);

f——频率(s);

C——声速(m/s)。

声速与环境温度和媒介的特性有紧密关系,表4-5是1℃时的声速在各种媒介中的传播近似值。

1℃时的声速近似值　　　　　　　　　　　　表4-5

媒介名称	空气	水	混凝土	玻璃	铁	铅	软木	硬木
声速C(m/s)	344	1372	3048	3653	5182	1219	3353	4267

4.2.1.1 声音的计量

(1)声功率、声强和声压

①声功率。

声源在单位时间内辐射的总声能量称为声功率,常用W表示,单位为瓦(W)。其大小只与声源本身有关。一般声功率不能直接测量,而要根据测量的声压级换算。

②声强。

声强是衡量声场中声音强弱的物理量,是单位时间内在垂直于声波传播方向上通过面

积 A 的声能量,记作 I,其单位是 W/m^2。声场中某点声强的大小与声源的声功率、该点距声源的距离、波阵面的形状及声场具体情况有关。其定义式为：

$$I = \frac{W}{A} \quad (4-2)$$

③声压。

在声波所达到的各点上,某一瞬间介质中的压强相对于无声波时压强的改变量称为声压。常用 P 表示,其单位为帕(Pa),可用以衡量声音的强弱。声波传播时,声场中任一点的声压都是随时间不断变化的,任意时间点的声压均称瞬时声压。声压的实际效果是某段时间内瞬时声压的平均值,该平均值称为有效声压。实际应用中如果没有说明,声压一词即指有效声压。

声压与声强的关系可以用下式表示：

$$I = \frac{P^2}{\rho \cdot c} \quad (4-3)$$

式中：P——有效声压(N/m^2)；

ρ——空气密度(kg/m^3)；

c——声速(m/s)。

在标准大气压及20℃下,空气密度和声速的乘积为 $415 NS/m^3$,称为空气对声波的特性阻抗。

(2)声压级及其叠加

人们日常遇到的声音从弱到强范围很宽,若以声功率表示,人们通常讲话的声功率为 $2 \times 10^{-5} W$,而喷气式飞机的声功率可高达10kW,两者相差 5×10^8 倍。若以声压表示也有很大的差异范围,例如对一个1000Hz的纯音,最低可听声压(称为听阈)为 $2 \times 10^{-5} Pa$,而听觉痛阈声压为20Pa,两者声压相差106倍,如此广阔的声音量度范围在使用中非常不便,若用对数标度以突出数量级的变化,则能缩小数值量度的表达范围。由此可引出声压级的定义。

①声压级。

人耳对声音的接受并不是正比于声强度的绝对值,而更接近于对比其对数值。因此在声学中普遍使用对数标度来测量声压大小,并称其为声压级,可按下式计量：

$$L_P = 10 \times \lg \frac{P^2}{P_0^2} = 20 \lg \frac{P}{P_0} (dB) \quad (4-4)$$

式中：L_P——声压级,其单位常用dB表示(注意dB并非有效的物理量纲)；

P——声压(Pa)；

P_0——基准声压,为 $2 \times 10^{-5} Pa$,该值是对1000Hz声音人耳刚能听到的最低声音界限,其对应的声压级 $L_P = 0 dB$。

②声压级的叠加。

两个以上的独立声源作用于某一点,会产生噪声的叠加。若两个声源在某点的声压分别为 P_1 和 P_2,其声压级分别为 L_{P1} 和 L_{P2},则叠加后的声压和声压级可以如下表示：

$$P_{总} = \sqrt{P_1^2 + P_1^2} \quad (4-5)$$

$$L_{P总} = 10\lg \frac{P_1^2 + P_1^2}{P_0^2} = 10\lg\left(10^{L_{P_1}/10} + 10^{L_{P_2}/10}\right) \tag{4-6}$$

式中：$P_{总}$——叠加后的声压；

$L_{P总}$——叠加后的声压级。

n 个不同数值的声压级在某处的叠加，可按下式进行叠加计算：

$$L_{P总} = 10\lg\left(\sum_{i=1}^{n} 10^{L_i/10}\right) \tag{4-7}$$

式中：L_i——第 i 个声压级；

n——需要叠加的声压级个数；

其余符号意义同前。

4.2.1.2 交通噪声的特性

交通噪声是一种随机变化的噪声，以道路交通为例，除了与车辆本身功率级有关外，交通噪声还与道路结构和交通状态有很大关系，具体解释如下：

(1) 由于道路呈现显著的带状特征，因此其噪声影响范围主要是道路两侧一定范围的居民及其建筑物等。

(2) 道路交通噪声与道路坡度、路面粗糙度、路段位置等有关。道路坡度越大，发动机负荷越增加，噪声越高（表 4-6），路面粗糙度大的噪声越大。

路面坡度对等效声级的影响　　　　　　　　　　　　　　　　　表 4-6

路面坡度	5%								7%							
车流量(veh/h)	1000				4000				1000				4000			
载货汽车所占比例(%)	0	25	50	100	0	25	50	100	0	25	50	100	0	25	50	100
等效声级[dB(A)]	67	68.8	70	72	72.5	74.3	75.6	76.7	67.3	72.7	75	77.5	73.3	78.8	81	83.5

(3) 城市道路车流不连续，受到交叉口、行人过街等的影响，速度相对较慢，越接近交叉口处噪声越高（表 4-7）。再加上道路两侧建筑物较多，对声音的反射叠加影响使得其噪声计算比较复杂。

一个交叉口附近的噪声　　　　　　　　　　　　　　　　　　　表 4-7

噪声统计参数	交叉路口处	交叉路口后 50m 处	交叉路口前 80m 处
L_{10}[dB(A)]	76.5～77.6	76.5～76.8	68.2～68.8
L_{50}[dB(A)]	72.7～73.1	71.3～72.2	65.3～65.7

(4) 大中城市为了缓解交通拥堵修建了较多的高架道路，这在避免平面交叉，减少车辆鸣号、制动、起动的频率方面取得了一定的噪声降低效果，但是随着车速的提高，使得发动机噪声、空气动力噪声和轮胎噪声也随之提高，而且声源点高架后使受影响的范围扩大，也使得地面道路的交通噪声多次反射，增加了对周围环境的影响。

(5) 道路交通噪声与道路交通状况有着密切关系。

车流量与噪声的关系其总的趋势是随车流量的增加噪声增大，重型车所占的比重越大，噪声越高。此外，加速行驶频繁的地段比匀速行驶的地段噪声高。而车辆加速产生的噪声与其加速挡位和加速度的大小有关。但车流量的增加对平均噪声影响虽较大，但对噪声峰值的影响却较小,当车流量增加到2000veh/h以后,噪声峰值基本不再增加,噪声峰值主要取决于载货车的数量。交通噪声的时间分布规律与交通流量的时间分布很接近。

4.2.1.3 交通噪声的传播特性

声音在大气中传播会产生反射、衍射、折射现象,并在传播过程中引起衰减。同样,噪声从声源传播到受声点,因传播发散、空气吸收、阻挡物的反射与屏障等因素的影响,也会使其产生衰减。这一衰减通常包括声能随距离的扩散和传播过程中产生的附加衰减(包括大气的声吸收、屏障和建筑物产生的声反射等)两个方面,总的衰减值应是两者之和。

(1)声能随距离衰减

假设以声源为中心的球面对称地向各方向辐射声能(即无指向性),它的声强 I 与声功率 W 间的关系,即:

$$I = \frac{W}{4\pi r^2} \tag{4-8}$$

式中:r——距离点声源的距离(m)。

当声源放置在刚性地面上时,声音只能向半空间辐射,设接收点与声源距离为 r,则半径为 r 的半球面的面积为 $2\pi r^2$,由此得半空间接收点声强:

$$I = \frac{W}{2\pi r^2} \tag{4-9}$$

可见,声强随着离开声源中心距离的增加,按平方反比的规律减少。

若用声压级来表示,可得在 r 处的声压:

$$L_P = L_W - 20\lg r - 11 \text{(全空间)} \tag{4-10}$$

$$L_P = L_W - 20\lg r - 8 \text{(半空间)} \tag{4-11}$$

式中:L_W——声功率级,可由式(4-12)计算,其中 $W_0 = 10^{-12} \text{W}$:

$$L_W = 10\lg \frac{W}{W_0} \tag{4-12}$$

(2)声传播过程中的附加衰减。

产生附加衰减的因素包括:大气的声吸收;树林引起的声音散射和吸收;屏障和建筑物产生的声反射;风和大气温度引起的声折射;雾、雨、雪的声吸收;不同地面覆盖物(如草地等)的吸收等。

①噪声被空气吸收的衰减

空气吸收声波而引起的声衰减与声波频率、大气压、温度有关,当 $r < 2000\text{m}$ 时,其吸收衰减近似为零。在计算大气吸收衰减时,往往以15℃和70%相对湿度为基础条件。因此在温度和湿度条件相差较大时,需考虑大气条件变化而引起声衰减变化修正。可按以下公式进行计算。

$$A_{\text{atm}} = \frac{a(r - r_0)}{1000} \tag{4-13}$$

式中:r——测量点距离声源中心线的距离;

r_0——参照点距离声源中心线的距离;

a——温度、湿度和声波频率的函数,计算中一般根据建设项目所处区域常年平均气温和湿度选择相应的空气吸收系数(表4-8)。

倍频带噪声的大气吸收衰减系数 a　　　　　表 4-8

温度 (℃)	相对湿度 (%)	大气吸收衰减系数 a(dB/km)							
		63	125	250	500	1000	2000	4000	8000
10	70	0.1	0.4	1.0	1.9	3.7	9.7	32.8	117.0
20	70	0.1	0.3	1.1	2.8	5.0	9.0	22.9	76.6
30	70	0.1	0.3	1.0	3.1	7.4	12.7	23.1	59.3
15	20	0.3	0.6	1.2	2.7	8.2	28.2	28.8	202.0
15	50	0.1	0.5	1.2	2.2	4.2	10.8	36.2	129.0
15	80	0.1	0.3	1.1	1.1	4.1	8.3	23.7	82.8

②墙壁屏障效应。

室内混响声对建筑物的墙壁隔声影响十分明显,其总隔声量 TL 可用下式计算:

$$TL = L_{P_1} - L_{P_2} + 10 \cdot \lg\left(\frac{1}{4} + \frac{S}{A}\right)$$

所以,受墙壁阻挡的噪声衰减值为:

$$\Delta L_3 = TL - 10 \cdot \lg\left(\frac{1}{4} + \frac{S}{A}\right) \tag{4-14}$$

式中:ΔL_3——墙壁阻隔产生的衰减值(dB);

L_{P_1}——室内混响噪声级(dB);

L_{P_2}——室外 1m 处的噪声级(dB);

S——墙壁的阻挡面积(m^2);

A——受声室内吸声量(m^2)。

③户外建筑物的声屏障效应。

声屏障的隔声效应与声源和接收点以及屏障的位置和屏障的高度、长度以及结构性质有关。根据它们之间的距离、声音的频率(一般铁路与公路采用 500Hz)算出菲涅尔数 N,然后依据障碍板的声衰减曲线查出相对应的衰减值,声屏障衰减最大不超过 24dB。菲涅尔数 N 的计算公式如下:

$$N = \frac{2(A+B-d)}{\lambda} \tag{4-15}$$

式中:A——声源与屏障顶端的距离(m);

B——接收点与屏障顶端的距离(m);

d——声源与接收点间的直线距离(m);

λ——波长(m)。

④植物的吸收屏障效应。

声波通过高于声线 1m 以上的密集植物丛时,会因植物阻挡而产生衰减。在一般情况下,松树林带能使频率为 1000Hz 的声音衰减 3dB/10m;杉树林带为 2.8dB/10m;槐树林带为 3.5dB/10m;高 30cm 的草地为 0.7dB/10m。阔叶林地带的声音衰减值见表 4-9。

阔叶林地带的声衰减值(dB/10m)　　　　　表 4-9

频率(Hz)	250	500	1000	2000	4000	8000
声衰减值	1	2	3	4	4.5	5

⑤阻挡物的反射效应。

声波在传播过程中,若遇到建筑物、地表面、墙壁、大型设备等阻挡时,便会在这些物体的表面发生反射而产生反射效应,对某些位置的受声点,会使原来的声音强度增高。

在工业噪声评价中,对于阻挡物的反射效应一般粗略地用镜像声源法处理,见图4-7。

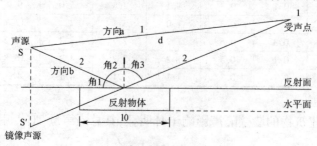

图4-7 阻挡物的反射效应

声音反射增量和反射体的性质密切相关。从图4-7中可以看出,噪声从声源传播到受声点有直接途径1和反射途径2。若声波途径1和途径2基本相等,且声场情况又满足表4-10的规定时,则反射效应 ΔL_4 可由下式求出:

$$\Delta L_4 = 10 \cdot \lg(1+p) \tag{4-16}$$

式中:p——反射表面的能量反射系数,见表4-11。

反射声场条件 表4-10

序号	反射声场条件
1	反射表面是"声学坚硬"的
2	反射物的水平量纲大于波长,即 $l_0\cos\theta > \lambda$
3	反射角 θ 小于85°
4	反射点 o 距离反射物体的边缘至少在一个波长 λ_0 以上

反射物体的反射系数 p 表4-11

反射物体	反射系数
平面或坚硬的壁面	1
有窗或不规则的建筑物表面	0.8
建筑物敞开区域占壁面50%左右或密集的管道	0.4

若途径1和途径2相差很大,而声场能满足表4-10中规定条件,则可用镜像源法求出反射的镜像声波功率级。反射效应 ΔL_4 可由下式求出:

$$\Delta L_4 = L_w(\varphi)_m - L_w(\varphi) \tag{4-17}$$

式中:$L_w(\varphi)_m$——镜像源声功率级;

$L_w(\varphi)$——声源声功率级;

φ——方向系数。

镜像声源的声音功率级 $L_w(\varphi)_m$ 可由下式确定:

$$L_w(\varphi)_m = L_w(\varphi) + 10 \cdot \lg p \tag{4-18}$$

式中:$L_w(\varphi)$——声源在 φ 方向上的声功率级;

其余符号意义同前。

⑥地面吸收的附加衰减。

地面吸收对噪声的附加衰减量,取决于地表性质、植被类型等。对于灌木丛和草地的衰减量可用下式计算:

$$\Delta L_2 = (0.81 \cdot \lg f - 0.13)r \tag{4-19}$$

式中:ΔL_2——地面吸收对噪声的附加衰减量(dB);

f——噪声的频率(Hz);

r——噪声在草地或灌木丛上传播的距离(m)。

由于公路两侧的地表情况较复杂,对于公路交通噪声,可用下列经验公式估算其地表吸收的附加衰减值:

$$\Delta L_2 = a \cdot 10 \cdot \lg r \tag{4-20}$$

式中:a——与地面覆盖物有关的衰减因子。当接收点距离地面1.2m时,各种地面的平均衰减因子取 $a = 0.5 \sim 0.7$。接受点距离地面高度增加时,α 值随高度减少。

由上述讨论可见,在自由声场条件下如距噪声源 r_0(参照点)处的声压级为 L_0,则距离 r(接收点)处的声压级 L_P 为:

$$L_P = L_0 + 10 \cdot \lg\left(\frac{r_0}{r}\right)^\alpha - \alpha(r - r_0) + \begin{cases} 20\lg\dfrac{r_0}{r} & (\text{点声源}) \\ 10\lg\dfrac{r_0}{r} & (\text{线声源}) \end{cases} \tag{4-21}$$

4.2.2 交通噪声的危害

4.2.2.1 各种交通方式噪声影响的特点

(1)公路噪声危害

随着汽车工业的快速发展和城市规模化发展的进一步加快,我国很多城市普遍存在道路交通噪声污染问题,据国家相关部门的调查,城市交通噪声是城市环境噪声的主要构成,占噪声总量的三分之一以上。城市道路交通噪声污染问题是城市道路上的机动车所产生的工作声响,一辆机动车在正常行驶过程中所产生的噪声值为80~90dB(A),城市交通流的噪声值更是接近100dB(A),一般认为,只要道路交通声响值白天超过70dB(A)、晚上超过55dB(A)的,就构成了交通噪声污染问题。由于城市道路交通噪声因其本身的特性复杂,具有噪声覆盖面广、影响范围大、交通噪声强度高等诸多特点,治理起来难度很大。由此使得道路沿线居民长期受到高噪声值的污染,对人们的健康带来诸多问题。

(2)铁路噪声危害

铁路噪声是随列车的运行而产生的,主要有以下几个特点:

①由于铁路噪声属于流动性的间断污染源,因此当列车运行较为频繁时,产生噪声的频率较高;而当列车运行的速度较快的情况下,尽管列车产生的噪声持续时间不长,然而噪声值却普遍都比较高。

②由于地势情况,在修建铁路时往往会采用大量的高架桥,因此列车在通过高架桥时的噪声位置相对较高、传播面也较为广阔。

③铁路交通噪声具有间歇性和规律性,列车只有在运行时才会产生交通噪声,并且产生的噪声影响与列车的发车频率和运行时间有关。

铁路噪声也会产生不同程度的危害,依据相关规范,铁路干线边界噪声限值见表4-12。

铁路干线边界噪声限值[单位:dB(A)]　　　　表4-12

标准类别	昼间限值	夜间限值
铁路边界	70	60

(3)飞机噪声危害

飞机噪声的影响主要是机场噪声的影响,从专业讲是机场噪声暴露。机场噪声暴露是研究机场邻居对很多飞机在一个重复时间间隔内发出噪声的影响,不仅仅是噪声强度,还包括噪声频谱、出现时刻和持续时间等。

一般说来,低音尚可接受,高音令人难耐。喷气飞机现在越来越多,而喷气飞机的高音部分所占比例恰恰又较大,因此虽然声音在空气和建筑材料的传播过程中高音部分衰减得较快,但是世界范围内航空运输的快速发展仍然使得飞机噪声危害问题越来越突出。

调查显示,机场噪声对个人的影响是不同的,且差异很大,但对群体的影响却是可以预料的。很明显,噪声强度越大越使人烦躁。在噪声强度低于55DNL(昼夜等效声级)和35NNI(噪声冲击指数)的情况下,很少有人感到难以忍受;但当噪声强度增加到80DNL和55NNI时,有半数以上的人忍受不了。

(4)船舶噪声危害

对于作为"水上陆地"的船舶而言,不仅要求船舶的安全性、快速性,还要求良好的舒适性。船舶噪声属于较为严重的噪声污染问题,船舶噪声不仅会导致某些结构声振疲劳破坏,还会影响舱内各种仪器、设备等的正常运转,而且船舶噪声对船上人员的健康、生活、休息和工作甚至心理都存在很大的影响,甚至影响人体健康,由于噪声过大,会导致船员工作失误,危及船舶航行安全。

对此国内和国际组织对居住舱室和工作场所的噪声大小提出了建议和要求,如国际海事组织(IMO)对船舶舱室和工作场所规定了噪声的极限值,如无线电室、居住舱室和医疗室噪声最高只能为60dB(A),驾驶室、餐厅和办公室不得大于65 dB(A)等。具体如表4-13所示。

IMO不同船舶舱室规定的声压级限定值　　　　表4-13

部位		限定值[dB(A)]
机舱区	有人值班主机操纵室	90
	有控制室的机舱或无人值守机舱	110
	机舱控制室	75
	工作间	85
驾驶区	驾驶室	65
	桥楼两翼	70
	海图室	65
	报务室	60

续上表

部位		限定值[dB(A)]
起居室	卧室	60
	医务室、病房	60
	办公室休息室接待室等	65
厨房	机舱设备和专用风机停止工作时	70
	机舱设备和专用风机正常工作时	80

4.2.2.2 交通噪声对人的生理影响

人们长时间在高噪声源的环境中生活,对人的听力具有一定损害,容易引起人体内分泌失调和人体的循环系统异常,进而引发心脑血管疾病、神经系统疾病、消化系统疾病等。

强度较大的交通噪声会使人容易产生心情紧张、情绪变化,将直接导致人们的抵抗力、睡眠质量下降。根据实验统计,人们在40~45dB(A)噪声环境下睡眠,人的脑电波会发出觉醒信号,此时的人们很难保证有高质量的睡眠,不能进入深度睡眠。其中,有十分之一的人会因40dB(A)的突发噪声惊醒,超过三分之二的人们会因60dB(A)的突发噪声惊醒。如果人们在这样的环境下生活,声环境一直不能得到改善,将导致人们的身体出现相应的不适,如疲倦、精力不集中、烦恼易怒,严重影响正常的工作和学习生活。具体的噪声值对人体的影响情况如表4-14所示。

不同噪声值对人体的影响 表4-14

噪声值[dB(A)]	对人体的影响
30~40	较安静,对人的正常学习、生活没有影响
>50	对人们学习、休息产生干扰
>60	使人烦躁不安,会使大多数人难以入睡
>70	使人精神不振,身体乏力,难以集中精神
>90	造成人们反应迟钝,导致生产事故增多

(1)交通噪声对听力的危害

所谓暴露性耳聋是指人们突然感受强烈的噪声而造成的听觉器官的急性损伤现象,这种急性损伤易发生在人们在没有准备的情况下,如隧道、工地、矿山开采、工业的气体爆炸等所产生的巨响。

发生暴露性耳聋多属噪声强度超过130dB(A)甚至更高,高噪声具有较高的频率和强烈的冲击波,强烈的气压和冲击波是导致听觉损伤的主要原因。受害者会出现鼓膜破裂;伴随着韧带撕裂、听小骨错位,甚至出血导致听力的完全丧失。虽然我们一般人接触超过130dB(A)的噪声环境不多,但是相关调查显示,城市噪声污染较严重的情况下,如人们长时间接触噪声强度在80~90dB(A)的环境也会造成人们听力的慢性损伤。这样的情况下日积月累,人们的听觉能力会出现下降的情况,但人们听觉具有自我恢复的功能,如果人们及时地离开噪声源或噪声源得到有效的治理,听觉能力就会逐渐的恢复,相反就会造成人们听力的继续下降,甚至变化成永久性的损伤。

(2)交通噪声对视力的危害

噪声不仅对人们的听觉有危害也会对人们的视觉产生影响,损伤视觉神经,这主要就是因为人们的感觉器官彼此相互作用导致的。高强度的噪声会影响视觉的光感,产生视觉模糊,如果噪声超过140dB(A)时,人们会出现视觉模糊的现象。

(3)交通噪声对内分泌的危害

人们长时间在高噪声源的环境中生活,容易产生人体内分泌失调,如噪声会使母体的内分泌出现紊乱的现象,将导致孕妇的子宫强烈的收缩导致流产或早产,母体子宫的收缩直接影响对胎儿的供氧和供养,甚至出现缺氧和养料造成妊娠中止导致胎儿死亡。相关数据显示,孕妇生活在噪声污染的环境中早产率增高、婴儿死亡率增大等。

(4)交通噪声对中枢神经系统的危害

人们长时间受噪声污染的影响,会因为脑部皮层的兴奋平衡点失调而导致长期的兴奋误区,进而使人体的自主神经出现功能上紊乱现象,出现头晕、头痛、神经衰弱、疲倦、易怒、记忆力减退、反应迟缓等多种症状疾病,这些统称为神经衰弱症。长时间在噪声污染较严重的环境下开车还容易出现身体疲倦、注意力集中困难、思绪混乱等问题,从而疏忽交通安全,容易造成交通事故的发生。

交通噪声的危害除了人神经上的变化外,还会使人们出现胃肠道系统疾病,出现肠道蠕动减慢而食欲不振导致身体消瘦。有一些人还会因噪声产生血管紧张度下降从而引发血压波动不稳等症状。

4.2.2.3 交通噪声对建筑物的影响

交通噪声对城市建筑的影响也是客观存在的,由于现代城市道路建设受到建筑的影响很大,特别是历史悠久的都市,旧城区道路改造难度大,但城市机动车的数量却在不断增加,解决旧城区机动车和建筑之间的关系是当前很多城市所面临的问题。机动车的增多所带来的交通噪声污染问题显现在了建筑物上,当交通噪声的频率和建筑物的固有频率相一致时就会引起共振,使建筑物的结构发生损坏,抗震能力显著下降而带来安全问题。

为了解决城市道路交通噪声污染问题,现在的居民楼建筑成本投入加大了对噪声预防的开销,使得居住成本在不断增加。例如,近几年新建居住、商品房的窗户玻璃基本都采用双层中间抽真空玻璃,这样的玻璃隔音效果比普通双层玻璃好,但是成本也比较高。除此之外,社会成本用于治理交通噪声的投入也在大幅度的增加,例如道路噪声隔离装置的使用、城市路面降噪技术措施的研发和应用等。

4.3　交通噪声的主要影响因素

影响交通噪声的因素是复杂的,除了从运输工具本身的角度来分析,还可以从机动车车速、流量、路面宽度等因素入手进行阐述,分析这些因素对交通噪声的影响情况。

4.3.1　各种交通方式中的基础设施影响

4.3.1.1　道路交通

(1)不同类型的汽车所产生的噪声值是不同的,大中型汽车比小型汽车所产生的噪声大,货车比客车产生的噪声大。

(2)不同的路面类型所产生的噪声是不同的,一般而言,水泥混凝土路面的噪声相对较大,而沥青混凝土路面的噪声由于面层孔隙的作用则相对较小。

(3)道路路幅宽度与路侧的噪声水平有显著影响,由于距离的衰减作用,较宽的路幅会使得噪声的衰减量相对较大;此外,若道路两侧建筑物后退红线越多,这部分距离衰减量也会越大。

4.3.1.2 铁路

(1)在相同的速度下,货运列车的噪声高于客运列车。

(2)列车表面的光滑程度将影响噪声的大小。列车表面的平滑程度和附属设施(例如列车门把手、车床、各车厢连接部位以及某些突出的零部件)主要影响的是空气动力噪声,特别是在列车高速运行的情况下更加明显。

4.3.1.3 航空运输

(1)飞机类型

对大多数民用飞机和货运飞机,噪声的频谱较宽。虹桥机场下降航迹下方、航迹高度为150~200m 时客运飞机的最大噪声的噪声频谱见图4-8。根据实测,飞机噪声为宽频带平坦噪声,在100~5kHz 内,声压级为70~80dB,A 计权声级为85dB(A)。

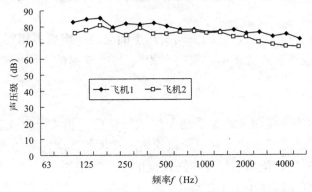

图4-8 飞机噪声的实测频谱

(2)飞机的重量

由于噪声大小随着起飞重量的增加而增加,随着大型和巨型飞机的不断增多,飞机产生的噪声会因此而增大。飞机的起降次数对飞机噪声的产生也有很大的影响,飞机起降次数越多,噪声影响就越大。

(3)飞机的起降方式

飞机的起降方式也对噪声产生影响。飞机不同的起降方式所产生的噪声大小具有明显的不同。通过科学实验得出的起降方式往往产生更小的噪声。

4.3.1.4 船舶运输

不同的船型、不同的主机型号、不同的螺旋桨叶数、不同的吨位、机舱风机的位置等因素,对噪声会产生不同的影响。

(1)船舶类型

针对大中型船舶来说,从外形大体上可以分为:单体船、双体船。单体船可分为:瘦小型和肥大型。但从影响船舶舱室噪声的角度来说,水位线以上的船型(type)对噪声的影响远小于水位线以下部分船型(form)。

(2)吨位和缸数

一般来讲,大吨位船舶比吨位较小船舶(同样是远洋船舰)产生的噪声小,主机缸数是双数的比单数的产生的噪声小。

(3)船体布局

在同一条船上,远离机舱和机舱风机的舱室,比距离上述位置较近的舱室噪声值小,上层建筑的结构合理的比不合理的噪声小,船壁厚的比船壁薄的噪声小,进行过生热绝缘的舱室比没有采取措施的舱室的噪声值小。

(4)螺旋桨叶数

螺旋桨直接产生的噪声有空泡噪声和谐鸣声。空泡噪声是螺旋桨水下噪声的主要成分,它的频率成分实际上不随转速而变,主要取决于桨叶结构和尺寸。

4.3.2 各种交通方式的运行速度

汽车、火车、飞机和轮船在不同运行速度下所产生的噪声值也是不同的,一般情况来讲,速度越快噪声越大。下面以公路运输和铁路运输为例进行分析。

4.3.2.1 道路交通

一般理论都认为,汽车行驶速度的不同所产生的交通噪声也不相同,在同样一条道路上行驶的各种汽车,即便所有外界影响因素完全相同,那么车速的不同所产生的噪声也是不相同的。

4.3.2.2 铁路

影响铁路噪声值的主要因素之一是列车的运行速度。相关研究表明:列车的噪声总体水平与列车车速的 n 次方成正比。其中轮轨噪声随速度的 2 次方增加,结构噪声随速度的 3 次方增加,空气动力噪声和集电系统噪声随速度的 6 次方增加。

如图 4-9 所示:列车速度小于 160 km/h 时,n 通常小于 1,列车噪声以动力设备和车上其他设备(如电动机、压缩机、冷却风扇等)的机械噪声和轮轨噪声为主;列车速度小于 240 km/h 时,n 通常在 3 左右取值,轮轨噪声迅速上升为主要噪声;列车速度小于 280 km/h 时,常数 n 值达到 6~7,列车噪声中的空气动力噪声占有重要成分。

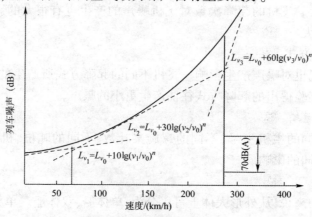

图 4-9 列车噪声随速度变化曲线

4.3.3 交通系统的运行环境

运行环境对交通工具的影响主要体现在道路交通领域,因此本节主要分析道路交通的噪声在不同运行环境的变化。

4.3.3.1 路段车流量因素分析

据有关实验表明:当城市道路交通的机动车流量达到一定水平时,交通噪声的增长趋势会变得缓慢。其主要原因就是城市道路上的机动车容量有限,当容量达到一定数值时,交通噪声的增长趋于平稳,而此时的交通噪声也接近最大交通噪声量。

4.3.3.2 交叉口车流量因素分析

城市道路的交叉口类型主要有"十"字形、环形和"T"形,车辆在不同的交叉口通过可能受到信号灯、停车让行或减速让行的影响,因此交叉口内的汽车运行要比在直线路段行驶情况复杂得多,汽车通过交叉路口时的运行速度也比较慢,车辆受到信号灯控制要有停车等待、起步、停车等情况,这些情形都会造成交通噪声的波动。

(1) 交叉口为红灯时

当汽车行驶接近交叉路口处时如果遇见红灯,驾驶员的一般反应是制动减速或空挡滑行,这时的噪声组成主要是汽车发动机工作噪声、汽车轮胎振动噪声、车身振动噪声和制动系工作噪声,这时的噪声量不大。当汽车的行驶速度不断减慢,到达交叉路口处停车等待时,此时的噪声主要是汽车发动机怠速运转噪声,此时噪声量最小。当交通信号绿灯亮起,汽车由原来的静止状态开始做起步工作,这时候的噪声最大,直至持续到正常驶出交叉路口。

(2) 交叉口为绿灯时

当汽车行驶接近交叉路口处时,如果遇见绿灯,由于受到道路交叉路口处车辆行驶较混乱的影响,汽车会有一个减速的过程,慢速通过,直至正常驶出交叉路口处。此时的噪声由减速噪声、匀速噪声和加速噪声组成。

4.4 交通噪声评价量及预测模式

4.4.1 交通噪声评价量

现有的噪声评价量种类繁多,虽然存在事实上的相关性或一致性,但都有自己的特点和适用范围。下面将对噪声的评价量进行阐述。

4.4.1.1 A 声级 L_A

L_A 是模拟 40 phon 等响曲线而设计的计权网络"A"声压级,使人接受的噪声通过时对人耳不敏感的低频有较大的衰减,高频稍有放大,A 计权网络测得的噪声值较接近于人耳感觉,且易于测量。因此国内外常用 A 声级评价环境噪声,并作为制定和执行相关法律和法规的指标。由于计权 A 声级不能测量不同频率的噪声量,故不能准确反映噪声的危害,主要用于宽频带稳态噪声的一般测量。

特点:能与人对噪声的主观评价有良好的相关性,测量简便。

4.4.1.2 等效连续 A 声级 L_{Aeq}

L_{Aeq} 是一个连续的 A 计权声级,根据噪声的能量它等效于整个观测期间在观测场所实际存在的起伏噪声,等效 A 声级可用于测量持续时间不同的起伏噪声。但对个别持续时间极短,脉冲噪声值较大的声压级不能正确地反映,即危害程度不同的噪声仍可能有相同的等效连续 A 声级。主要用于起伏噪声的测量。

特点:它等效于一连续稳定的噪声,在测量周期内,此稳定噪声和实际起伏噪声具有相同 A 计权能量,对偶尔的峰值声级较敏感。

4.4.1.3 昼夜等效声级 L_{dn}

昼夜等效声级是考虑到噪声在夜间对人影响更大,将夜间噪声增加 10dB(A)加权处理后,用能量平均的方法得出 24h A 声级的平均值(L_{dn}),单位为 dB(A),计算公式如下:

$$L_{dn} = 10\lg\left\{\frac{1}{24}\left[\sum_{j=1}^{16}10^{0.1L_{Ai}} + \sum_{i=1}^{8}10^{0.1(L_{Aj}+10)}\right]\right\} \quad (4-22)$$

式中:L_{Ai}——昼间 16h 中第 i 小时的等效 A 声级;

L_{Aj}——夜间 8h 中第 j 小时的等效 A 声级。

特点:考虑到夜间噪声对人的干扰更大,适用于城市环境噪声和起伏的交通噪声。

4.4.1.4 噪声污染级 L_{NP}

综合能量平均值和变动特性(用标准偏差表示)两者的影响而给出的噪声评价数值,L_{NP} 的定义是:

$$L_{NP} = L_{Aeq} + 2.56\delta \quad (4-23)$$

式中:δ——测试声级值的标准偏差 dB(A);

L_{NP}——常用于评价城市环境噪声或起伏的交通噪声。

特点:以 L_{Aeq} 为评价基础,并兼顾噪声起伏幅度。

4.4.1.5 噪声评价曲线

考虑到噪声引起的听力损失、语言干扰和烦恼这三方面的综合影响,首先分别给出各个频程的噪声评价指数 NR 值。频程不同、声级不同而 NR 数值相同的点构成的一系列曲线称为噪声评价曲线(NR 曲线),如图 4-10 所示。

噪声评价 NR 曲线是在频率因素的基础上,进一步考虑了峰值因素,但对峰值持续时间以及起伏特性不能很好地反映。NR 适用于相对稳态的背景噪声的测量与评价,也可作为确定背景噪声的设计目标。具体使用方法为:

(1)首先将测得外界噪声的各倍频带声压级与图 4-10 上的曲线进行比较,得出各倍频带的 NR_i 值。

(2)取所有倍频带中最大的 NR 值(取整数)再加 1 即得所求外界环境的 NR 值。

4.4.1.6 统计噪声级

统计噪声级是指某点噪声级有较大波动时,

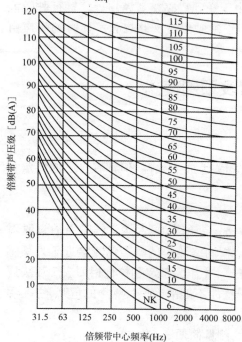

图 4-10 噪声评价曲线(NR 曲线)

用于描述该点噪声变化状况的统计量,一般用统计值为 L_{10}、L_{50}、L_{90}。L_{10} 表示在取样时间内 10% 的时间超过的噪声级,相当于噪声的平均峰值。L_{50} 表示在取样时间内 50% 的时间超过的噪声级,相当于噪声的平均值。L_{90} 表示在取样时间内 90% 的时间超过的噪声级,相当于噪声的背景值。

实践中常用 L_{10} 代表交通设施沿线噪声的峰值,L_{90} 代表交通设施沿线原有的背景噪声值,而 $L_{10} - L_{90}$ 可以代表交通引发的噪声大小。考虑到交通噪声的起伏特性对人的影响较大,需要适当放大 L_{10} 和 L_{90} 的差值,这就是交通噪声指数(TNI)的计算方法,公式如下:

$$\text{TNI} = 4(L_{10} - L_{90}) + L_{90} - 30 \tag{4-24}$$

上述公式适用于道路交通噪声对周围环境的干扰评价,而且限于车流量较多及附近无固定声源的环境。

噪声污染级(P_{NL})也是用来评价噪声对人的烦恼程度的一种评价量,它既包含了对噪声能量的评价,同时也包含了噪声涨落的影响。与交通噪声指数区别之处在于噪声污染级用标准偏差来反映噪声的涨落,标准偏差越大,表示噪声的离散程度越大,其计算公式如下所示:

$$P_{\text{NL}} = L_{50} + d + \frac{d^2}{60} \tag{4-25}$$

$$d = L_{10} - L_{90} \tag{4-26}$$

以上列举的噪声评价量是环境噪声评价中常用指标,在进行噪声的测量和评价时,首先要明确测量和评价的目的、噪声评价量的适用范围及特点。同时结合噪声的特性(按其频谱特性:可分为连续谱和具有可听单频声的频谱;按声压级和时间关系分:可分为稳态噪声、非稳态噪声、间隙噪声、脉冲噪声等),科学、准确地选择噪声评价量,才能比较客观、准确地评价噪声的影响。

虽然我们能科学、准确地选择噪声评价量,但现有的噪声评价量仍然存在较大的局限性。目前的噪声评价量基本上是从声压级、峰值因素、持续时间、起伏特性等方面加以定义;特点是以噪声声压级的分贝数作为主要评价指标。这些噪声评价量主要反映对听觉器官的特异性损伤,以及对日常听说和交流的影响。但未能准确反映噪声对人体心血管、消化、内分泌、生殖等系统、视觉、精神、心理和行为造成的非特异性损伤,即噪声的听觉外效应。它主要是作用于脑干网状结构引起非特异反应,影响物质代谢和能量代谢,这种反应是噪声通过听觉神经系统的分支到达不同的神经中枢而引起的。

因此,在今后噪声评价时,除了科学、准确地选择噪声评价量,还应当将噪声对人群的心理和生理影响等多方面因素结合起来,以综合评价噪声对人体的影响,把主观评价量同噪声的客观物理量联系起来,建立更加科学的噪声评价量,为噪声控制和听力保护提供更加客观的依据。

4.4.2 交通系统噪声预测

4.4.2.1 公路交通系统噪声预测

道路交通噪声预测模型是噪声污染治理与防治工作中的重要环节之一,目前国内外的交通噪声的预测模型较多,常用的道路交通噪声预测模型以交通流中的单个车辆作为研究对象,将单个车辆匀速通过测点时的噪声作为基准噪声,假设同类型车辆均以此方式通过测点,根据观测时段内实际通过车辆数对基准声级进行叠加,从而求解观测时段内噪声评价指标。

我国交通部发布的《公路建设项目环境影响评价规范》(JTG B03—2006)中的噪声预测模型基本假设:当行车道上的车流量足够大时,公路上的车流可视作等间距排列的不连续的线声源,每辆车为无指向性的点声源。由此,在路侧设置噪声接受点,噪声由车辆产生后,在路侧检测结果,并对交通噪声进行预测。

(1) i 型车辆行驶于昼间与夜间,预测点接收到的小时交通噪声值按下式计算:

$$(L_{Aeq})_i = L_{0i} + 10 \cdot \lg\left(\frac{N_i}{v_i T}\right) + \Delta L_{距离} + \Delta L_{地面} + \Delta L_{障碍物} - 16 \quad (4-27)$$

式中:$(L_{Aeq})_i$——i 型车辆行驶于昼间或夜间,预测点接收到的小时交通噪声值[dB(A)];

L_{0i}——第 i 型车辆在参照点(距离等效行车道中心线 7.5m 处)的平均噪声辐射声级[dB(A)];

N_i——第 i 型车辆的昼间或夜间的平均小时交通量;

v_i——i 型车辆的平均行驶速度;

T——$(L_{Aeq})_i$ 的预测时间间隔,此处取 1h;

$\Delta L_{距离}$——第 i 型车辆距声等效行车线距离为 r 的预测点处的衰减量[dB(A)];

$\Delta L_{地面}$——地面吸收引起的交通噪声衰减量[dB(A)];

$\Delta L_{障碍物}$——噪声传播途中障碍物的声衰减量[dB(A)]。

(2)各型车辆昼间或夜间行驶预测点接收到的交通噪声值应按下式计算

$$(L_{Aeq})_交 = 10 \cdot \lg[10^{0.1(L_{Aeq})_L} + 10^{0.1(L_{Aeq})_M} + 10^{0.1(L_{Aeq})_S}] - \Delta L_1 \quad (4-28)$$

式中:$(L_{Aeq})_交$——预测点接收到的昼间或夜间的交通噪声值[dB(A)];

$(L_{Aeq})_L$、$(L_{Aeq})_M$、$(L_{Aeq})_S$——分别为大、中、小型车辆昼间或夜间,预测点接收到的交通噪声值[dB(A)];

ΔL_1——公路为曲线段或有限长路段引起的交通噪声修正值[dB(A)]。

(3)该预测模式在使用过程中的相关参数计算

①等效行车道中心线。

该参数的提出是针对道路上运行的交通流往往不只一条,为了便于计量噪声的传播距离,可以假定多股交通流汇集到某条行车道中心线上,参照点和各接受点的距离均以此线为端点进行计量。如图 4-11 所示,可以根据计算点至最远车道中心线的距离 r_1 和计算点至最近车道中心线的距离 r_2 的几何平均值来确定等效行车道中心线的位置 r。

$$r = \sqrt{r_1 \times r_2} \quad (4-29)$$

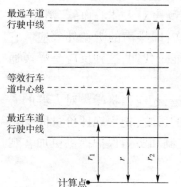

图 4-11 等效行车道中心线

②距离衰减量 $\Delta L_{距离}$ 的计算。

可分为两种情况:当行车道的小时交通量大于 300 辆/h 时,$\Delta L_{距离} = 10\lg(7.5/r)$;当行车道的小时交通量小于 300 辆/h 时,$\Delta L_{距离} = 15\lg(7.5/r)$。

③参照点辐射声级 L_{0i} 的计算。

第 i 种车型车辆在参照点(7.5m处)的平均辐射噪声级[dB(A)]L_{oi}按下式计算：

小型车 $\qquad L_{oS} = 12.6 + 34.73 \lg V_S + \Delta L_{路面}$ (4-30)

中型车 $\qquad L_{oM} = 8.8 + 40.48 \lg V_M + \Delta L_{纵坡}$ (4-31)

大型车 $\qquad L_{oL} = 22.0 + 36.32 \lg V_L + \Delta L_{纵坡}$ (4-32)

式中：角标 S、M、L——分别表示小、中、大型车；

$\qquad V_i$——i 车型车辆的平均行驶速度(km/h)。

$\Delta L_{纵坡}$ 和 $\Delta L_{路面}$ 的取值分别如表 4-15 和表 4-16 所示。

常规路面修正值　　　　　　　　　　　　　　　　表 4-15

路　　面	$\Delta L_{路面}$[dB(A)]	路　　面	$\Delta L_{路面}$[dB(A)]
沥青混凝土路面	0	水泥混凝土路面	+1 ~ +2

道路纵坡噪声级修正值　　　　　　　　　　　　　　表 4-16

纵坡(%)	噪声级修正值[dB(A)]	纵坡(%)	噪声级修正值[dB(A)]
≤3	0	6 ~ 7	+3
4 ~ 5	+1	>7	+5

其他参数的取值方法可参考《公路建设项目环境影响评价规范》(JTG B03—2006)，这里不再详述。

该预测模式使用的范围：①适用于双向六车道及以下的高速公路、一级公路和二级公路，其他公路可做参考；②预测点在距噪声等行车线 7.5m 以远处，车辆平均行驶速度在 48 ~ 140km/h 之间。

4.4.2.2 铁路系统噪声预测

铁路噪声的预测方法常用比例法和模式法，其中比例法是以评价对象现场实测的噪声数据为基础，根据工程前后声源的变化和不相干声源声能叠加的声学理论，进行噪声预测。就此而言，比例法的性质也属于类比法，只不过是一种特殊的类比法。通常的类比法，虽然也主要依据实测数据，但实测对象不一定与评价对象是同一对象，存在可比性上的差异。而比例法的实测对象是同一对象，不存在类比对象产生的差异，仅需要考虑确定实测对象和预测对象之间噪声辐射能量的比例关系。因此，比例法具有比一般类比法预测结果更加可靠的优点，是预测方法中优先采用的一种方法。

通常，比例法可应用于既有线改、扩建项目中以列车运行噪声为主的线路区段，其工程后的线路位置应基本维持原有状况不变，铁路两侧建筑物分布状况不变。对于新建项目和铁路编组场、机务段、折返段、车辆段等既有站、场、所的改扩建项目，不适合采用比例法。

模式法也称作数学模式法，主要依据声学基础理论计算方法和一些经验公式预测噪声，可给出定量的结果。采用模式法预测铁路噪声时，需考虑铁路噪声源的特点以及在声传播过程中各种因素引起的声衰减。声源源强参数首先应依据相关标准、规范提供的数据，当缺乏相关数据时，可根据有关文献资料、科研报告提供的数据，或通过声源的类比监测获取源强参数。与声源有关的修正参数主要有速度、线路和轨道结构、垂向指向性的修正等。传播过程中产生声衰减的因素主要有几何发散损失、空气声吸收、地面声吸收、屏障插入损失等。

模式法一般情况下的适用范围较大，也比较简单、易行。选用计算模式时，应特别注意模式的使用条件和参数的选取,如实际情况不能很好满足模式的应用条件而又拟采用时,要对主要模式进行修正并验证。如列车运行噪声声源的简化,有时可以处理为运动的有限长线声源;有时为方便计算机处理的需要,也可以处理为固定的无限长的系列点声源。两种不同的方法所采用的模式也不同。

《环境影响评价技术导则——声环境》(HJ 2.4—2009)给出了一种预测点列车运行噪声等效声级的模式,其计算公式如下:

$$L_{eq,1} = 10\lg\left[\frac{1}{T}\sum_{i}n_{i}t_{i}10^{0.1(L_{P_{0},i}+C_{i})}\right] \tag{4-33}$$

式中:T——规定的评价时间(s);

n_i——T 时间内通过的第 i 类列车列数;

t_i——第 i 类列车通过的等效时间(s):

$$t_i = \frac{l_i}{v_i}\left(1 + 0.8\frac{d}{l_i}\right)$$

l_i——i 列车长度(m);

v_i——i 列车运行速度(m/s);

d——预测点到轨道中心线的水平距离(m);

$L_{P_0,i}$——第 i 类列车最大垂向指向性方向上的噪声辐射源强度,为 A 声级或倍频带声压级[dB(A)或 dB];

C_i——第 i 类列车的噪声修正项,可为 A 声级或倍频带声压级修正项[dB(A)或 dB]。

第 i 类列车的噪声修正量 C_i,按下式计算:

$$C_i = C_{1i} - A \tag{4-34}$$

$$C_{1i} = C_{Vi} + C_\theta + C_t + C_w \tag{4-35}$$

$$A = A_{div} + A_{atm} + A_{gr} + A_{bar} + A_{misc} \tag{4-36}$$

式中:C_{1i}——i 种车辆、线路条件及轨道结构修正量,[dB(A)或 dB];

C_{Vi}——列车运行速度修正量,可按类比实验数据、相关资料或标准方法计算[dB(A)或 dB];

C_θ——列车运行噪声垂向指向性修正量[dB(A)或 dB],按下式计算:

当 $-10° \leq \theta < 24°$ 时

$$C_\theta = -0.012(24-\theta)^{1.5}$$

当 $24° \leq \theta < 50°$ 时

$$C_\theta = -0.075(\theta-24)^{1.5}$$

C_t——线路和轨道结构对噪声影响的修正量,可按类比实验数据、相关资料或标准方法计算(dB);

C_w——频率计权修正量(dB),见表4-17;

A——声波传播途径引起的衰减(dB);户外声传播衰减主要包括:几何散发(A_{div})、大气吸收(A_{atm})、地面效应(A_{gr})、屏障屏蔽(A_{bar})、其他多方面效应(A_{misc})引起的衰减。相关参数的计算取值请参考《环境影响评价技术导则——声环境》(HJ 2.4—2009)相关内容。

A 计权网络修正值 表 4-17

频率(Hz)	63	125	250	500	1000	2000	4000	8000	16000
C_w	-26.2	-16.1	-8.6	-3.2	0	1.2	1.0	-1.1	-6.6

4.4.2.3 航空系统噪声预测

依据 GB 9960 机场周围噪声的预测评价量应为计权等效(有效)连续感觉噪声级(L_{WECPN}),其计算公式如下:

$$L_{\text{WECPN}} = \overline{L}_{\text{EPN}} + 10\lg(N_1 + 3N_2 + 10N_3) - 39.4 \tag{4-37}$$

式中:N_1——07:00~19:00 对某预测点产生的噪声影响的飞行架次;

N_2——19:00~22:00 对某预测点产生的噪声影响的飞行架次;

N_3——22:00~07:00 对某预测点产生的噪声影响的飞行架次。

其中:

$$\overline{L}_{\text{EPN}} = 10\lg\left(\frac{1}{N_1 + N_2 + N_3} \sum_i \sum_j 10^{\frac{L_{\text{EPN}_{ij}}}{10}}\right) \tag{4-38}$$

式中:$L_{\text{EPN}_{ij}}$——j 航路第 i 架次飞机对某预测点引起的有效感觉噪声级(dB)。

(1)单架飞机噪声的计算

飞机噪声可用噪声距离特性曲线或噪声-功率-距离数据表达,预测时一般利用国际民航组织、其他有关组织或飞机生产厂提供的数据,在必要情况下应按有关规定进行实测。鉴于飞机噪声资料是在一定的飞行速度和设定功率下获取的,当实际预测情况和资料获取时的条件不一致,使用时应作必要修正。

①推力修正。

飞机的声级和推力呈线性关系,可依据下式计算出不同推力情况下的飞机噪声级:

$$L_F = L_{F_i} + (L_{F_{i+1}} - L_{F_i})\frac{F - F_i}{F_{i+1} - F_i} \tag{4-39}$$

式中:F_i、F_{i+1}——测定飞机噪声时设定的推力 kN;

L_{F_i}、$L_{F_{i+1}}$——飞机设定推力为 F_i、F_{i+1} 时同一地点测得的声级(dB);

F——介于 F_i、F_{i+1} 之间的推力(kN);

L_F——内插得到的推力为 F 时同一地点声级(dB)。

②速度修正。

一般提供的飞机噪声是以速度 160nmile/h(1nmile = 1852m)为基础的,在计算声级时,应对飞机的飞行速度进行校正。

$$\Delta v = 10\lg\frac{V_r}{V} \tag{4-40}$$

式中:V_r——参考空速(nmile/h);

V——飞机的地面速度(nmile/h)。

(2)单个飞行事件引起的地面噪声的计算

在飞行噪声特性确定后,计算各个预测点的噪声需按如下步骤进行。

①飞行剖面的确定。

在进行噪声预测时,首先应确定单架飞机的飞行剖面。典型的飞行剖面示意如图 4-12 所示。

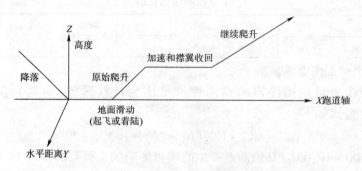

图 4-12 典型飞行剖面示意图

②斜距确定。

从网格预测点到飞行航线的垂直距离可由下式计算：

$$R = \sqrt{L^2 + (h\cos r)^2} \tag{4-41}$$

式中：R——预测点到飞行航线的垂直距离（m）；

L——预测点到地面航迹的垂直距离（m）；

h——飞行高度（m）；

R——飞行的爬升角（°）。

各种符号的具体意义见图4-13，图中 O 为预测点。

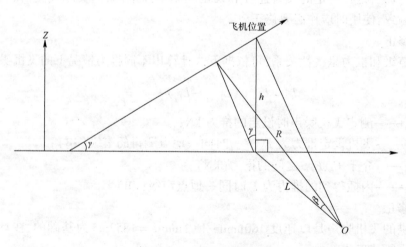

图 4-13 各种符号的意义

③侧向衰减。

声波在传递过程中，由地面影响所引起的侧向衰减可按如下公式计算：

a. 喷气式飞机位于地面时：

$$\Delta L(L) = 15.09(1 - e^{-0.00274L}) \quad (0 < L < 914\text{m}) \tag{4-42}$$

$$\Delta L(L) = 13.86 \quad (L \geqslant 914\text{m}) \tag{4-43}$$

式中：$\Delta L(L)$——地面引起的侧向衰减（dB）；

L——水平距离（m）。

b. 飞机位于空中时：

$$\Delta L(\beta) = 3.96 - 0.66\beta + 9.9e^{-0.13\beta} \quad (L \geqslant 914\text{m}, 0° \leqslant \beta \leqslant 60°) \tag{4-44}$$

$$\Delta L(\beta) = 0, \beta > 60° \tag{4-45}$$

式中：$\Delta L(\beta)$——地面引起的侧向衰减（dB）；

β——预测点到飞行航线的仰角（°）。

$$\beta = \cos^{-1}\frac{L}{R}$$

$$\Delta L(\beta, L) = [\Delta L(L)]\frac{[\Delta L(\beta)]}{13.86} \quad (0 \leqslant L \leqslant 914\text{m}) \tag{4-46}$$

式中：$\Delta L(\beta, L)$——地面引起的侧向衰减（dB）。

④飞机起跑点后面的预测点声级的修正。

由于飞机噪声具有一定的指向性，因此，飞机起跑点后面的预测点声级应作指向性修正，修正性公式如下。

a. $90° \leqslant \theta \leqslant 148.4°$时：

$$\Delta L = 51.44 - 1.553\theta + 0.015147\theta^2 - 0.0000471173\theta^3 \tag{4-47}$$

b. $148.4° < \theta \leqslant 180°$时：

$$\Delta L = 339.18 - 2.5802\theta - 0.0045545\theta^2 + 0.000044193\theta^3 \tag{4-48}$$

式中：θ——预测点与跑道端中点连线和跑道中心线的夹角（°）。

(3)飞机噪声等值线图的绘制

①飞机水平发散的计算。

飞机飞行时并不能完全按规定的航迹飞行，国际民航组织通报（Icao circular）205-AN/86(1988)提出在无实际测量数据时，离场航路的水平发散可按如下考虑：

航线转弯角度小于45°时：

$$S(y) = 0.055x - 0.150 \quad (5\text{km} < x < 30\text{km}) \tag{4-49}$$

$$S(y) = 1.5 \quad (x > 30\text{km}) \tag{4-50}$$

航线转弯角度大于45°时：

$$S(y) = 0.128x - 0.42 \quad (5\text{km} < x < 15\text{km}) \tag{4-51}$$

$$S(y) = 1.5 \quad (x > 15\text{km}) \tag{4-52}$$

式中：$S(y)$——标准偏差（km）；

x——从滑行开始点算的距离（m）。

在起飞点$[S(y)=0]$和5km之间可用线性内插决定$S(y)$。降落时，在6km内的发散可以忽略。

作为近似可按高斯分布来统计飞机间的空间分布，沿着航迹两侧不同发散航迹飞机飞行的比例见表4-18。

航线两侧不同发散航迹飞机飞行的比例　　　　表4-18

航迹点坐标	比 例	航迹点坐标	比 例
$y_m - 2.0S(y)$	0.065	$y_m + 1.0S(y)$	0.24
$y_m - 1.0S(y)$	0.24	$y_m + 2.0S(y)$	0.065
y_m	0.39		

②等值线图绘制和网格设定。

进行机场飞机噪声计算,应建立噪声预测的等值线图作为飞机噪声计算预测的依据,一般来说,应通过对机场周围地区划分网格,令预测点按照方格网布置,网格划分的方法:沿跑道方向每隔300~400m设一个点,垂直跑道方向每隔100~300m设一个点,靠近跑道的点距应小些,宜为100m,如图4-14所示。

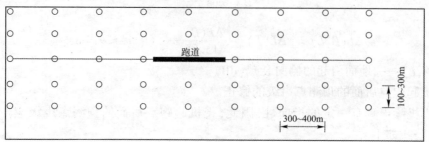

图4-14　飞机噪声预测点布置图

对于每一次飞机飞行事件,任意位置点的噪声等级计算结果都受到诸多因素的影响,这些因素包括:飞机型号、发动机型号、发动机推力、飞机飞行中(起飞或着陆)各阶段速度、地面位置点到航空器航迹的最短距离,以及当地的地形和气候对声音衰减的影响等。所以,噪声计算就是首先计算地面噪声位置点到航空器飞行线路的最短距离,然后根据已经给定的该飞机噪声基础进行插值计算,最后在插值计算得到的暴露声级或有效感觉噪声级基础上叠加上实际飞行条件的修正,得到实际暴露声级或有效感觉噪声级。

网格点上计算出的值,按5dB的间隔,将噪声级相同的点连接成线。在1∶50000包括机场区域在内的土地规划图上,画出70dB、75dB、80dB、85dB、90dB的等值线图。

4.5　交通噪声的防治措施

近年来,随着社会不断发展、人们对生活品质的要求和审美意识的不断提高,"环境友好型"社会理念的提出得到了大力倡导和支持,人们开始注重人与自然和谐相处,实现可持续发展。城市道路交通噪声污染问题不断突出,已严重影响人们的正常工作和休息,越来越得到人们的重视。控制城市道路交通噪声污染已经成为一个亟须解决的问题。

城市道路交通噪声的控制是一个很复杂的系统工程,涉及环境保护、城市规划、道路交通建设、交通管理、建筑设计等多个领域,所以在控制措施方法上必须考虑各个方面。

4.5.1　控制噪声源

4.5.1.1　交通系统在规划阶段的噪声控制

(1)道路运输

①合理规划布局。

随着经济不断发展,噪声问题也随之增加。合理的规划和管理交通是防治交通噪声污染的重要途径,对噪声控制有一定的作用。在对建筑和道路进行规划时,应考虑居民区与城市道路之间的合理间距,避免道路交通噪声影响居民的正常生活和休息。特别是医院和学校等环境敏感点的选址时,应该充分调查周边环境,根据相关噪声标准选择场所和位置。同时,应充分重视公路建设项目在建设期间和运营期间的环境评估影响报告,对噪声不达标的区域采取相应措施进行治理。

②合理交通组织。

通过合理的交通组织降低道路交通噪声对居民生活和学习的影响。在医院和学校等重要噪声敏感区域外设置禁止车辆鸣笛和限速标志。载重车辆、货运汽车和长途客车等应规定其行驶路线,避免在人员密集的区域行驶。

(2) 航空运输

①合理规划飞机的起降次数和时刻。

飞机起降次数越多,噪声影响就越大。为降低机场噪声,阿姆斯特丹机场于1997年11月6日宣布,自1998年开始,将机场的飞机起降次数降低10%。但一般情况下,机场当局是不愿意把减少飞机起降次数作为降低噪声影响的手段的。机场当局从其自身的经济利益考虑,反倒希望在机场容量许可的情况下尽可能地增加飞机起降次数。虽然减少飞机起降次数有困难,但可以适当地调整飞机起降时刻。由于夜间飞机噪声对人类的影响最大,因此有必要对夜间飞机起降进行适当控制,甚至可以禁止机场夜间起降飞机。

世界上许多机场(比如苏黎世和悉尼)实行夜间宵禁制度,但在具体做法上却有很大差别。有些机场,完全禁止飞机起降,跑道关闭;而另一些机场,则允许噪声低的螺旋桨飞机起降。阿姆斯特丹、伦敦、法兰克福和中国香港的机场对一些符合噪声标准的飞机(包括宽体飞机)给予例外。中国香港、伦敦、东京和巴黎的机场允许延误的飞机降落。实行宵禁最严格的当数悉尼机场,有七个小时的时间不允许任何喷气飞机活动。宵禁是降低夜间干扰的有效手段,但宵禁有一定的副作用,比如造成高峰时间过度拥挤,飞机在地面停留时间太长,由于航空货运选用其他机场而使机场收入减少,由于时差关系而使远程航班起飞时刻安排困难(比如从欧洲飞中国的航班)等,这在不允许延误飞机降落的机场表现得尤为突出。

伦敦希思罗机场对飞机起降实行的是瞬时噪声强度限额制度,目的在于降低夜间起降次数。最近希思罗机场又将瞬时噪声强度限额降低了2dB(A),进一步改善噪声环境。虽然限制噪声大的飞机起降可能给航空公司造成经济问题,但另一方面也会促使航空公司选用噪声低的飞机。

②合理规划土地使用。

国际民航组织认为,土地使用规划与控制是解决机场噪声问题的有效手段,并且是最后一个有待进一步开发的主要手段。为此,国际民航组织敦请缔约国对机场周围的土地使用进行规划和控制,以避免在关键噪声区建造噪声敏感的建筑物。

在机场周围设立噪声区是进行土地使用规划与控制的基础,而噪声区的划分则需根据飞机噪声影响和社区反应来进行。对于具体划分多少个噪声区,各国的做法不尽相同。主要有两种不同的思路:采取粗略方法和采取细致方法。典型的粗略划分方法是只划两个区,理由是噪声影响测量的精度和所使用的预报技术不够精确[有人认为其精度不够5dB(A)],并且划分越少在应用时的灵活性越大。而细致划分方法则划分多个噪声区,理由是这样可以使机场周围的土地得到更好的利用。当然,噪声区的划分和土地使用规划与控制是密切相关的。总之,只能根据各国的具体情况进行具体分析,没有统一的标准。

土地使用规划与控制是在噪声区划分基础上进行的。首先根据实际噪声影响和未来预测噪声影响的程度,在机场周围划定噪声区。其次根据不同的土地使用确定其所能容忍的最大噪声。比如居民住宅、学校、医院等最怕噪声干扰,因此所能容忍的最大噪声很低,应尽量远离噪声源;重工业本身产生的噪声就很大,基本上不怕飞机噪声,在满足净空要求的前提下可以在机场附近。最后将两者比较,确定出土地使用与噪声区的相容关系,为制订机场周围的土地使用规划提供了基础。

对于在高噪声区进行不相容土地开发或已存在的不相容土地使用,比如在高噪声区建造医院,就必须使用隔声材料和调整建筑物内部布局,使噪声影响降到可接受水平。

③机场选址及其布局。

在机场周围有居民的情况下,跑道方向一般选在飞机起降时对居民影响较小的方向,有时也采取加长跑道的办法,使飞机在远离居民的一端起飞。当然也可以建声屏障或利用飞机库或其他机场建筑以挡住居民区方向。

机场通常建在城市郊区,远离居民密集的城区,减少噪声对居民的影响。对此,机场当局必须平衡各方权益,通盘考虑,否则会顾此失彼。

④消音飞行程序应用。

世界上许多国际机场执行消音飞行程序,目的在于减少受飞机噪声影响的人数。目前所使用的消音飞行程序,归纳起来,主要有以下几种手段:

a. 控制跑道使用,交替使用各条跑道起降飞机,避免集中干扰一个地区;

b. 在起飞后和着陆前飞机进行转弯,避开居民密集区;

c. 使用多级进近飞行,尽可能地晚一些降低高度;

d. 起飞后快速爬升高度;

e. 隔离机场飞机维修实验场;

f. 不允许噪声超标的飞机起降。

一般认为,起飞时飞机噪声影响比着陆时要大,因此起飞消音飞行程序受到更广泛的关注。目前,我国只有北京首都国际机场执行起飞消音程序,所采用的消音程序是国际民航组织于1982年制订的起飞消音程序,用于降低起飞后半程的噪声影响。国际民航组织于1996年年底对起飞消音程序进行了修订,提出两种方案,分别用于减轻跑道末端和跑道延伸方向的噪声影响。

用于减轻跑道末端噪声影响的起飞消音程序为:飞机离地并爬升至240m以上;减油门,但至少要保持在有一台发动机不工作情况下的最后起飞爬升梯度;按规定收襟翼或缝翼;高于机场地面900m后,增速至航路爬升速度,过渡到正常航路爬升程序。

用于减轻跑道方向一定距离处噪声影响的起飞消音程序与上述程序类似,只是交换一下第2步和第3步的次序。具体为:飞机离地并爬升至24m以上;开始收襟翼或缝翼;减油门,但至少要保持在有一台发动机不工作情况下的最后起飞爬升梯度;高于机场地面900m后,增速至航路爬升速度,过渡到正常航路爬升程序。

以上两种起飞消音程序是专家们三年努力的成果。这些专家有广泛的代表性,分别代表飞机制造商、航空公司、驾驶员、机场当局和缔约国。起飞消音程序设计中分别考虑了安全、运行、工作量等因素和消音效果。

4.5.1.2 交通运输设备的噪声控制

(1) 道路运输

近年来,汽车的设计不仅要求外观漂亮和行驶舒适,还要求符合环保要求,尽量降低产生的噪声。经研究,通过对发动机采用隔声装置或采取低噪声发动机会使车辆整体噪声降低、排气系统安装消声器或对排气管采取悬挂或减振等合理措施、对进气系统进行合理设计、传动系统采取低噪声齿轮箱、采用低噪声风扇或自动风扇离合器、采用低噪声的轮胎材料在高速行驶时等均会使整车噪声下降。虽然汽车设计能大大改善车辆产生的道路交通噪声,但是此类措施往往会涉及制造行业大幅度的投入,降低噪声值会付出昂贵的代价。

(2) 铁路运输

①机车噪声的声源及噪声级对铁路沿线近距离范围的影响较大。对各类机车的噪声控制也和一般机械噪声控制雷同,在设计阶段时采用低噪声结构,对现有机器视其噪声的状况,采取消声、隔声、吸声等措施来降低噪声,如在机车空压机进排气口安装消声器,在发电机安装隔声罩,冷却风扇改进叶片设计,运动机构采用低噪声结构隔振支座等。

②可采用低噪声局部隔声罩风笛,其轴向声级可基本满足机车在运行时鸣笛声级要求,而侧向 30m 处声级较轴向处降低 13~15dB(A),可使两侧的干扰明显下降。

(3) 航空运输

飞机噪声主要来源于发动机运行噪声和飞机机身在空气中飞行时气流摩擦噪声,而后一种噪声几乎不可能降低。在工业界的不断努力下,喷气发动机的噪声已大幅度降低,一些安装先进发动机的飞机,其机身气流摩擦噪声已占飞机噪声的很大比重。由于噪声大小随着起飞重量的增加而增加,随着大型和巨型飞机的不断增多,机场的噪声会因此而增大。在现有技术条件下,单纯地降低噪声必然导致发动机的重量增加和性能降低。从环境需求、技术可行性和经济影响三个方面统筹来看,进一步降低噪声面临着一定的困难。国际民航组织制定的噪声标准在过去 20 年里没有大的变化,短期内也看不出有大的变化的迹象。

对一些仍在使用的、噪声大的旧飞机,可以对其发动机采取消音措施。一般来说,经过消音处理后,这类飞机着陆时噪声降低 10~15EPN dB,起飞时降低 3EPN dB。据有关分析,一架飞机的消音处理费用为数十万美元。

也可以适当控制噪声大的飞机起降。其实这项措施很早以前就被使用过,比如针对噪声比以前大得多的喷气飞机的使用,纽约港务局 1951 年明文规定:"未经允许,任何喷气飞机不得在机场起降。"《国际民航公约》附件 16 第 2 章列出了噪声大的飞机名录,第 3 章、第 4 章依次列出了噪声较小的飞机名录。1990 年,国际民航组织大会通过决议,要求逐步淘汰噪声大的老式飞机。现在,世界上许多机场已经禁止第 2 章的飞机起降,但如这类飞机发动机经消音处理后满足第 3 章的要求,则视为第 3 章中的飞机而允许其起降。欧洲民航委员会最近进一步提议,从 1999 年 4 月开始任何属于第 2 章约定的飞机,即使经过消音处理,也不得加入机队飞行;并且不允许这类飞机在其成员国的机场起降。有时采用硬性规定,会带来一定的副作用,采取一些鼓励措施效果反而可能更好。英国曼彻斯特机场的做法值得借鉴:若飞机的噪声低,则起降费优惠。

(4) 船舶运输

声源控制是船舶运输噪声控制中最根本和最有效的手段。因此,船舶噪声控制问题的解决办法：首先是使用噪声小的设备，并合理地安置噪声源，使其向船舶传播较少的声音和振动能量。例如柴油机和发电机组，在选用时要满足低噪声标准。其次是合理地进行船舶舱室的布置，将机器或整个机舱与船上的其他部分分隔开来，并增加噪声在结构中的传输损耗，使之传到居住舱室和其他办公室的噪声很小，使声学要求高的舱室离声源舱室尽可能远一些。应该把那些无噪声要求的舱室，例如卫生间、储藏室及机舱通道等布置在噪声最大的地带，生活舱室和医疗室尽可能远离声源。

4.5.1.3 交通运行环境噪声控制

（1）道路运输

①道路路面结构。

车辆在道路上行驶时，车辆轮胎和路面相互作用产生的噪声是道路交通噪声的重要来源之一。轮胎噪声随着车辆速度的增加而增加，当车辆速度大于55km/h时，轮胎噪声成了交通噪声的主要成分。采取低噪声路面对控制道路交通噪声有很大的意义。

低噪声路面是指在水泥混凝土路面、普通的沥青路面或其他路面结构上铺筑一层孔隙率很高的沥青混合料，其孔隙率一般在15%。根据路面平整度、表面层厚度、使用情况及养护条件的不同，可降低道路交通噪声值3dB，最大可达10dB。由于此路面混合料孔隙率高，不但可以降低交通噪声，还能够提高路面排水性能，提高雨天行驶的安全性。但是此路面耐久性差，集料、黏结料的要求高，水稳定性要求高。

②线路设计。

路线设计对道路交通噪声控制起着决定性作用。道路选线除了充分考虑行车安全、工程量外，还应充分考虑与道路周边环境的协调，尽量控制路线与环境敏感点之间的距离，尽量避开居民生活区、医院、学校和会议室等环境敏感点。在道路线形设计时，应避免城市高架桥与地面交通重叠形成混响效应。车辆在道路坡度上加速行驶时产生很大的交通噪声，当道路坡度>5%时，重型车辆上坡的噪声明显增大，所以道路路线在设计时，尽量避免采用过陡的坡度。

（2）铁路运输

对轮—轨噪声的控制是降低铁路噪声的另一个关键。轮—轨噪声的构件主要包括车轮、钢轨、道床等，分别介绍其噪声控制方法。

①车轮：对车轮采取减振或阻尼措施，可使车轮减低噪声。目前使用的低噪声车轮主要有弹性车轮、阻尼车轮、特殊阻尼车轮、车轮踏面的修正等。

②钢轨：用焊接长轨取代短轨，减少轮—轨的撞击次数，从而降低噪声，一般可降噪7dB左右。

③道床：在道砟下放置人造橡胶弹性层，如软木、玻璃纤维或石棉，既可改善排水条件和减少道砟破碎，又可减少火车造成的振动影响。另外也可适当加厚路床上的道砟层，材料宜选用碎石。

4.5.2 噪声传播路径控制

4.5.2.1 设置声屏障

在声源和接收点建筑之间设置板或墙式障碍物，利用此板或建筑物对声波进行吸收、反射、衍射和透射等物理反应来降低噪声。声屏障有防噪堤和声屏墙两种,防噪堤一般多用于路堑或挖方路段。声屏墙有吸声式和反射式两种,目前多采用吸声式声屏障来降低道路交通噪声。目前国内外对声屏障做了大量的研究,它能使噪声在传播途中有明显的衰减,一般可降低噪声值5dB 交通噪声,有的甚至可降低 20dB。

声屏障有多种形式,从结构上有直立式、倾斜式、Y形、倒L形,常用的几何形状为直立形或倒L形,有效高度在2m左右,靠近线路一侧有的还设有吸声材料,同时屏障应避免缝隙和孔洞。对于复线铁路可考虑在两条线路间增设屏障,但中间的屏障高度要充分注意机车车辆的限界尺寸,一般不超过1m。声屏障的长度取决于保护受声点的需要,但从轮轨噪声的低中频成分来考虑,则屏障不应过短,以避免两端的声绕射。

4.5.2.2 绿化带

城市道路建设通常都会在道路两旁栽植树木和植被形成绿化带。绿化带具有引起反射的不平枝叶,通过树木和植被的吸收、反射和遮挡作用来降低道路交通噪声。林带的宽度和高度决定了噪声的衰减程度。其衰减量可以根据《公路环境保护设计规范》(JTG B04—2010)进行估算:

当林带宽度为10m时,其衰减噪声值为1dB;

当林带宽度为30m时,其衰减噪声值为3dB;

当林带宽度为50m时,其衰减噪声值为5dB;

当林带宽度为100m时,其衰减噪声值为10dB。

绿化林带对交通噪声有一定的衰减作用,同时对人的心理也有一定的作用。但是绿化林带占用大量的土地资源,在树木栽植前几年效果并不是特别明显,要等树木完全成长起来以后才能看到效果。

4.5.3 受声点保护

4.5.3.1 建筑物布置

对噪声敏感的建筑物沿交通设施分布时,卧室或起居室应设计在背向交通设施的线路方向。在面向线路方向可设置公共封闭走廊或封闭阳台;学校位于铁道或公路和城市干道附近时,应将运动场或其他辅助设施沿线路方向布置,以降低教室受到的噪声干扰;医院病房楼应优先考虑远离干线交通设施,门诊楼可以沿交通干线布置,与交通线路的距离应符合国家相关设计规范的要求。

4.5.3.2 隔声建筑材料和门窗

隔声措施通常是指建筑物本身的隔声材料和隔声结构设计。一般的建筑物可以降低噪声20dB左右,使用特殊隔声材料的建筑可以降低更多。可以充分利用建筑的隔声结构设计,把对噪声最敏感的房间放在受噪声影响最小的部位。

临街建筑噪声的重要控制措施还包括采取隔声效果较好的门窗,经过门窗的反射和吸收达到降低交通噪声的目的。《声环境质量标准》(GB 3096—2008)将交通干线两侧一定距离之内的范围视为4类声环境功能区,其中高等级公路、城市干道和轨道交通地面段、内河航道两侧区域的昼间噪声标准值在70dB,夜间噪声值在55dB。对重庆某道路实际调研结果显示:监测道路昼间噪声值在66.68dB,夜间噪声值在62.81dB。可以看出:晚间道路侧的噪声值超过了噪声标准值，如果在夜间关闭隔声门窗是可以将该噪声降低到声环境的质量控制标准的，从而减小对居民休息的影响，这是声音接受点最简单的噪声防治措施。

4.5.3.3 增加隔声和吸声材料

吸声材料或吸声结构被广泛地应用于噪声控制设计中，通过对机舱、船舱、建筑物门窗缝隙等多处粘贴吸声材料，可以使得混合响声大大降低。它的主要作用有：缩短和调整室内混响时间，消除回声以改善室内的听闻条件；降低室内的噪声级；作为管道衬垫或消声器件的原材料，以降低通风系统或以管道传播的噪声；在轻质隔声结构内和隔声罩内表面作为辅助材料，以提高构件的隔声量等。

4.5.4 法规政策方面

制定相关法规、政策和标准对交通噪声进行综合防治。目前我国关于交通噪声防治的法律主要在《噪声污染防治法》中，虽然有比较全面的城市交通噪声污染防治制度，但是在实施过程中仍有部分问题。各个地区应首先制定相关适应本地噪声污染防治法的实施细则。

《声环境质量标准》(GB 3096—2008)中规定了五类声环境功能区的环境噪声限值及测量方法。明确规定了不同交通干线两侧区域的昼间、夜间噪声控制标准。

我国还相继颁布了《铁路边界噪声限值及其测量方法》(GB 12525—1990)、《声屏障声学设计和测量规范》(HJ/T 90—2004)、《公路建设项目环境影响评价规范》(JTG B03—2006)、《城市轨道交通车站站台声学要求和测量方法》(GB 14227—2006)、《环境影响评价技术导则 声环境》(HJ 2.4—2009)、《公路环境保护设计规范》(JTG B04—2010)等相关技术规范，对公路、铁路、轨道等交通方式所产生的噪声测量、计算分析、降噪工程措施设计都有严格的控制标准和技术指导规范。

4.5.5 孝襄高速公路噪声防治案例分析

4.5.5.1 孝感高速公路沿线噪声分析

湖北孝襄高速公路(孝感—襄樊)全长242km，途经孝感、随州、襄樊3个省辖市的7个县(市、区)，涉及32个乡镇，181个行政村，经过相关调研，确定孝襄高速公路共有68处噪声敏感点。通过预测，在公路营运的第1年，多个村庄噪声都超标，最大超标值9~10dB，公路营运7年后，所有村庄噪声都超标。其中学校、医院噪声超标达6~8dB，因此，必须对公路噪声超标地段采取措施，使之达到噪声环境质量标准。

4.5.5.2 防治措施

根据实地调查结果提出相对合理的噪声防治措施，具体方案如下：

(1)合理设计路线

在孝襄路线设计阶段，考虑避开学校、医院、稠密居民点，在搬迁避让与裁弯取直之间设计多种方案，权衡利弊取其轻。

(2)设置声屏障

声屏障是使声波在传播中受到阻挡，从而在某个特定位置上起降噪作用的装置。声屏障衰减噪声的能力与屏障的长度、高度、材料、结构、形状有关，其效果与特点如表4-19所列。

声屏障类型及其特点 表 4-19

类 型	特 点
土堤结构	适用于地多人稀的区域,是最经济的减噪办法,降噪效果为 3~5 dB。建造此类声屏障所需空地比较大
混凝土砖石结构	适用于郊区和农村区域,易与周围自然环境相协调,价格便宜,且便于施工与维护。降噪效果为 10~13 dB
木质结构	适用于农村、郊区个人住宅或院落且木材资源比较丰富的地区。降噪效果为 6~14 dB
金属和复合材料结构	世界各国最普遍使用的结构。材料易于加工,可加工成各种形式,安装简便,易于景观设计和规模制造生产,对反射声屏隔声量大于20dB,对吸收声屏降噪系数大于0.6
组合式结构	吸收声与反射声材料及上述几种结构的组合,根据周围环境、景观要求和经济性决定

考虑到声屏障对行车空间形成的挤压效应,过长过高的声屏将会阻挡驾驶员、乘客的视线,产生心情压抑的感觉,久之易疲劳而诱发交通事故。因此,声屏障选用根据技术性、经济性、艺术性和实用性等原则,做出如下综合设计方案。

①对于有路堤(堑)的地方,采用质量重的水泥木屑复合板,在其表面彩绘各种图案。

②为减轻桥梁负荷,在桥面选择质量较轻的水泥加压穿孔结构,加上各种复合吸声结构。

③在强调景观的地方,选择种花吸声砖型声屏障,将吸声和环保绿化有机结合起来,以吸声墙体一侧或多侧种植花草及攀缘植物,取得立体绿化效果。

④在安置长距离声屏障的地方(如学校),声屏障中间部分需设计透明玻璃,减轻驾驶员因道路两侧连续设置长廊型声屏障引起的视觉疲劳;也使得学校师生能看到公路的车流,开阔视野。

⑤根据周围环境特点,设置水泥木屑屏障及废胎共振、多孔钢板复合吸声屏,表面大面积喷上各种彩色,彩绘各种山水图案。

⑥声屏材料选用必须考虑防腐、防锈、防潮的要求,保证声屏在高湿度及雨水环境中其性能不受影响;对合成材料要有防紫外线保护涂层;还要有一定的防尘功能和防火功能,并符合道路设计规范等。

部分声屏障方案的效果图如图 4-15~图 4-17 所示。

图 4-15 弧形声屏障　　　　　　　　图 4-16 内壁半透明式声屏障

(3)栽植绿化林带降噪

栽植防噪林带可以降低噪声,因为树叶有遮挡视线和吸收高频的声波作用,但作用有限,依据《公路环境保护设计规范》(JTG B04—2010),做出如下防噪林设计方案:

①选用树冠矮、分枝低、枝叶茂密的灌木与乔木搭配构成防噪林带。

图 4-17　种植花草吸收式声屏障

②林带位置应尽量靠近公路，其间距离宜在 6~15 m 之间，林带宽度一般不小于 30 m。

③林带高度宜在 10 m 以上，灌木高度不宜小于 1.5 m。

④林带分层，在车道近旁栽种灌木、绿篱带，稍远处种植草地，再远处栽种乔木林带，树木一定要求高大，能很快超过路堤高度形成自然屏障。在孝襄高速公路沿线，其路堤高度一般都在 3 m 以上，路桥高度在 7 m 左右，需要高大的树种。

⑤注意树林行距，保证树木得到充足的水分、养分和光照。以 72 杨、69 杨为例，一般 1~2 年生幼树树冠在 2~3 m，2~3 年生可达 4~5 m，3 行以上成片、速生丰产林行间距为 3 m 成片。对防噪林的采伐要严加控制，在经济林成熟以后，采伐宜分期分批进行，采伐后要及时补种新树。

⑥保证一年四季都有降噪效果，耐寒树木不可少，可选用蜀桧柏和女贞等耐寒树种。

⑦为了提高抗病虫害的能力，树种应有多样性，错落有致，形成一个良好的生态群落，也有利于树木成活与降噪，减少管理与维护。

⑧林木色彩要搭配合理，避免单调呆板，增加色彩与美观。

(4) 充分利用路堤路堑防噪

由声屏结构可知，土堤具有降噪 3~5dB 的效果。因此，孝襄高速公路建设中全部将弃土转化为利用土，变废为宝。当公路通过高边坡交通噪声敏感点时，首先选择路堑形式进行防噪，在高边坡深挖 3~4 m，长度大于 100 m 且与路边的垂直距离为 50 m 时，降噪效果可达 20 dB。

(5) 在部分敏感点修建防噪声路面

由于轮胎与路面的摩擦构成了交通噪声的主要部分，因此，使用多孔隙沥青混凝土表面层(PAWC)不失为防治交通噪声的技术手段之一。PAWC 在压实后含有大约 20% 的孔隙(即空气率)，且本身又是开级配磨耗层，具有低噪声、高抗车辙性、提高雨天路面抗滑性能、减小溅水与水漂现象，改善道路标线能见度，提高交通安全等特性。但是，PAWC 的负面效应也不容忽视。因这种混合料易被粉尘污染，使孔隙堵塞，减噪效果会逐渐降低。由于孔隙率大，密实度低，路面的使用寿命相对缩短。因此，综合 PAWC 性能的利弊，不能在孝襄路全线使用 PAWC，仅考虑在部分交通噪声敏感点做试验。

(6) 调整路边房屋的使用功能

将公路沿线噪声敏感的居住房屋改作仓库或保管室用。

(7) 其他措施

①为路边居民区安装隔声窗(双层玻璃或 32 mm 的厚玻璃)、封闭外廊、加高院落围墙以及在墙壁上涂砌抹吸声材料等。

②在每个收费站设置专用噪声检测仪器，对电、气喇叭，机械噪声进行检测，超标的车辆不准进入。

③在居民区、学校、医院等重要地段设置禁鸣喇叭标示牌。

复习思考题

1. 噪声污染的特征是什么？具有哪些危害？
2. 噪声污染控制的原理是什么？防治噪声污染的主要技术有哪些？
3. 试比较噪声污染与空气污染的异同点。
4. 试比较各种交通运输方式噪声的特点？并分析其主要影响因素有哪些？
5. 铁路旁某处测得,当货运列车经过时,在 2.5min 内的平均声压级为 72dB;客车通过时在 1.5min 内的平均声压级为 68dB;无车通过时的环境噪声约为 60dB;该处白天 12h 内共有 65 列火车通过,其中货运列车 45 列,客车 20 列。计算该处白天的等效连续声级。已知：$L_{eq} = 10\lg\left(\frac{1}{T}\sum_{i=1}^{N}10^{0.1L_{Ai}}\tau_i\right)$。

第5章 振动环境影响分析

随着城市的迅速发展、交通需求的急剧增加,交通基础设施建设规模日益扩大。从地面交通、高架路到地下交通,逐步形成地面、空中和地下立体空间交通网络,并深入到城市中密集的居民点、商业中心以及工业区(图5-1)。随着交通基础设施的建设和运营,不可避免地带来了交通振动问题。

a) 香港昂船洲高架路

b) 上海延安路高架桥

a) 重庆轻轨穿楼而过

b) 北京地铁西直门站

图 5-1 交通基础设施建设

交通振动对大城市生活环境和工作环境的影响引起了人们的普遍注意,国际上已把振动列为七大环境公害之一。所谓振动公害,就是指由于人类生活和生产活动所引起的地面、建筑物、交通车辆等的振动对人们生活和工作环境的影响、对人体健康的影响、对建筑物安全的影响以及对精密仪器仪表设备正常使用的影响。交通伴随着人们的生活,它引起的环境振动对人们生活和工作是长期的,每时每刻的,且难以回避。所以,对交通引起的环境振动进行研究和控制有非常重要的现实意义。

5.1 交通振动的产生与传播

5.1.1 交通振动的含义

交通系统振动是由运行的交通工具对其承载面的冲击作用产生的,并通过结构传递到周围的地层,进而通过土介质向四周传播,进一步诱发附近地下结构以及建筑物(包括其结构和室内家具)的二次振动和噪声,从而对建筑物的结构安全以及建筑物内人们的工作和生活产生影响。

以道路交通振动为例,该振动是指道路上行驶车辆的冲击力作用在路基上,通过地基传递,致使沿线地基和建筑物产生振动。其来源主要有:

(1)车辆以一定的速度运行时,对道路的重力加载产生的冲击。

(2)车辆在道路上运行时,车轮和路基相互作用产生的车轮与路基结构的振动。

(3)路面的不平顺和车轮的损伤也是系统振动的原因。

通过道路交通振动的来源可以看出:路面越不平整、车辆重量越大、车速越高、载货车辆越多,产生的振动越大。过量的振动会使人不舒适、疲劳,甚至导致人体损伤。其次,振动将形成噪声源,以噪声的形式影响或污染环境。

5.1.2 交通振动的产生传播机理

振动影响较大的交通方式通常可以包括道路交通(机动车)和轨道交通(轻轨、地铁)。由于两者产生的机理不同,引起的地面振动幅值和占优频率差别也不同,对周围环境的影响也不同。下面以城市交通为例,详细介绍振动的传播机理。

5.1.2.1 道路交通

(1)产生机理

随着城市化进程的加快,人们的交通需求日益增加,机动车保有量不断增多,交通量逐年递增,交通密度越来越大。这一方面使道路交通振动源强加大,另一方面也加速了路面的磨损,使路面变得不平整,增大了车轮与路面之间产生的振动。

道路交通振动的产生主要是由于轮胎与不平整路面之间的相互作用引起的,路面不平整包括随机路面不平整和特定路面不平整。随机路面不平整存在于所有的路段上,典型的随机路面不平整可以通过试验建立其路面平整度指标,随机路面不平整引起的车辆动荷载比静荷载大15%左右。特定的路面不平整,如坑洼、横向断裂等,它所引起的动荷载比静荷载大50%~80%。

道路交通(机动车)产生振动有很多种,主要有以下三类:

①车辆本身因素造成的振动,其中包括发动机离心引起的周期性振动,有轮胎花纹引起的周期性振动,以及由驾驶员操纵不稳定性(如变速、紧急制动、转向等)引起的不均匀振动。

②路面不平整造成的振动,路面的凸凹不平和高低起伏给在路面上行驶的车轮施加位移扰动,这种不规则激励导致了车辆的振动,如果路面不平整是随机的,那么车辆的振动就是随机振动。水泥混凝土路面的横缝、公路与桥梁的接缝等都会引起车辆的振动,但它们是

确定的,属不平整度的范畴。

③车辆—路面耦合产生的振动,当车辆在路面上行驶时,对路面施加了外力,路面在外力作用下也会发生运动,这种运动反过来会影响到它上面行驶的车辆,从而产生耦合振动。

(2)传播机理

当车辆在不平整的路面上行驶时,车辆轮胎和不平整路面有相互动力作用,产生的应力波经过周围土层,再经过地层向四周传播,使附近地下结构或地面建筑物产生振动。进一步传到邻近建筑物及建筑物中的家具和人,引发建筑的振动和二次结构噪声。

5.1.2.2 轨道交通

(1)产生机理

当地铁列车运行时,车辆、轨道以及它们之间的相互作用将产生振动,产生振动的原因可归结为:轨道不平顺以及钢轨不均匀磨耗;机车本身的动力作用;机车和车辆以一定速度运行时的动力作用;车轮安装偏心产生的连续不平顺;以及车轮踏面不均匀磨耗引起的脉冲不平顺。其中主要有以下三种形式:

①行驶中的列车,通过轮轨接触点引起钢轨周期性的上下振动,再从道床传入地面,这是轨道的一种基本振动。

②当车轮经过钢轨接缝处或钢轨表面出现磨损时,车轮撞击这些不连续部位就会在垂直速度上产生瞬时变化,这一变化可导致轮轨接触点激发出巨大的力,从而激励车辆和钢轨振动,这是一种冲击振动。

③轨道交通列车在地下行驶时,将会引起隧道振动,这种振动能通过地下土壤传送到轨道交通附近的建筑物内,将再次引起结构物的振动,如图5-2所示。

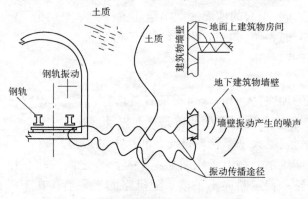

图5-2 地铁振动产生与传播示意

(2)传播机理

由运行的列车对轨道产生的冲击作用产生振动,通过基础结构传到周围地层,并经过地层向周围传播,激励附近建筑物产生振动,并进一步诱发建筑构件和室内家具的二次振动和噪声,对建筑物的安全以及建筑物内精密仪器、人的工作和生活产生影响。

振动波在土介质中的传递过程,其作用机理及传播特性与地震基本相同,这些振动波遇到自由界面时,在一定条件下重新组合,形成一种弹性表面波,随着离振源距离的不同,它们之间的能量也在改变,地面段的地表振动是列车行驶时轮轨相互撞击产生振动的直接结果。轮轨撞击后以振动的方式传向道床,再经道床传向大地,列车行驶在高架桥上,轮轨撞击造成的振动向轨枕、道床及各种构件传递振动能量,从而激发跨梁和墩台也发生振动,并通过桥墩引起地表振动向外传播。

影响地铁振动的因素包括振动传播途径中的各环节,这些环节可以分为四个方面:车辆、轨道结构、地层和建筑物,这四个方面相互作用、相互耦合,在很大程度上增加了问题的复杂性。各部位振动的影响因素见表5-1。

地铁振动的影响因素　　　　　　　　　　　表5-1

振动发生部位	振动传播现象	振动影响因素
钢轨—轨道	脉动力引起振动	钢轨类型、结构、土壤
轨道—自由场	地层半自由空间传播	轨道位置、土壤、距离
自由场—建筑物基础	由自由场振动进入建筑物内	土壤、建筑物质量、接触面、建筑物刚度
建筑物基础—外墙	外墙振动	地板质量、垂直支承原件、刚性
外墙—地板	地板振动	地板板材刚度、质量分布、阻尼
地板—基础	二次结构噪声	地板和墙壁尺寸、表面自然属性、二次辐射效率吸收

5.2 交通振动的特点危害及影响因素

5.2.1 振动的特点

交通振动很大程度上取决于道路结构和地质条件,它具有以下特点:

(1)交通振动的持续时间是比较长的,尤其是道路交通振动。高速铁路因列车行驶而产生的振动是间歇的,每次列车振动持续时间比较短。此外,交通振动同时又是瞬时性的能源污染,振源停止,其危害也随之消失。其传播快、反应瞬时,立刻对人产生影响,如震醒,一旦影响发生后又难于立刻恢复。

(2)交通振动循环次数多,尤其是铁路振动,列车会按照一定的时间循环运行,因此带来的交通振动是连续循环的。

(3)低频微振动,交通引起的环境振动低频率、微振动,这与地震、建筑工程、工厂动力设备等其他类型的振源是完全不同的。

(4)交通振动污染是一种能量污染,通过能量的吸收、转换及力学作用发生影响,其污染途径不同于其他物质污染。同一振动强度可以在同一地点引起不同强度的污染,因此,比噪声更复杂。

(5)交通振动是一种感觉公害,它与噪声类似,取决于人的心理和生理状态。危害程度常与人的心理和精神因素有关,个体差异甚大,常表现为烦恼和不舒适,难以定量化。

(6)交通振动污染常常带有随机性,又带有重复性,而且这种污染一般无法逃避。危害直接触及个人财产问题,如房屋器具的振坏,引起的矛盾比较尖锐。

5.2.2 振动的危害

交通系统引起的周围环境振动问题是相当重要的一方面。据统计,除工厂、企业和建筑施工外,交通系统引起的环境振动(主要是建筑物的振动)是公众反映最强烈的,国际上已把振动列为七大环境公害之一。交通振动除了引起噪声方面的危害外,还能直接作用于人体、设备和建筑等,对人的生活、工作环境、身体健康、建筑物的安全及精密仪器都会产生不同程度的影响,导致人的机体损伤,并引发各种疾病,损坏设备,使建筑物开裂、倒塌等。

根据铁路部门的实测,距线路中心线30m附近的振动可达80dB。地铁列车通过时,在地面建筑物上引起振动的持续时间大约为10s。在一条线路上,高峰时,两个方向1h内可通过30对列车或更多,振动作用的持续时间可达到总工作时间的15%~20%。

最近在我国某城市地铁车辆段附近进行了现场测试,结果表明,当地铁列车以15~20km/h的速度通过时,地铁正上方居民住宅的振动高达85dB,如果列车速度达到正常运行的70km/h时,其振级可能还要大得多。可见由列车运行引起的环境振动已不同程度地影响了居民的日常生活。

据报道,北京西直门附近距铁路约100m处一座五层楼内的居民,当列车通过时可感到有较强的振动,一段时间后室内家具由于振动而发生了错位。

振动对人类生活的影响如图5-3所示,具体分析如下。

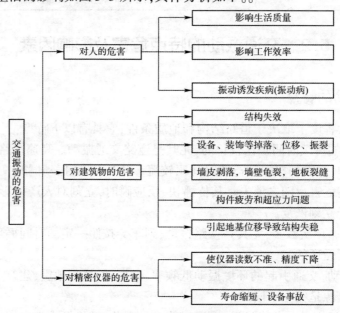

图5-3 交通振动的危害

5.2.2.1 对人的影响

人体是一个复杂的结构,各部分都有不同的固有频率。研究表明,人体最敏感的频率范围是纵向振动4~8Hz,水平向振动1~2Hz。人体组织对高频振动的阻尼很大,其振幅会急剧衰减,所以高频振动对人体的接触部位影响很大。

地铁列车引起的环境振动一般不会对人体造成伤害,但它会干扰建筑物内人们的正常生活,使人感到极度不适和心烦,甚至影响人们的睡眠、休息和学习。同时振动还直接影响人们的身体健康,包括生理上的和心理上的,其影响范围涉及人的心脏、血液系统、呼吸系统、消化系统、神经系统以及听觉、视觉等许多方面。

(1)影响生活质量

当振动的加速度级达65dB时,对睡眠有轻微影响;当振动的加速度级达69dB时,所有轻睡的人将被惊醒;振动的加速度级达 74dB 时,除酣睡的人,其他的人将被惊醒,具体见表 5-2。

振动对人睡眠的影响　　　　　　　表 5-2

振动级/dB	轻微睡眠	中等程度睡眠	深度睡眠	做梦的人
60	几乎没有影响			正在做梦的人受振动而惊醒的比率在中等和深度睡眠之间
65	71%以上被惊醒	几乎没有影响(4%)		
69	全部惊醒	有一些影响(24%)	几乎没有影响	
74		全部惊醒	少数被惊醒	
79			有较大影响(50%)	

振动对人体健康的影响也很严重,人体对振动很敏感,振动对人体健康的损害,犹如"滴水穿石",它的危害不仅表现在心理方面(不舒服或难受的感觉),而且会造成生理和病理上的影响。

有关研究证明,人对振动的心烦效应和对振动的感觉是一致的,由于振动感觉器官遍布人的全身,振动易引起人体内脏器官的共振,所以即使轻微的振动也会使人心情烦躁,危害人们的心理健康。

(2)影响工作效率

振动在物理和生理两方面影响人们的工作效率,例如,它影响人们的视觉,造成读写困难;它干扰手的操作准确性,使其操作速度下降,甚至出现误操作;振动妨碍精力集中,特别是振动和噪声共存的环境下,人的大脑思维受到干扰,难以集中精力进行判断、思考、运算和操作,造成工作和学习效率的下降。

虽然对具体每一个人来说,上述危害不一定出现,并且危害程度随年龄、性别、身体健康状况也有差异,但是可以看出,振动会给人们的工作带来许多不良的影响。

(3)振动诱发疾病(振动病)

振动可以对人体引发并且逐步发展成各种疾病,振动病的研究从振动对人体产生的物理效应和生物效应两个方面来考虑。物理效应即由振动产生的运动和位移所引起的机械干扰、损伤作用;生物效应,包括生理效应和心理效应。

全身振动一般由环境振动引起,它是通过身体的支撑面,如通过站着的人的脚、坐着的人的臀部或斜躺着的人的背部等传递到整个人体上。这种情况发生在运载工具中的飞机、货车、汽车和轮船上,振动着的建筑物中或者生产车间中振动比较强烈的机械附近。

全身振动对人体的影响是多方面的。强烈的振动能够造成骨骼、肌肉、关节及韧带的严重损伤。当振动频率和人体的固有频率接近时,会引起共振,造成内脏器官的损伤,如呼吸加快、血压改变、心率加快、心肌收缩输出的血量减少等。在消化系统方面能使胃肠蠕动增加、胃下垂、胃液分泌和消化能力下降、肝脏解毒功能及代谢发生障碍等。在神经系统方面主要是使交感神经兴奋、腱反射减退或消失、手指颤抖或失眠等。

全身振动一般为大振幅、低频率振动,常可引起足部周围神经与血管的改变、脚痛、麻木或过敏及脚与腿部肌肉有触痛、足背部动脉搏动减弱、指甲毛细血管痉挛等。此外,由于前庭和内脏的反射作用,常可以引起脸色苍白、出冷汗、恶心呕吐、头痛、头晕和食欲不振等症状。平时自主神经系统功能较弱的人,对全身振动更为敏感。

局部振动是指振动只施加在人体某部分，如通过振动着的手柄、踏板、枕头等。局部振动一般为大振幅、高频率振动，它对人体的影响主要表现在中枢与周围神经系统，末梢循环系统和关节系统等方面的障碍。它会使人感觉变得迟钝，触觉、温热觉、痛觉功能降低，神经传导速度变慢，视敏度降低，影响身体活动的自动调节能力及平衡功能。

5.2.2.2 对建筑物的影响

车辆引起的振动通过周围地层（地面或地下）向外传播，进一步诱发地下结构以及邻近建筑物的振动，对建筑物特别是对古建筑结构安全产生了很大影响。主要有以下三种危害形式：

（1）直接引起建筑物损伤。建筑物结构在受振前完好，其破损单纯是由强烈振动作用引起的。

（2）加速建筑物损伤。大多数古建筑，地基处理远达不到现代建筑地基处理的水平，在使用期内会或多或少的由某种原因（如不均匀沉降、温度变化）受到损伤，振动引起的附加动应力加速了这种损伤的发展。

（3）间接引起建筑物损伤。无异常应力变化的建筑物，其破损是由振动导致较大的地基位移或失稳（如饱和土软化或液化，边坡塌陷）造成的。

交通振动对建筑物的危害结果主要表现为：墙和板的开裂、结构构件和非结构构件中出现裂缝等引起的结构失效；设备、装饰、门窗玻璃掉落、位移、振裂；墙皮剥落，墙壁龟裂，地板裂缝；结构构件或整个结构的整体性下降；严重时，长时间的连续振动还会导致主要承重构件产生疲劳和超应力问题导致结构的寿命缩短，进而危及建筑物的安全。

对古建筑的振动影响更应该重视，一方面，古建筑年代久远，由于风雨侵蚀、湿度和温度的周期变化及维修不善，建筑结构存在不同程度损伤；另一方面，交通引起的振动是长期的和反复的，这种小幅度振动的反复作用会引起较大的残余应变，当交通诱发的动应力达到较高水平时，会引起古建筑疲劳破坏，使结构强度降低，产生裂缝或引起结构变形，影响结构安全。

5.2.2.3 对精密仪器的影响

振动会影响精密仪器的正常使用，对激光、电子显微镜、电子天平、外科手术器具、半导体集成电路等精密仪器的使用有很大的影响。振动会使这些精密仪器读数不准、精度下降，使用寿命缩短，甚至会造成设备事故等。由于精密仪器种类繁多，用途各异，各自的精密程度有很大的区别，对环境要求也各不相同。另外，仪器本身具有一定的固有频率，所以不同频率的振动对各种精密仪器的影响程度也不一样。

北京地铁四号线下穿北京大学理科实验基地，由于地铁振动将大大超过实验室内精密仪器的振动容许限值，会严重干扰实验室的正常工作。国家环保总局为此专门召开会议商讨，组建了专家教授领衔的课题组承担了减振方案研究。最终将地铁列车引起的振动对仪器的影响控制在可容许的范围之内。

5.2.3 主要影响因素

道路（轨道）交通振动是因为汽车（列车）在道路（轨道）上行驶时，针对路面（轨道）的冲击而引起的，通过人体各部位与其接触而产生作用。道路（轨道）交通振动对人体的影响主要取决于振动的强度和振动的持续时间,当振动超过一定程度时人体就会产生生理反应与心理反应,与此同时,人体的神经系统及其功能将受到不良影响。人体对振动的感觉与心理和生理状态有密切的关系,不同的人对相同振动的容忍程度是不同的。振动对人体健康的影响可以从振动的频率、强度、持续时间三个方面来描述。

(1) 振动频率

振动对人体的不良影响中,频率起着重要的作用,人体接触不同的频率会产生不同的反应,不同的振动频率引起的感受和病变特征也是不同的。这是因为人体是由肌肉等弹性组织构成的,对振动的反应与一个复杂的弹性系统相当,具有若干固有频率。人体在不同姿态时身体不同部位的固有频率是不同的,当振动源频率与这些固有频率一致时会发生共振现象,这对人体的影响特别大。例如,人体振动频率在 6Hz 附近,内脏在 8Hz 附近,头部在 25Hz 附近,神经中枢在 250Hz 附近,因此,对于低于 20Hz 的次声振动,若与体内脏的振动频率相似或相同,就会引起人体内脏的"共振",特别是当人的腹腔、胸腔等固有的振动频率与外来次声频率一致时,更易引起人体内脏的共振,使人体内脏受损而丧命。

振动频率的不同对人体健康的影响也是不同的。振动分为 30Hz 以下的低频振动、30~100Hz 的中频振动和 100Hz 以上的高频振动。不同频率、振幅和持续时间的低频振动,对人体造成眩晕等病状的严重程度是不同的,中频振动会引起骨关节变化和血管痉挛;高频振动也能引起血管痉挛。长期处于中高频振动下作业的人,机体会有较严重的损伤。例如,经常使用以压缩空气为动力的风动工具的人会产生一种振动病,此病的症状之一是手指变白,故称"白蜡病"。

(2) 振动强度

当频率一定时,振幅越大对人体的影响越大,从人体对振动的感受程度来说,目前国际上趋于用加速度来衡量。振动工具(及振源)的加速度越大,冲击力越大,对人体的伤害就相应越大。人处于匀速运动状态时是无感觉的,而当处于变速运动状态时,人体便感到加速度的作用。人在身体直立时能忍受(不受伤害)向上的加速度为重力加速度的 18 倍(即 $18g$),向下为 $13g$,横向为 $50g$ 以上。如果加速度超过上述数值,就会造成皮肉青肿、骨折、器官破裂、脑震荡等损害。

(3) 接触振动的持续时间

又称为暴露时间,是指机械振动作用于身体的持续时间。振动的时间特性可分为稳态振动、间歇振动和冲击振动。稳态振动的强度是不随时间变化的振动。间歇振动是指时有时无的振动,如汽车驶过而引起的道路振动,列车驶过引起的铁路振动等;靠冲击力做功的机械如锻锤、打桩机等产生的振动称之为冲击振动。冲击振动的时间越短,振幅越大,则对机体的作用也越强。人体无论受到哪种振动作用,接触振动的时间越长,对肌体的不良影响越大。

5.3 交通振动的量度与评价

5.3.1 交通振动的量度

振动对人体的影响比较复杂。人的体位不同,接受振动的器官不同,振动的方向(垂直还是水平)、频率、振幅和加速度不同,人对振动的感受也不同。因此,评价振动对人体的影响有很大困难。

振动的强弱可以根据振动的加速度来评价,人能感觉到的振动加速度一般在 0.001~10m/s² 范围内。与噪声控制类似,反映振动加速度大小的参数可以用分贝来表示。这个参数称为振动加速度级 L_a,可用式(5-1)表示。

$$L_a = 20\lg \frac{a}{a_0} (\text{dB}) \quad (5-1)$$

式中:a ——振动时的加速度有效值(m/s^2);

a_0 ——加速度基准值,通常取 $a_0 = 3 \times 10^{-3} \text{m/s}^2$。当频率为100Hz时,该基准值与声压的基准值 $p_0 = 2 \times 10^{-5} \text{N/m}^2$ 是一致的。

一般人刚刚能感觉到的垂直振动为 10^{-3}m/s^2,按照上述公式可知该振动为60dB,不可忍耐的加速度是 $5 \times 10^{-1}\text{m/s}^2$,对应114dB。

在正弦振动情况下:

$$a = \frac{a_m}{\sqrt{2}} \quad (5-2)$$

式中:a_m ——振动加速度的振幅。

振动加速度级相同而频率不同时,人的主观感觉也是不同的,经过人体感觉修正后的加速度级 VL,与 L_a 有如下关系:

$$VL = L_a + C_n \quad (5-3)$$

式中:C_n ——感觉修正值,由表 5-3 和表 5-4 查得。

垂直振动修正值 表 5-3

频 率	1	2	4	8	16	31.5	63	90
C_n(dB)	-6	-3	0	0	-6	-12	-18	-21

水平振动修正值 表 5-4

频 率	1	2	4	8	16	31.5	63	90
C_n(dB)	3	3	-3	-9	-15	-21	-27	-30

振动级的大体情况见表 5-5。

振动级的大体情况 表 5-5

振动级(dB)	振动情况	振动级(dB)	振动情况
100	墙壁开始裂缝	70	门和窗振动
90	容器中的水溢出,花瓶等倒下	60	基本所有的人都感到振动
80	电灯摆动,门窗发出响声		

5.3.2 振动的分级

为了研究和应用方便,振动的强弱可以根据对人体的影响,分为四个等级,各级特点见表 5-6。

振动分级 表 5-6

分级	特点	噪声消失时影响是否会消失
振动的"感觉阈"	刚刚能感到振动时的强度,人体对刚超过感觉阈的振动是能够忍受的	—
振动的"舒适感降低阈"	人会感到不舒适,产生讨厌的感觉,但没有产生生理影响	—
振动的"疲劳—工效降低阈"	出现生理反应,振动通过刺激神经系统,对其他器官产生影响,使人注意力转移、工作效率降低等	生理现象会随着振动的停止而消失
振动的"极限阈"	对人体造成病理性损伤,产生永久性病变	振动停止也不能复原

5.3.3 交通振动的容许标准

振动容许标准有两类,一类是关乎人的健康建立的标准;另一类是关乎机器设备、房屋建筑及特殊要求(如天文台、文物古迹等)所制定的标准。下面介绍前一类标准,关于后一类标准请查阅有关资料。

(1)城市区域环境振动标准

《城市区域环境振动标准》(GB 10070—1988)规定的振级值见表 5-7,表中给出的是铅垂向 Z 振级容许值,即各个区域的 Z 振级不得超过表中的限值。

各类区域铅垂向 Z 振级标准值(单位:dB) 表 5-7

适用地带	范围	昼间	夜间
特殊住宅区	特别需要安静的地区	65	65
居民、文教区	纯居民区和文教、机关区	70	67
混合区、商业中心区	一般商业与居民混合区,工业、商业、少量交通与居民混合区	75	72
工业集中区	城市或区域内规划明确确定的工业区	75	72
交通干线道路两侧	车流量 100 辆/h 以上的道路两侧	75	72
铁路干线两侧	距每日车流量不少于 20 列的铁道外轨 30m 外两侧的住宅区	80	80

(2)对人体影响的评价标准

国际标准化组织(ISO)推荐的全身振动评价标准见图 5-4。图中曲线上的数字为人在一天内允许累计暴露时间。此标准适用于人体承受垂直方向振动,若人体承受的是水平方向振动,则可以将各曲线的纵坐标值除以 $\sqrt{2}$。

根据图 5-4,我们可以得到以下主要参数:

①疲劳、效率降低界限。图 5-4 中给出的曲线是疲劳和效率降低振动标准,即当振动强度超过该疲劳阈时,人体不能保持正常工作效率。

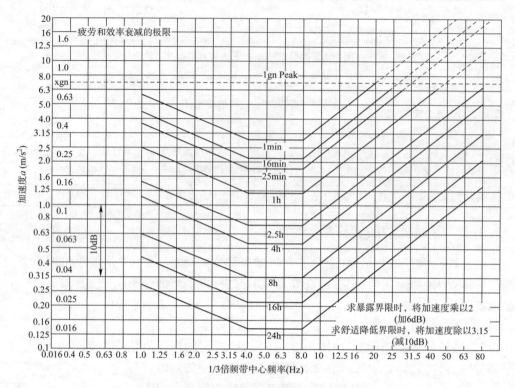

图 5-4 铅垂向的振动暴露标准

②舒适性降低界限。将图中每条曲线的加速度除以 3.15(减 10dB)便是舒适性降低界限,即当振动超过该界限时,人体对振动产生心理不舒适感。

③暴露界限。将图中每条曲线的加速度乘以 2(加 6dB)便是振动暴露界限,即当振动强度超过该极限阈时,人体不仅产生心理反应,而且会产生生理病变。

④暴露时间。图 5-4 中每条曲线上的时间,即表示在该振动强度下允许的暴露时间。用以控制人的工作时间,以保持正常工作和身体健康。

另外,由图 5-4 可以看出,振动频率在 4~8Hz 范围时,对人的危害最大。评价振动对人体的影响时,还与振动的方向有关。

5.4 交通振动的防治措施

交通激振引起道路两侧地面振动,会对人体、建筑、精密设备和文物等产生影响。它有着有不可忽视的影响,也时常干扰邻近居民的生产与生活环境,因而对地面振动防治对策的研究已经成为一个非常重要的环境和工程问题。

交通振动的防治较为困难,应用屏障是防止和减轻地面振动的有效措施,对该问题的研究始于 20 世纪 40 年代。根据国际、国内经验,交通振动主要从控制振动源、阻断振动的传播途径、保护振动污染受体三个方面进行防治,如图 5-5 所示。

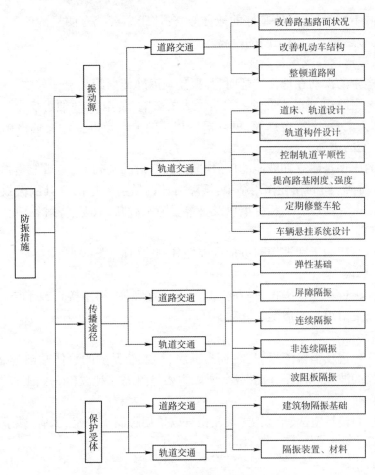

图 5-5　交通振动防治措施

5.4.1　道路交通振动防治途径

5.4.1.1　振动源减振措施

要控制振动,从振动的源头上想办法是最根本的。如果振动源头上产生的振动能量能够有效降低,对控制振动是最为根本的方法。

(1) 改善路基、路面状况

道路交通系统中可以通过提高和改善路面平整度,采用有橡胶树脂的沥青混凝土防振路面,改善道路结构,加固道路路基,提高路面铺装平坦度来降低振动源振动强度。路面不平顺的标准差每减小 1mm,振动可降低 3~4dB。由于路面的不平整是道路交通振动的主要激振因素,因而提高和改善路面的平整度是降低道路交通振动的主要措施。

(2) 改善机动车结构和行驶状态

车辆的轻型化,严禁货车超载行驶,车辆的重量对振源强度有较大的影响,重量越大,产生的冲击越大,振动也会相应增大。

(3) 整顿交通运行秩序,合理规划道路网

整顿交通秩序,控制车流量,达到路网均衡合理利用。考虑到振动级随距离衰减,且地

基条件不同衰减不同,可选择地基好的地方修路,使距离衰减有明显的效果,沿路土地合理利用,增大振动敏感建筑距离道路的距离。

5.4.1.2 传播途径减振措施

交通设施产生的振动在地面传播时,其振动强度随传播距离衰减较快。一般情况下,道路交通振动传至距路边30m左右便不会有太大的影响,传至50m便可安全。对于有特殊要求的敏感点,如天文台、文物古迹等,可以根据相应的振动标准控制交通设施距这些地点的距离,这是最简便的措施。

屏障隔振的原理是建立在波能的反射、散射和衍射的基础上,实质上是弹性波和存在于均质弹性介质(屏障)间的相互作用结果,屏障对波的散射效应决定其隔振效果。振动的有效阻隔也可由河渠、橡胶垫层、板桩墙以及桩等屏障来截断、散射、绕射各种应力波而达成。

(1)弹性基础

这种隔振体系相当于在振源附近加设弹性基础,又称近场隔振。

(2)主动屏障隔振

主动隔振又称近场积极隔振,是在振源附近设置屏障,利用接近或围绕振源的屏障,阻隔或衰减由振动发射出来的波能。

(3)被动屏障隔振

被动隔振又称远场消极隔振,是在远离振源、靠近欲保护的物体基础处做屏障,阻隔或衰减传入建筑物的波能。由于远离振源,所以主要是阻隔瑞利波(Rayleigh)。

(4)连续隔振

连续隔振主要包括空沟、填充物(填充物可以采用膨润土泥浆、锯屑、砂子和粉煤灰等)、钢筋混凝土墙等。

(5)非连续隔振

非连续屏障由间断的屏障单体构成,包括孔列、桩列和板桩等。

(6)波阻板隔振

弹性波在不同场地中传播具有不同的特性,基岩上单一土层表面作用简协线荷载的频率低于这个截止频率时,土层中不会出现波的传播。利用单一土层中波的传播存在截止频率这一原理,Chouw和Schmid等首先提出在土层中人工设置一个硬夹板,形成一个有限尺寸的人工基岩进行隔振。

以修建防振沟为例,防振沟是在振动源与保护目标之间挖一道沟,以隔离地面振动的传播,所以又叫隔振沟。一般防振沟的宽度应大于60cm,沟深应为地面波长的1/4。通常防振沟的深度应在被保护建筑物基础深度的两倍以上。为了有效地隔离道路交通振动,防振沟的长度应大于保护目标沿道路方向的长度,有时需要在保护目标的周围挖一圈防振沟。防振沟内最好是不填充物体而保持空气层,但在实际中较难实现,通常是填充砂砾、矿渣或者其他松散材料。需要注意的是,防振沟内如果被填充坚实,或者被灌满水将失去隔振作用。由此可见,防振沟本身是一项比较艰巨的工程,只有在特别需要时才采用,一般情况下不宜采用。

5.4.1.3 保护振动污染受体措施

在产生振动后,对受污染的人或建筑物进行保护是非常重要的。例如,建筑物的基础隔振,建筑物隔振的基本原理是将建筑物浮置在弹性基础上,实际工程中常用的方法是采用隔振基础,即在建筑物和基础间放置钢弹簧或者橡胶块隔离大地传播的振动。国内采用钢弹簧浮置技术的知名建筑有上海东方艺术中心、武汉大剧院、国家大剧院等。同时也可以采用隔振材料、隔离设备将受体保护起来的措施等。

5.4.2 轨道交通振动防治途径

对于轨道交通引起的地面振动,可以采用各种隔振和减振措施来降低其不利影响。

5.4.2.1 振动源减振措施

(1)道床、轨道设计

合适的道床和轨道结构形式可增加轨道的弹性。瑞士联邦铁路和比利时布鲁塞尔自由大学等都在研究新型的弹性轨枕和复合轨枕以减小动力冲击力,将有效地降低车辆、轨道和附近环境的振动;60kg/m 以上的重轨 + 无缝线路也有较好的减振效果,重轨具有寿命长、稳定性能和抗振性能良好的特点,无缝线路则可消除车轮对轨道接头的撞击。对于在地面上运行的轻轨系统,应首先考虑采用高架桥梁,梁体可优先采用混凝土梁以及整体性好、振动较小的结构形式;合理设计跨度和自振特性,以避免高速运行的列车与结构产生共振。另外,墩台采用桩基础,可获得较好的减振效果。与普通路基相比较,高架系统不但产生的振动要小,而且占地面积也小,特别适合市区。

高架轻轨的道床结构形式主要有两种:一是有砟式道床结构形式,二是无砟式道床结构形式。美国、加拿大多采用无砟式整体道床,德国、新加坡多采用有砟式道床,中国香港地铁高架部分均采用无砟式道床,日本轻轨采用有砟式道床和混凝土板式道床。从减振效果来说碎石道床优于整体道床,但碎石道床具有稳定性较差、养护工作量大、自重较大、轨道建筑高度较大且道床易污染等缺点,所以宜采用整体道床,其弹性不足的问题可以利用减振效果好的弹性扣。

对地铁而言,为减少维修工作量,一般都采用整体道床,其中包括套式短枕整体道床、塑料短枕整体道床、浮置板式整体道床等,可起到减振作用。

(2)轨道构件设计

钢轨接头是产生轮轨冲击的主要因素之一,全线正线、出入段线、试车线采用重型钢轨无缝线路和双层橡胶垫板的弹性分开式扣件,以减少轮轨间的冲击,起到减振、减噪的作用,可以达到一定减振效果。

在梁端,扣件的轨下垫板采用复合胶板,能减小梁轨作用力;在梁中部,扣件的轨下垫板采用普通橡胶垫板;在轨下、枕下铺设弹性垫层,以缓冲列车的动力作用。

(3)控制轨道平顺性

控制轨道不平顺是降低轮轨之间振动的有效措施,加强轨道不平顺管理,对钢轨顶面不平度进行打磨,使轨面平顺,轮轨接触良好,小半径曲线钢轨侧面涂油,不仅可减少钢轨侧面磨耗,也可减少由摩擦和不均匀磨耗引起的轮轨振动。

(4)提高路基刚度、强度,增加路基埋深

增强路基土的强度,可以采用各种地基处理方法,如利用双灰桩加固路基等,增加路基刚度,可以在道砟下埋置刚性板(梁)或刚度更大的混凝土箱形格栅。

对于地铁而言,适当增加埋深,使振动振幅随距离(深度)增加而加大衰减;采用较重的隧道结构也可降低振动幅度。

(5)定期修整车轮

车辆运行过程中,车轮扁疤缺陷等不平顺对轨道形成周期性的冲击,可使振动强度增加 10~15dB。因此,应定期修整车轮,使其能够保持良好的圆顺性状态,以减少对轨道的冲击,达到减振的效果。制订严格的养护维修计划,定期进行车轮镟圆,使轨面平顺,轮轨接触良好,以减少振动。此外,采用弹性车轮和阻尼车轮也会起到很好的减振效果。

(6)合理设计轨道运行车辆

减轻车辆的簧下质量,这样可降低振动强度 10~15dB;合理设计车辆的悬挂刚度和阻尼,避免车辆与轨道产生共振,也可以起到降低振动强度的效果。

5.4.2.2 振动的传播路径上减振措施

切断振动的传播路径或在振动上削弱振动,可以在地表层采取挖沟、设置刚性墙等措施。轨道交通振动在传播途径上的隔振措施与道路交通隔振措施基本相同,有弹性基础、明沟和充填式沟渠等。

弹性基础对较高频率的隔振效果较好,例如,在钢轨与轨枕、道床与基础之间铺设橡胶垫,就是利用这个原理。因此,弹性基础隔振主要用于振源的隔振。但由于弹性基础的存在,轨道上的最大低频加速度会被放大,所以无论是对运行列车的平稳性还是对于周围环境的隔振来说,弹性基础并不是很理想的方法。

对于明沟和充填式沟渠,一般来说减振沟越深,其有效隔振频率的下限就越低,减振效果越好,只要沟的深度足够,就可以完全切断振动波的传播,获得理想的隔振效果。在实际应用中,明沟还存在稳定性的问题,需要设置支撑构架使其保持稳定。

5.4.2.3 保护振动污染受体措施

合理规划设计使建筑物避开振动影响区。根据国内外的研究成果,在规划设计中要加以考虑,建筑物应尽量避开振动放大区,轨道交通选线应避开轻质结构或基础较浅的房屋以及古建筑或者其他对振动敏感的建筑物,无法避开时应加深轨道基础埋深,同时应充分利用各种天然屏障隔振减振。在建筑物楼板和其他结构设计时应避免它们与环境振动产生共振。此外,其他方式和道路交通基本相同,在建筑物设置隔振装置(如在门窗和墙体之间加设减振层等),采用隔振材料以降低二次振动的影响。

复习思考题

1. 道路和轨道交通产生振动的异同点有哪些?
2. 道路交通振动的类型有哪些?
3. 交通振动的危害有哪些?
4. 振动对人体健康的影响可以从哪几方面来描述?
5. 如何防治轨道交通引起的地面振动?

第6章 交通生态环境影响分析

公路建设、铁路建设和城市轨道交通建设、城市道路建设都会对生态环境产生影响,鉴于我国公路建设里程长,经过的区域生态环境各异,且高速公路、一级公路路幅较宽,由其产生的生态环境问题更为突出和有代表性,因此,本章将重点以公路建设为例,讲述公路交通对生态环境产生的影响。

6.1 生态环境与公路景观

6.1.1 生态环境含义

《中华人民共和国环境保护法》第一章总则第一条中,将环境区分为生活环境与生态环境两部分。1999年1月6日经国务院常务会议通过的《全国生态环境建设规则》和2000年11月26日国务院发布的《全国生态环境保护纲要》中,应用了生态环境这个词,在环境保护实际工作的其他方面,也常常应用生态环境这个词。

目前,一些学者认为"生态环境是指除人口种群以外的生态系统中不同层次的生物所构成的生命系统";另有一些学者认为"生态环境是由各种自然要素构成的自然系统,具有环境与资源的双重属性";还有人认为"生态环境即生物的生境"。生态环境凝聚着自然因素和社会因素的相互作用,其内涵与复杂程度远远超过了传统生态学对"生态环境"的定义。

环境保护部在2015年3月发布了《生态环境状况评价技术规范》(HJ 192—2015),利用一个综合指数(生态环境状况指数)反映区域生态环境的整体状态,具体计算指标包括反映生物丰贫程度、植被覆盖高低、水的丰富程度、土地侵蚀或者占用的强度、承载的污染物压力的五个分指数,以及一个用来限制和调节严重影响人居生产生活安全的生态破坏和环境污染的环境限制指数。由此可以看出,生态环境涉及面广,内容丰富,即包括了生物本身的生存条件,也包括了他们的生存环境。

道路区域生态环境是在道路用地界内通过自然和人工综合恢复而形成的生态系统,与道路沿线乃至一定地区的生态环境有关联。

6.1.2 景观的含义

在欧洲,"景观"一词最早出现在希伯来的《圣经》旧约全书中,它被用来描写圣城耶路撒冷的总体美景(包括所罗门寺庙、城堡、宫殿、教堂、沿街奇花异草和树木成荫)。"景观"在英语中为"landscape",在德语中为"landachaft",法语中为"payage",原意都是表示自然风光、地面形态和风景画面,是人们观察周围环境的视觉总体。最早出现景观一词的中文文献目前还没有确切的考证,文学艺术家们多用山水(风景)来表示景观。所以在东西方文化中,"景观"最初的含义多具有视觉美学方面的意义,即与"风景""景致""景色"同义或近义。

景观具有三个主要特性:自然性、社会性和审美性。

(1) 自然性是指组成土地及其生态系统的地形、岩石、植被、水系等。

(2) 社会性即人类的影响,人类对植物、地形的改造和管理以及结构物的创造。

(3) 审美性是景物的表现形式(色彩、质地、尺度及形式等)和人们的视觉感知反应。

从人类开发利用和建设的角度来分,景观分为自然景观和人文景观。

(1) 自然景观是指受到人类间接、轻微影响,原有自然面貌未发生明显变化的景观,如极地、高山、大荒漠、大沼泽、热带雨林、平原、山区、草原、森林、河流、大海、沼泽地等。

(2) 人文景观是指受到人类直接影响和长期作用,使自然面貌发生明显变化的景观,如城市、村镇,有时也指人类为满足物质和精神生活需要,用自己的智慧和双手创造的各种建筑物、雕塑、水利电力设施、交通设施、城镇、村落、庙宇等社会文化艺术景物。

6.1.3 公路景观含义

公路景观是公路使用者所能看到的各种自然景观与公路、交通要素的综合体,是公路三维空间加上时间和人的视觉、心理感受等形成的多维综合环境。公路景观也包含路域以外的人的视觉中对公路及其环境的宏观印象。

公路景观以所在区域的自然环境为背景,既包括公路本身形成的景观,也包括沿线的自然景观和人文景观等,集自然属性和社会属性、功能性和观赏性、适用性和艺术性于一体,是公路所在区域内各种性质、各种类别、各种形式的景观集合体。

公路景观同其他景观的区别在于,它是一个加上时间维度的动态四维空间景观,不是区域内公路景观的简单叠加,具有序列性和韵律感。公路把不同的景点结成了连续的景观序列,使人的视觉产生一种累积的强化效果,形成景观印象流,而公路本身又成为景观的视线走廊。公路景观不但表现了构成景观环境的各个要素所具有的特点,而且也体现了景观要素之间相互衬托、相互影响的空间氛围。

6.1.4 公路景观分类

6.1.4.1 普通等级公路景观分类

公路作为一种带状的工程构造物,它的区域跨度大,沿线的景观也不断变化。总的来说,一般等级公路景观主要从以下五个方面进行分类,如图 6-1 所示。

(1) 按广义含义分类

公路景观从广义上讲可分为自然景观和人文景观两大类,自然景观是指自然形成的地质地貌,具体表现为地形、植被、水文等要素形成的山川、草地、森林、河流等。人文景观是人类在自然景观基础上,通过改造形成的物质形态,如建筑、房屋、桥梁、雕塑等。无论是自然景观还是人文景观都以一种对静态形式保证人类生活环境的稳定,在此基础上也形成一种相对稳定的精神环境和审美心理。

(2) 按构成要素分类

公路景观按客体的构成要素分类方法,包括公路自身及沿线一定区域内的所有视觉信息,适用于对公路沿线一定范围内的自然景观与人文景观的保护、利用、开发、创造等。

(3) 按视点分类

公路景观是一个动态三维空间景观,具有韵律感和美感,同时又包含一定的社会、文化、地域、民俗等含义。从不同的视点,公路景观可分为驾乘人员及乘客感觉到的动景和周围居民欣赏的景点式景观。从不同角度看公路,对公路景观设计的要求就有所不同或侧重。同样为动景,汽车乘客一般从前方或两侧观察公路及路外景观,而驾驶人员一般仅从前方观察公路,相对而言,驾驶人员的视角更小、更粗放、更聚精会神,而乘客一般更随意些。

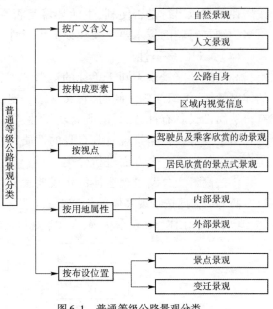

图 6-1　普通等级公路景观分类

(4) 按用地属性分类

按不同的用地属性,公路景观分为内部景观和外部景观,行驶在公路上的驾乘人员见到的路上景观,在停车场、服务区等附属设施内所看到的公路上景观称为内部景观,而公路沿线居住地和其他道路上看到的公路景观称为外部景观。

(5) 按布设位置分类

根据布设的不同位置,公路景观还可分为景点景观和变迁景观。在景致优美之处建筑的休息场所等即为景点景观;而公路沿线不断交换的边坡景观、绿化带、互通式立交、收费站等即为变迁景观。

6.1.4.2　高等级公路景观分类

高等级公路景观既不同于城市、乡村景观,也有别于自然山水、风景名胜。它有其自身的特点与性质,概括起来有以下几方面:

(1) 构成要素多元性

高等级公路景观由自然的与人工的、有形的与无形的多种元素构成,在诸多元素中,公路线形及构造物起决定性的作用,它们可加强或削弱景观的品位,影响景观的质量。

(2) 时空存在多维性

从高等级公路景观空间来说,它是上接蓝天,下连地表,延绵起伏的连贯性带形空间。从时间上来说,高等级公路景观既有前后相随的空间序列变化,又有季相(一年四季)、时相(一天中的早中晚)、位相(人与景的相对位移)和人的心理时空运动所形成的时间轴。

(3) 景观评价的多主体性

任何一种景观,都无法取得异口同声地褒贬,高等级公路景观更是如此。评价的主体不同,评价主体所处的位置、活动方式不同,评价的原则和出发点必有显著的差别。如观赏者、旅行者多以个人的体验和情感出发;经营者、投资者多以维护管理、经济效益等方面甄别;沿线居住者多以出行是否便利、生活环境是否受到影响等方面考虑;公路设计者、建设者考虑更多的则是行驶的技术要求及建设的可行性。

(4)景观的多重性

高等级公路景观不同于单纯的造型艺术、观赏景观,为满足运输通行的功能,它有自身的体态性能,组织结构。同时,它又含纳一定的社会、文化、地域、民俗等含义,可以说它既具有自然属性又具有社会属性,既有功能性、实用性又具有观赏性、艺术性。

由于高等级公路景观有其自身的性质和特点,其分类不同于一般等级公路的景观分类,主要可以从以下3个方面进行分类。

①按高等级公路景观客体的构成要素分类。

高等级公路按景观客体的构成要素可以分为自然景观和人文景观,自然景观包括动物、植物、地形地貌、水体、天气、季相等,人文景观包括虚拟的景观和具体的景观。具体分类见图6-2。

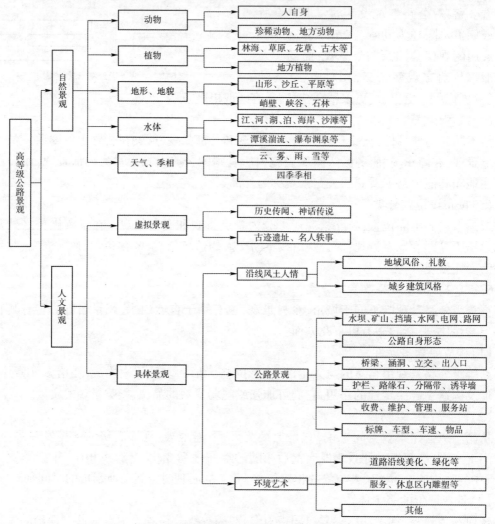

图6-2 按高等级公路景观客体的构成要素分类

②按高等级公路景观主体的活动方式分类。

分为内部景观和外部景观,此分类方法适用于研究景观主体处于高速行驶状态或慢行、静止状态,对动、静景观的生理、心理感受,视觉特征。

③按对高等级公路景观的保护、利用、创造、设计等分类。

这种分类方法适用于高等级公路景观的规划,设计者和建设者可明确哪些景观需在公路选线、规划、设计中予以保护、开发、利用与改造。

6.1.5 公路景观设计对生态环境的作用

公路景观设计就是从美学观点出发,考虑公路与周围景观协调所进行的设计,它的目的是使公路在满足规定的技术与经济指标要求下,合理的适应并改造当地环境,这样既有利于行车,又具有优美景象。

公路景观设计是对原有景观的保护、利用、改造及对新景观的开发、创造。这不仅与人对景观的审美情趣及视觉环境质量有着密不可分的联系,而且对它的评价、规划和设计以及对生态环境、自然资源及文化资源的持续发展和永久利用都有着非常重要的意义。

一般地,公路建设必然会对原有的自然环境和景观造成一定的影响。公路工程对环境与景观的主要影响有:自然风景破坏、占用土地、拆迁建筑物、森林植被破坏、水土流失、水质污染变色、涝渍等。通过合理的景观设计,我们可以将公路建设对自然环境的破坏尽量减少,同时在公路建成后,形成新的外观优美、行车安全舒适的公路景观。

从景观设计的内容考虑,公路景观设计分为以下几种,如图6-3所示。每种类型的景观设计对生态环境有着不同程度的改善作用。

(1)路面景观设计

路面建设是高速公路建设的重点。路面的设计,不仅要结合当地的地质特点选择适当的材料、施工方案来保证其强度和耐磨性,同时也应该注重其美观的作用。除常用的沥青、混凝土外,有些公路为了减轻黑色路面产生的视觉扩张,使公路的横向宽度不那么显眼,采用了不同颜色的沥青或其他路面材料修筑路缘石、行车道和分隔带,既加强了高速公路的装饰性,又具有良好的视觉诱导,充分体现以人为本、符合人的视域特点。

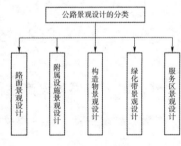

图6-3 公路景观设计分类

(2)附属设施景观设计

驾驶员长时间驾驶车辆行驶在高速公路中,难免会有疲劳感。因此,在高速公路沿线进行一些为驾驶员和乘客提供休息和服务的设计也是必需的。近几年,随着高速公路投资和管理体制的改革,公路附属设施集服务、休息、娱乐于一体,呈现多样化的发展趋势。因此,公路附属设施的景观设计要满足行车需要和自然景观及人文景观的多重要求,要具有亲切感,要表现出地域特点等。

(3)构造物景观设计

沿线构造物是内部景观的重要内容,对车辆的行驶有指向和提示的作用,能提高高速公路的安全性。因此,对构造物景观的设计要充分重视,并且要慎重、细致。在设计建设过程中,要考虑到技术上的问题,也要评估其经济性,同时要结合当地的人文风情、建筑特点,并与之协调,使这些构造物有机地融合于公路的整体景观之中。

(4)绿化带景观设计

绿化带景观设计在高速公路中也占有比较重要的位置,是高速公路景观设计的有机组成部分。现代社会环境保护意识受到了人们的普遍重视,高速公路绿化设计也随之将其充实到了其整体设计中。它不仅带给人们优美的视觉效果,而且具有净化空气、降低噪声、防止风沙危害、调节空气湿度、诱导视线、调节人们的精神状态等功能。

(5)服务区景观设计

服务区提供驾乘人员休息、餐饮和汽车维修等服务项目,收费站是公路管理人员工作生活的场所。从景观角度来说,人们是在静态中欣赏风景,因而服务区、收费站的绿化设计可采用园林式和自然式相结合,局部地方也可做些小品种植开花植物。同时在绿化景观设计上,应将当地文化同植物景观相融合,打造区域景观,结合当地的历史文化背景、城镇特点提炼出具有文化内涵的景观,让人们停下来时感受一种舒适宜人的环境,舒缓旅途的疲劳。

(6)道路线形与周边的协调设计

道路线形是三维空间体,道路走向必须与自然地理地形和沿线景观以及绿化布置有机结合,同时要求道路立体线形达到一定的艺术造型。所谓艺术造型是通过路线的曲折起伏,平滑顺畅,与沿线的地形高低错落、建筑物和绿化配置等协调道路的空间组合、色调与艺术形式,从而给人以整洁、舒适、美观、大方、开朗的美的感觉。道路平、纵、横三维立体线形综合协调,才能满足使汽车行驶的力学、心理学、生理学、美学、环境保护学,以及地形、地理等方面的要求。

6.2 交通对生态的主要影响及破坏

6.2.1 交通建设产生的环境问题

交通建设主要工程活动及可能产生的环境问题见表6-1。

交通建设主要工程活动及环境问题　　　　　表6-1

内　容		环境问题	
		施工期	运营期
主体工程	路线	占地、移民、生态破坏	噪声、大气污染
	隧道	弃土、水土流失、弃渣	空气质量(隧道)
	大型桥梁	城市取水影响	交通事故水污染
	大型互通立交	噪声、扬尘对城市影响	噪声、扬尘对城市影响
		生态影响	生态影响
辅助工程	服务区(加油、饮食)	生态破坏、水土流失、移民	废水、垃圾
	施工便道	生态破坏、水土流失	土地恢复
	取料场	生态破坏、水土流失	耕地恢复

续上表

内　　容		环 境 问 题	
		施工期	运营期
储运工程	储料场	生态破坏	恢复措施
	沥青站	噪声、沥青烟	—
	运输	噪声、扬尘	噪声、扬尘
办公及生活设施	管理站	生态破坏、水土流失	废水、垃圾
	收费站	—	

　　交通建设引发的环境影响(包括环境破坏和环境污染)主要体现在施工期和营运期。施工期建设的环境问题主要表现为非污染型的生态环境破坏,一般为植被破坏、局部地貌破坏、土地侵蚀、自然资源影响、景观影响及生态敏感区影响等(著名历史遗迹、自然保护区、风景名胜区和水源保护地等)。营运期的环境问题主要表现为车辆行驶产生的环境空气、噪声、水等环境污染。

　　总的来说,这些影响可以分为四个方面:对生态环境的影响、对社会环境的影响、对环境空气的影响和对环境噪声的影响,本章主要介绍公路建设对生态环境的影响。

6.2.2　对生态环境的影响

　　交通建设在很大范围内改变了自然生态环境,会对周围生态环境产生直接或间接的不利影响,如植被景观、生物群落、生物多样性等方面。公路建设对沿线自然环境的破坏和生态环境的影响范围在路线两侧300m左右,一般来说,路线越长,通过地区生态系统越复杂,植被覆盖率越高,其影响和破坏的程度就越大。

　　交通建设期对生态环境的影响主要包括:对土地利用方式的影响、对植被和水土流失的影响、对农业土壤与农作物的影响、对水环境的影响、对野生动植物及其栖息地的影响等,如图6-4所示。

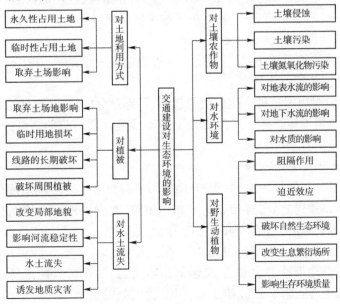

图6-4　交通建设对生态环境的影响

6.2.2.1 对土地利用方式的影响

作为一种大型基础设施,道路交通建设必然要占用大量的土地,从而改变了所经地区的土地利用方式。道路建设期间对土地利用格局的影响主要体现在以下3个方面:

(1)永久性占用土地

道路及其附属设施需要占用大量土地,我国在平原和山涧地等地区的高速公路及一级公路大多采用高填土路基,因而路基占地面积很大。例如,建成于1999年的福厦漳高速为福建省内第一条高速公路,全长268km,共征用土地2456hm^2。这些被占用土地的绝大部分或为良田、湿地,或为林地,或为其他经济作物用地,一旦被征用,便永久性地失去了其原来的生态功能。

(2)临时性占用土地

项目建设期间,施工机械、人员对地面的践踏,临时进出通道,物料堆放等临时性占用土地也会对原有土地产生较大影响,从而影响到其生态、生产或社会经济功能,施工期临时用地包括施工便道、拌和场、施工营地、预制场地等。因此,为保护资源、施工便道等临时用地,施工结束应监督施工单位做场地清理,进行土地整治(松土、整平、覆盖耕作土)。

(3)取弃土场

由于道路建设往往需要进行大量的挖填挖方工程,这就使得沿线范围的取弃土场修建成为必要。在取弃土过程中,这些场地的原有生态系统一般会遭到严重的破坏和影响,因而影响到相关土地的利用格局。

6.2.2.2 对植被的影响

(1)取弃土场地损坏植被。平原地区的取土场一般取土较深,即使损坏植被使短期内的水土流失量增加,也不会殃及周边环境。丘陵山地的取弃土场地,不仅损坏植被增加水土流失,而且弃土堆或取土留下的土坡将成为严重的水土流失源。

(2)临时用地损坏植被。公路施工期临时用地损坏植被,会使局部地点的水土流失量增加。但临时用地一般不改变原有地貌,在施工结束后认真进行场地清理和土地整治复耕(或复垦),其水土流失状况会较快地恢复至原状。

(3)路面对植被的长期破坏,路基两侧对植被也造成一定影响,在生态系统脆弱的地区,植被破坏会加剧荒漠化或水土流失。

(4)道路的建设对周围植被产生较大的破坏,特别是立交区,其边坡基本变为裸地,原有植物被彻底毁灭,未留下传播体。这类裸地上再形成植物群落只能靠外地传播植物种子或其他繁殖体。

6.2.2.3 对水土流失的影响

在道路建设过程中,砍伐树木、填沟、开山等对原有自然生态环境造成破坏,会导致水土流失、山体滑坡;道路修建之处,直接破坏了原生植被,改变了地表土壤结构。降雨时,由于土壤板结,形成全地表径流,造成严重水土流失。

(1)路基开挖或堆填,会改变局部地貌

在地质构造脆弱地带易引起崩塌、滑坡等地质灾害,在石灰岩地区易引起岩溶塌陷,在高寒山区易引起雪崩等灾害。路线施工中高填、深挖处的坡面,取、弃土场地以及暴露的工作面(图6-5),一方面由于改变了原来的力学平衡,引起岩土移动、变形和破坏,增加了边坡的不稳定性,直接引起水土流失、山体崩塌、滑坡等灾害;另一方面,由于植被和表土损失,自然植被恢复困难,裸露的边坡不仅是形成降水汇流的特定边界条件和动力来源,而且使边坡土壤中的含水率降低,土质松软,易风化,成为水土流失的主要发生源。

a) 路基开挖

b) 取土场

图 6-5　路基开挖及取土场

（2）开挖或切削山体有时会影响河流的稳定性

高速公路或一级公路通过丘陵山区时,为了满足线形的技术指标和追求较低的投资,会毫不吝惜地开挖山体或切削山体,于是产生了大量裸露的山坡面,有的甚至高达几十米。这样不仅造成了新生的水土流失源,而且对山地自然景观也造成了严重破坏。例如大量弃土倾入河谷、河道,使河床变窄,易引发山洪、泥石流等灾害。

（3）高填土路基边坡会产生额外的水土流失

我国平原地区的高速或一级公路,几乎均采用高填土路基,一般填土高 3.5m 以上,有的甚至高达几十米。裸露的路基边坡成了新生的水土流失源,高高的路堤也严重地损害了平原农耕区的田野风光。

（4）扰动不良地质山体诱发地质伤害

在丘陵山地开挖(或切削)山体,为了加速施工进度和节省经费,常使用大剂量的炸药开炸山体。如果在风化严重、岩土破碎、冻融及含有大量水分或原有地质病害等山区,有可能诱发泥石流、崩塌或滑坡等地质灾害,将给生态环境和人们的生命财产造成巨大损失。

（5）引发环境地质灾害

道路建设对自然资源的过量开发和不合理利用导致的环境地质问题较为严重,大规模的地形变化、土壤填挖、植被破坏等可以造成区域性的土壤侵蚀、水土流失、山体滑坡、河流阻塞等问题,不仅为生态环境的恢复带来困难,还经常造成经济的损失并危及人民生命财产的安全。

6.2.2.4　对农业土壤与农作物的影响

土地是最基本的资源,是不可替代的生产要素,是许多生态活动和人类活动的基础,它支持着农业和其他人类活动。公路建设对土地的占用已是不争的事实,但任何发展活动都必然伴随着负面的效应,公路建设项目对土壤资源的影响主要有以下几个方面:

（1）土壤侵蚀

在建设期间,施工过程所导致的土壤侵蚀即水土流失是对沿线土壤的重要危害。土壤侵蚀源于同受公路工程干扰的水流和土壤之间的相互作用。公路施工期引起土壤侵蚀的主要因素有:山体开挖造成地表裸露;填筑路堤增加裸露面;取、弃土场产生裸露面;施工过程损坏原有地表植被及水保设施;干扰不良地质增加其不稳定性等引起水土流失。其中,对地表植被的破坏引起的水土流失的工程环节有:施工便道、施工机械碾压及施工人员践踏等等。

(2)土壤污染

在道路建设过程中,由于施工安排不合理,或者操作不当,会使机械的机油或者汽油等废弃油对土壤污染,还有沥青以及一些施工材料也会造成土壤的污染;另外,扬尘及冲刷物质进入农田,影响土壤机械组成和结构,而且这些泥土多为生土,有机质含量低,过多进入土壤将使土壤肥力下降,影响作物产量。

(3)土壤氮氧化物污染

公路多建于经济发达地区和城间地带,交通量较大,机动车废气对土壤的影响不容忽视,会造成公路两旁土壤中氮氧化物、碳的氧化物和碳氢化合物含量明显增加,且距公路越近,含量越高。废气排出后,有相当数量的污染物沉积在道路两侧的农田中,随时间的推移,这种积累将会逐渐增加,严重时会影响农作物生长并使农产品中的有害物质含量增加,进而影响食用者的健康。

6.2.2.5 对水环境的影响

道路对水环境的影响在施工期和营运期都有发生,主要包括生活污水、洗车废水和路面径流三部分。道路沿河流修建或经过水库边和水源保护地,如果不采取相应的环境保护措施,就会对水环境产生污染和破坏。高速公路服务区、收费站或者管理所等设施会排出一定数量生活污水。如果服务区和养护工区设有洗车、修车、加油等服务,还会产生一定数量的含油废水。

公路建设对水资源的影响主要为对地表水流、水质的影响和地下水流、水质的影响。

(1)对地表水流的影响

公路建设项目改变地表径流的自然状态,公路路基的阻隔作用改变了地表径流汇水流域,使地域内地表水体的水量或质量发生变化。在山区还可能因土壤侵蚀而导致河道淤塞,甚至会引发洪水,这些是公路设计中需要统筹考虑的重点问题。此外,路面会降低雨水的渗透性,从而增加了路面的径流量,对公路两侧的土地造成冲刷,这是公路排水设计需解决的问题之一。

同时对地表水体的水文条件也会产生影响,弃渣侵占河道,沿河而建的公路,或跨越河流、湖泊的桥梁等会影响水流的过水断面,从而改变流量、流速等水文状况,有可能引起区域性的洪涝灾害。有些公路建设项目还可能使河流改道,池塘、湖泊、水库被毁,改变地区的水文条件,对地表水资源产生灾害。

(2)对地下水流的影响

公路挖方路段如果位于地下水水位线以下,则会导致路基边缘及开挖的山坡出现渗水,最终导致地下水位下降,地表植被萎缩或枯死,土地可蚀性增加,导致水土流失,甚至滑坡等现象,进而破坏生态,破坏景观。在填方路段,路基会使地下水上游水位抬高,下游水位降低,最终导致类似的结果。公路隧道的渗水有时也会产生类似的后果,这种现象及其后果在我国的公路建设中已不少见。

(3) 对水质的影响

公路对水质的影响体现在营运期和施工期,其中营运期主要表现为服务区、停车场等地生活污水及公路路面径流对河流、湖泊水质的污染。

而在施工期间,路肩及边坡的雨水冲刷导致水土流失,随地表径流进入水体使河流湖泊水质混浊、悬浮物浓度升高等,特别是在水源地路段这种影响会更加敏感。此外,由于施工管理的问题,将公路施工中的弃土、弃渣等固体废弃物直接排入水体;桥梁施工过程中,施工材料落入水中;在运输施工材料的过程中,施工材料的泄漏、施工机械的油类进入水中以及施工人员的生活废弃物、生活污水等直接进入水体,都会影响地表水质的下降,甚至有时还会影响地下水质量的下降,在水源地保护区这种影响会更加敏感。

6.2.2.6 对野生动植物及栖息地的影响

公路交通对野生动植物的影响主要体现在以下几个方面:

(1) 阻隔作用。公路阻隔效应对动物的潜在影响是巨大的。对地面的动物来讲,公路是一道屏障,起着分离与阻隔作用,使动物活动范围受到限制,求偶交配和觅食受阻,使生境岛屿化,生存在其中的生物将变得脆弱,有可能发生种内分化。

(2) 迫近效应。公路交通使许多原先人们难以到达或难以进入的地区变得可达或易于进入,使野生生物(特别是野生动物)的生息范围减小,这对野生动植物构成巨大威胁,同时施工过程对动植物也产生直接的影响。

(3) 生态平衡破坏。公路建设过程中产生大量的水土流失,这些流失的土壤将在下游的地表水体(如河流、湖泊)中沉积,沉积物将覆盖水生生物的产卵和繁殖场所。因公路建设而使河流改道或水文条件发生变化,使生物的生存环境变化,公路施工中大量的弃渣对生长在公路两侧的动植物的活动场所产生影响,一些有特殊要求的生物和种群将向偏僻地方或其他地区迁徙,有可能导致一些生物的减少,甚至消失。

因此,公路建设项目最终将干扰动物栖息环境,影响生物的生长,阻碍生态系统蔓延,改变野生动物的生息繁衍场所,不同程度地威胁到它们的生存和繁殖,改变生物群落、减少动物种群数目、造成动物迁移等,使自然生态平衡受到破坏。

(4) 生存环境恶化。由于汽车废气、噪声、有害物质的产生,会使生物栖息的生态环境逐渐恶化,大大降低了动植物的生存环境质量。引起生物发育不良、繁殖机能减退、疾病增多、抗病能力下降,从而造成种群数量减少,有时可能会影响到整个生物群落。

6.2.3 工程污染因素分析

工程污染因素分析的主要任务是对工程的一般特征、污染特征以及可能导致生态破坏的因素做全面分析。从宏观上掌握开发行动或建设项目与区域乃至国家环境保护全局的关系,从微观上为环境影响预测、评价和污染控制措施提供基础数据。因此,道路建设的工程污染因素的分析应包括路线的生态分割,路基占地、土石方量,桥梁、隧道、服务区及管理设施,施工道路和施工场地的施工方式、土石方量,渣场的布置,生态恢复以及废水、废气、固体废弃物的处理等。也可以分别对施工期和营运期进行工程分析,见表6-2。

施工期、营运期污染因素分析内容一览表　　表6-2

施工期工程污染因素分析需要	营运期工程污染因素分析需要
征地拆迁数量、安置方式及对居民生活质量的影响分析	汽车尾气和交通噪声污染影响分析
土石方平衡情况和取弃土场影响分析	事故污染风险分析
主要材料来源、运输方式及主要料场可选择方案影响分析以及施工车辆和设施噪声影响分析	路面汇水对路侧敏感地表水体影响分析
特大及大型桥梁结构形式、施工工艺可选择方案和关键施工环节影响分析	对景观及居民交通便利性影响分析
路基路面施工作业方式、拌和场生产工艺影响分析以及施工车辆和机械设备影响分析	对区域经济发展影响分析
隧道施工工艺可选择方案和废渣、废水处置方式影响分析	附属服务设施产生的废水、废气、固体废弃物污染影响分析
施工场地规模和选址,生活垃圾和生活污水处理方式影响分析	对基础设施、当地产业及生活方式、资源开发等影响分析
路基、施工场地和取弃土场水土流失影响分析	
特殊路段工程特点及影响分析	

工程污染因素分析应给出拆迁安置方式的可行性定性分析意见,取弃土场的选择要求,施工场地选择的原则要求,施工期临时水土保持防护措施要求,附属服务设施布设及生活污水等处理要求。

6.3　生态恢复的主要措施

6.3.1　生态恢复一般规定

《中华人民共和国水土保持法》规定:修建铁路、公路和水工程,应当尽量减少破坏植被;废弃的砂、石、土必须运至规定的专门存放地堆放,不得向江河、湖泊、水库和专门存放地以外的沟渠倾倒;在铁路、公路两侧地界以内的山坡地,必须修建护坡或者采取其他土地整治措施;工程竣工后,取土场、开挖面和废弃的砂、石、土存放地的裸露土地,必须植树种草,防止水土流失。

《中华人民共和国环境保护法》规定:产生环境污染和其他公害的单位,必须把环境保护工作纳入计划,建立环境保护责任制度;采取有效措施,防治在生产建设或者其他活动中产生的废气、废水、废渣、粉尘、恶臭气体、放射性物质以及噪声、振动、电磁波辐射等对环境的污染和危害。

生态恢复是相对于生态破坏而言的,生态破坏可以理解为生态系统的结构发生变化、功能退化或丧失,关系紊乱。生态恢复就是恢复系统的合理结构、高效的功能和协调的关系。

生态恢复实质上就是被破坏生态系统的有序演替过程,这个过程使生态系统可能恢复到原先的状态。但是,由于自然条件的复杂性以及人类社会对自然资源利用的取向影响,生态恢复并不意味着在所有场合下都能够或必须使恢复的生态系统都是原先的状态,生态恢复最本质的目的就是恢复系统的必要功能并达到系统自维持状态。

在考虑生态恢复时,还要特别注意尽量利用现场的资源,尤其是土壤资源和生态资源。一般情况建设项目基本上都要涉及对土地资源的利用问题,其中一个特别明显的现象就是无论使用还是临时占用,都将对表层土产生直接的破坏作用。表层土壤含有丰富的有机质和植物种子、根块、根茎等繁殖体,是可以利用的宝贵资源。因此,生态恢复规划应考虑充分利用表层土,制订表层土挖掘、保存和利用计划。

6.3.2 路堤路堑边坡防护

路基防护与加固措施主要有边坡坡面防护、沿河路堤河岸冲刷防护与加固、路基支挡工程。路堑边坡防护形式与路基路面排水方案统一考虑,主要采用植草皮、浆砌片石网格植草、浆砌片石护坡及挡土墙等工程措施等。

6.3.2.1 工程措施

(1)一般路堤边坡,填方高度大于3m时,采用浆砌片石衬砌拱护坡;填方高度大于20m时下部采用浆砌片石满铺护坡。

(2)水塘及浸水路基、临近大中桥头受洪水侵淹路堤设浆砌片石护坡。

(3)受地形地貌限制路段,根据具体情况采用路肩挡土墙或路堤挡土墙,水田地段设置护脚矮墙以节约土地。

(4)路堑边坡设计与边坡防护工程紧密结合。一般边坡稳定性较好路段采用窗孔式浆砌片石护面墙、实体浆砌片石护面墙、拉伸网草皮防护或喷浆防护等措施;特殊路段边坡采用锚杆挂网喷射混凝土。

(5)对于土质或岩质整体性差、破碎、岩层倾向路基的泥岩、砂泥岩互层的挖方边坡如清方数量不大,采取顺层清方,不能完成顺层清方的,尽可能放缓边坡,采取7.5号砂浆浆砌片石实体护面墙防护。

(6)对于整体性好、岩层水平背向路基、弱风化的砂、泥岩互层的挖方边坡,采用窗孔式浆砌片石护面墙;对于微风化的硬质砂岩采用喷浆防护;对于最上一级的土质矮挖方边坡,采用拉伸网草皮防护。

(7)地貌地质条件较差路段路堑边坡防护,采取以下措施:针对边坡的表层楔体破坏,设置锚杆挂网喷混凝土稳定边坡;针对边坡可能发生的顺结构面滑坡,尽可能放缓边坡顺层清方,不能完全顺层清方的,再设置锚杆挂网喷射混凝土稳定边坡,同时加强岩体的排水措施。

6.3.2.2 植物措施

植物措施方法有垂直绿化法、三维喷播植草绿化、挖沟植草绿化、土工隔室植草绿化、钢筋混凝土骨架内加土工隔室植草绿化、钢筋混凝土骨架内填土植树绿化、有机基材喷播植草绿化、植被混凝土护坡技术、植生带技术绿化、草皮移植绿化、人工播种绿化、等离子喷播法、植生袋法等。本书主要讲述以下几种方法,其他请查阅相关资料。

(1)垂直绿化法

垂直绿化法是指栽植攀岩性或垂吊性植物,以遮蔽混凝土及圬工砌体,美化环境。一般用于:已修建的混凝土和圬工砌体构筑物处,如挡土墙、挡土板、锚定板及声屏障;路堑边坡平台上、桥台桥处,特别采用挂网喷浆、护面墙等防护处理边坡等位置以攀岩性或垂吊性植物为主;隧道洞口的仰坡上。这种方法主要从景观视觉效应考虑,一般2~3年可见成效,而边坡植物对路基稳定比较有利,可作为重点。

（2）三维喷播植草绿化

三维植被网又称土工网垫,是以热塑性树脂为原料制成的三维结构,其底层为具有高模量的基础层,一般由1~2层平网组成,上覆起泡膨松网包,包内填种植土和草籽,具有防冲刷和有利于植物生长的两大功能。即在草皮形成之前,可保护坡面免受侵蚀,草皮长成后,草根与网垫、泥土一起形成一个牢固的复合力学嵌锁体系,还可起到坡面表层加筋作用,有效防止坡面冲刷,达到加固边坡、美化环境的目的。

（3）挖沟植草绿化

挖沟植草绿化是指在坡面上按照一定的行距人工开挖楔形沟,在沟内回填适应于草籽生长的土壤、养料、改良剂等有机肥土,然后挂三维植被网,喷播植草。此方法技术要求不高,人工劳动强度高,施工速度较慢,但造价低、绿化效果好。

（4）草皮移植绿化

草皮移植技术是将培育的生长优良的草坪用专业设备铲起运至坡面,按照一定的规格重新铺植,使坡面迅速形成草坪。草皮有人工草地和天然草地两种。该技术主要适用于土质稳定边坡,对于岩质土边坡和岩质边坡,如果不采取土壤恢复措施不能直接铺设草皮。

6.3.3 公路绿化

6.3.3.1 公路绿化设计类型

根据《公路环境保护设计规范》(JTG B04—2010),公路绿化按功能分为保护环境绿化和改善环境绿化两类,见图6-6。

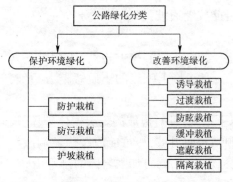

图6-6 公路绿化设计分类

（1）保护环境绿化

保护环境绿化是指通过绿化栽植以降噪、防尘、保持水土、稳定边坡。包括以下3部分。

①防护栽植:在风大的公路沿线或多雪地带,有条件时宜栽植防护林带。

②防污栽植:在学校、医院、疗养院、住宅区等附近,宜栽植防噪、防空气污染林带。

③护坡栽植:公路路基、弃土堆、隔声堆筑体等边坡坡面应绿化,保持水土以增强边坡稳定。

（2）改善环境绿化

改善环境绿化是指通过绿化栽植以改善视觉环境,增进行车安全。通常包括以下几部分。

①诱导栽植:在小半径竖曲线顶部且平面线形转弯的曲线路段,应在平曲线外侧以行植方式栽植中树(1~3m高)或高树(3m以上)。

②过渡栽植:可在隧道洞口外两端光线明暗急剧变化的路段栽植高大乔木(10m以上),予以明暗过渡。

③防眩栽植:在中央分隔带、主线与辅道或平行的公路之间,可栽植常绿灌木、矮树(1.5m以下),以遮挡对向车流的眩光。

④缓冲栽植：在低填方且没有设护栏的路段，或互通式立交出口端部，可栽植一定宽度的密集灌木或矮树，对驶出车辆进行缓冲防护。

⑤遮蔽栽植：对公路沿线各种影响视觉景观的物体，宜栽植中低树进行遮蔽，公路声屏障宜采用攀缘植物予以绿化并遮蔽。

⑥隔离栽植：在公路用地边缘的隔离栅内侧，以栽植刺藜、常绿灌木及攀缘植物等，防止人或动物的进入。

6.3.3.2 公路绿化设计原则

公路绿化应与沿线环境和景观相协调，并考虑总体环境效果，设计时应遵守下列原则：

(1) 尽量保留原有林木

公路通过林地、果园时，除因影响视线、妨碍交通或砍伐后有利于获得视线景观者外，应充分保留原有林木。

(2) 与环境植被相融合

通过草原、林地或湿地时，宜选择当地植物并且以相似的方式进行绿化。

(3) 绿化种植应序中有变，变中有序

公路绿化应结合当地区域特征，分段栽植不同的树种，但应避免不同树种、不同高度、不同冠形与色彩频繁交换，产生视觉景观的杂乱。

(4) 以自然生态型绿化为主

除中央分隔带外，公路绿化应以自然生态型为主。城镇附近互通式立交区及服务区范围内绿化，可适当采用园林设计方式。

6.3.3.3 公路绿化植物选择原则

绿化植物应根据公路所在地区的气候、土壤特性，绿化种植部位及类型等因素进行选择，选择原则如下：

(1) 满足绿化设计功能的要求；
(2) 具有较强的抗污染和净化空气的功能；
(3) 具有苗期成长快、根部发枝性强、能迅速稳定边坡的能力；
(4) 易繁殖、移植和管护，抗病虫害能力强；
(5) 具有良好的景观效果，能与附近的植被和景观协调；
(6) 应充分考虑植物的季相景观效果，以当地乡土植物为主，引进外来物种应谨慎。

一般来讲，中央分隔带绿化植物应选择低矮缓生、抗逆性强、耐修剪的植物，有条件时应选择四季常绿植物；公路土路肩和土质边沟、边坡的绿化宜以乡土植物为主，当采用浅碟式边沟时，边坡的绿化应与边沟统一考虑。对于挡墙、浆砌护坡、石质边坡等，可通过在其下栽植攀缘植物或在其顶部栽植垂枝藤本植物遮蔽构造物。道路两侧用树木宜选用树形高大美观、枝叶繁茂、耐修耐剪、易于管护、生长迅速、抗病虫害强、成活率高，具有一定抗逆性和吸污能力的树种。绿化方式可采用乔木、灌木或乔、灌、草、绿篱搭配的形式。为使其常年发挥作用，可以考虑常绿与落叶树搭配。为考虑短期和长期的效果，也可以用速生树和慢生树相搭配。

在公路服务区、收费管理站及公路休息区，可选用庭荫树或具有观赏价值的乔木和灌木，使其体形、色彩与建筑相协调，还可选用一些藤本植物（如凌霄、爬山虎、常青藤等）进行屋面垂直绿化,以改善小气候。

6.3.4 保护野生动植物措施

公路建设和营运,必须遵守国家保护野生生物和生物多样性的有关法规,并根据各地具体情况采取切实可行的措施,具体方法如图6-7所示。

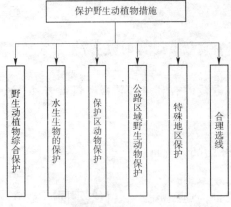

图6-7 保护野生动植物措施

6.3.4.1 合理选线

《中华人民共和国自然保护区条例》明确规定:禁止在自然保护区进行砍伐、放牧、狩猎、捕捞、采药、开垦、烧荒、开矿、采石、挖沙等活动,法律、行政法规另有规定的除外;在自然保护区的核心区和缓冲区内,不得建设任何生产设施;在自然保护区的实验区不得建设污染环境、破坏环境资源或者景观的生产设施;建设其他项目,其污染物排放不得超过国家和地方规定的污染物排放标准;公路中心线距省级以上自然保护区边缘宜不小于100m。

因此,道路选线通常应避开珍稀濒危野生动物及古树名木集中分布区、重要自然遗迹分布区、具有旅游价值的自然景观区、自然保护区、风景名胜区和森林公园等地区。

6.3.4.2 特殊地区保护措施

如果道路必须通过上述特殊区域时,应建立有效的保护措施,如公路通过林地时,严禁砍伐公路用地范围之外的不影响视线的林木;经过草原时,应注意保护草原的植被,取、弃土场应选择在牧草生长较差的地方;路线经过法定湿地时应避免造成生态环境的重大改变,施工废料应弃于湿地范围以外。此外,还可以建立保护网栏、兽类通道及桥涵等。严格管理措施,如限制汽车运行速度,限制噪声,减少尾气污染等。必要时可对某些直接影响的珍稀濒危植物迁地保护。

图6-8为青藏铁路建设中为方便藏羚羊通过而设置的标志和通道。

图6-8 野生动物通道

在野生动物保护区、自然保护区或经常有野生动物(特别是濒危的珍稀野生动物)活动的地区,常用修筑动物通道来保护动物的栖息环境,动物通道分下穿式和上跨式两种。

下穿式动物通道的设计可与涵洞或其他水利设施结合起来。动物通行的台阶高度应在最大水流量时不被淹没,台阶的两端筑成缓坡与原地面相接,并种植灌草,以保持原有地貌。在野生动物通道附近设标准标志牌,提醒驾驶员不使用音响设施,夜间不开远光灯。

上跨式动物通道又称动物桥。桥面铺设1m厚的松土,并种植野生植物。为遮挡夜间车灯光的照射,在动物桥的两侧设置植物围栏并种树。由于高速公路切断了栖息在森林中野生动物的迁徙路径,为了保护动物的生存环境而建双拱洞,其中拱洞供车辆行驶用,而在拱洞顶上填足够厚的土,两端呈缓坡与原地面相接,并栽植当地野生植物和树,供动物安全跨越道路。

穿过林地、山区的公路,设计时要尽量保护现有的植被,如采用上、下行线分离式路基;还可以使公路两侧的树木在公路上空相接触,为生活在树冠上的动物提供一种过路的途径。

6.3.4.3 普通等级公路野生动物保护措施

对于普通等级公路(两侧无隔离栅栏),动物穿越公路时与行驶车辆相撞是造成动物伤害的主要原因,其保护措施主要采取以下3种:

(1)设置动物标志,减速行驶。在野生动物频繁出没的路段设置动物标志,提醒驾驶人员减速行驶,避免动物与车辆相撞引起伤亡。

(2)设置灯光反射装置。在路旁设置一些灯光反射装置,如反光镜等,以便夜间车辆行驶时,反射的强光吓跑公路两侧的动物,使其不敢穿越公路。

(3)设置保护栅栏。在公路两侧修建栅栏或植物篱,可减少动物与车辆碰撞的危险,这些屏障可改变动物的迁徙路线,以避免相撞事件发生。

6.3.4.4 水生生物的保护措施

公路建设同时也存在着对水生生物的影响,其主要减缓措施如下:

(1)在跨越河流、水渠、湖泊等水体时,尽量采用桥涵,不采用填土式的路基。

(2)尽量避免现有河流的改道。

(3)加强水域路段的路堤防护,桥梁施工挖出的泥渣不弃于河道,防止大量泥渣进入水体,引起水质污染及河道淤塞,影响水生生物的生存环境。

(4)涵洞设计时应考虑水生生物迁徙洄游的需要,必要时,应设置消力墩来降低水流流速,以便鱼类能逆流洄游,涵洞底部高程应低于河床高程。

水土流失及水环境污染的治理措施等相关内容将在第7章进行介绍。

6.4 交通与环境景观的协调

6.4.1 交通与环境景观协调的必要性

视觉是人认识世界、判断物体物理特征的基础。驾驶员的信息来自道路和交通环境,它包括道路线形、宽度、路面质量、横断面组成、坡度、车辆类型及其速度、交通信号、标志等。在驾驶车辆的过程中,公路景观、交通环境不断变化,驾驶员就随着接受外界信息的不同,做出相应的反应。

公路景观是视觉艺术,线形景观的观赏者多处于高速行驶状态下,在这一状态下,景观主体对景观客体的认识只能是整体与轮廓。因此,线形景观的设计应力求做到公路线形、边坡、中央分隔带、绿化等连续、平滑平顺、自然且通视效果好，与环境景观要素相容、协调。

而沿线点式景观给人的印象则应轮廓清晰、醒目、高低有致、色彩协调、风格统一。公路通过村镇、城乡段及公路立交、跨线桥、挡土墙、收费站、加油站、服务区等处的景观，其观赏者除一部分处于高速行驶状态外，还有很大一部分处于静止、步行或慢行状态。这部分的景观的设计重点应放在"形"的刻画与处理上。如公路路基的形态、形象设计，绿化植物选择与造型，公路构造物的形态与色彩，交通建筑与地方建筑风格的协调，场所的可识别、可记忆性，甚至铺地、台阶、路缘石等均应仔细推敲、精心设计。

6.4.2 公路路线与环境景观相协调设计原则

（1）公路环境设计涉及的范围广，要综合考虑社会经济环境及自然地理环境，收集多方面的资料，考虑工程对已建成项目的影响，或对当前其他项目的影响以及对将来可能拟建项目的影响。解决好公路设施与沿线的建筑风格协调、与自然环境协调，创造有独特风格的和谐公路运行环境。

（2）在设计道路线形时，平原微丘区高速公路建设应尽可能顺应地形地貌，采用低路基行驶；山区高速公路建设要合理运用路线平纵指标，以适应地形的起伏和河岸、山脊的走向；充分利用地形地貌，尽量减少工程破坏，使整个工程与周围环境的风格相一致，使道路融入自然环境之中。

平面上采用直线线形大多难以与地形协调，特别是过长的直线易使驾驶员感到单调、疲倦。因此，可采用绿化树种的不同组合或人工雕塑群来改善单调的景观，调整驾驶员心理。曲线线形应注意其连续性，避免出现断背曲线，处理好小偏角大半径曲线的足够长度。一般情况下与自然等高线大致相适应的平面线形设计较好，使得公路与周围环境相协调。

纵断面设计应注意与原始地形协调，以利于路面和边沟排水，设计成坡度缓和而平顺的线形。大半径的竖曲线有利于扩大视距、美观路容，有利于安全行车。

（3）高等级公路横断面较宽，对山岭重丘区横向地面起伏较大的路段，若整个横断面设计为同一标高，势必增加填挖方的工程量，对原有的地形，植被破坏较大，另外半填半挖路基的稳定性也要差一些。因此，横断面设计不必强求上、下行车道同一高程，即不必强求设计整体式断面，也可设计分离式断面，有分有合，既减少了工程量，又能与周围环境协调。

（4）公路路线环境设计要有超前意识，必须认真研究公路工程建设对自然环境及社会环境带来的影响，并结合沿线城镇居民区、工农业经济区、名胜古迹旅游区、自然保护区的现有规模及发展规划进行综合分析。以预测工程对环境短期、中期及长期的影响，合理布设路线，以利于沿线资源的开发利用，利于沿线社会经济环境的改善。

（5）山区道路路线设计时，注意从经济角度考虑山区道路沿沟谷布线是否合理。但由于路基工程的大量高填深挖，给景观环境、生态环境和民众的生活环境造成了很大影响，且这种影响花再多的钱去治理也很难根治。因此，路线设计时，不仅要考虑其经济效益，更要考虑其环境效益。从发展的眼光看，将路线沿低山的山梁或高山的山腰布设较为合理。

6.4.3 公路线形组合设计与环境景观相协调设计要点

线形组合设计，就是在平面和纵面线形及横断面初步确定的基础上，可用公路透视图或模型法进行视觉分析。研究如何满足驾驶员视觉和心理方面的连续、舒适感,与周围环境的协调和良好的排水条件等,再对平、纵面线形进行修改,使平、纵面线形合理地组合起来,使之成为连续、圆滑、顺适、美观的空间曲线,从而达到行车安全、快捷、舒适、经济的要求。因此,线形组合在与景观协调设计方面需要注意以下几点:

(1)在自然景观单一的路段,其线形设计宜以曲线为主,并保持连续、均衡;平、竖曲线线形几何要素宜大体平衡、匀称、协调。

(2)深挖方路段宜对路堑与隧道方案的景观效果进行比选、论证;路线跨越山间谷地时,宜对高路堤与高架桥方案的景观比选、论证;路线沿横坡较陡的山坡布设时,宜对分离式路基、半填半挖与纵向高架桥方案的景观效果进行比选、论证。

(3)为了美化环境,作为公路工程的组成部分,路线与桥梁、隧道、立体交叉、沿线设施等构造物,应组成有特定风格的建筑群体,并利用绿化或雕塑等设施改善它们与沿线地形地物的配合,消除因兴建公路而造成的对自然景观的破坏。大型的构造物(如特大桥、互通立交)及其附属设施(如带状公园、雕塑群)将成为新的旅游景区。

(4)在平坦地区,地势平缓、开阔,让人心情开朗,但是地形起伏小,缺乏三维空间感,易使景观平淡、无焦点和具有发散性。若要在这里创造出动人的富于变化的景观,就必须考虑以下几点:

①将沿线周围及其内部有可能成为风景的元素(如建筑、小区、地方绿化、水、造型美观的桥梁等)加以利用,构成"图"形。

②运用色彩,并借助于光影效果,加强空间的变化。

③由于不受地形的限制,容易突出重要景点和景物,利用它控制整个地区,形成主角。

6.4.4 路基与环境景观相协调设计要点:

自然或人工的山石、水体是平地中不可多得的景观元素,应尽可能利用或创造,以此打破单调局面,形成一道亮丽的风景线。从工程技术经济角度出发,要考虑以下设计要点。

(1)路基边坡宜以自然流畅的缓坡为主,边沟宜选择宽浅式、盖板式或混合式。路基横坡度采用不同的值,边沟选择宽浅式,可以使路基与原有的地面形态相协调。

(2)在山区、丘陵地、台塬地、黄土高原等地形起伏变化较大的地区,道路上、下行车道采用分离式路基可以减少对原地貌的开挖,使道路不太显眼,对视觉环境的侵害减小。另外,在特殊景区(如山间湖泊),在不同高度的上、下行车道都能观赏到优美景色。

(3)以桥梁形式跨越的路线,桥梁的色彩、材质以及各部位均为桥梁景观设计要素,设计时应从路内景观和路外景观两个角度综合考虑桥梁的景观效果。对于跨越大江、大河、城市周围、风景旅游区以及有特殊要求的桥梁,应进行桥梁照明景观设计。

(4)隧道洞口设计应结合地形、地区的自然和人文特点,与周围环境相协调。隧道洞内的照明、通风、标志等附属设施和洞壁内饰设计,应综合考虑景观效果。

(5)中央分隔带具有防眩和保证行车安全的功能,对改善道路景观环境亦具有显著作用。在有条件的地区,如山坡荒地、戈壁沙漠及草原等非农用土地的路段,增加中央分隔带的宽度,并将原地面植被、小土丘、坚固的石头等原有地物保留其中,使中央分隔带自然化。这样道路与周围环境有较好的协调性,也增加了道路景观。

(6)对于不能复耕、还耕及开发农副业的取、弃土坑和采石场应作景色处理,使受损的视觉环境尽快修复。常用的措施有植树、种草,使其尽快恢复地面植被,整修后用作停车场,修成池塘和周围绿化用于养鱼垂钓或用作鸟类保护池,有条件并需要时可修成道路景点。

(7)道路绿化有稳定路基、改善生态环境、生活环境和景观视觉环境等综合作用。关于道路绿化技术规定及要求,请参阅《公路环境保护设计规范》(JTG B04—2010)。

6.4.5 其他方面与环境景观相协调设计要点

6.4.5.1 路面

路面色彩、护栏、路缘石的色彩与形状等也是公路景观的构成要素。有特殊要求的公路,路面色彩、护栏、路缘石的色彩与形状等宜与沿线自然景观相协调。

现代公路的路面多为灰色或黑色,这种色调对人的神经系统起着镇静作用,令人的注意力迟钝,使驾驶员容易松懈或打瞌睡,酿成事故。为了克服惰性颜色路面给驾驶者带来的不良影响,许多国家或地区在公路路面上每隔一定距离,刷涂色彩,有时还不断变换颜色,以改善神经系统的迟钝等。

为了同时给驾驶员以提示作用,还有在危险路段将路面涂红色,示意小心谨慎;在学校、医院等地区涂蓝色,表示安静,勿鸣喇叭;在限制车速、陡坡、隧道和转弯处涂黄色,要求驾驶者缓行。通过路面色彩的合理应用,可以减少交通事故,确保安全。相应的路外色彩也可以调节神经系统。

6.4.5.2 服务区、管理区、观景台

服务(停车)区、管理区、观景台是公路使用者活动最为集中的地方,对景观的需求也较为强烈,因此服务区的位置选择及布设形式应充分利用有特色的自然景观,设计时应注意与周围环境相协调。公路服务区、停车区、管理区、观景台等沿线场区及建(构)筑物应注重景观设计,使建(构)筑物本身各部位比例协调,色彩、材质、形状等与周围环境相协调。

6.5 交通与景观协调案例

6.5.1 公路线形与周围环境相协调

直线虽具有行车方向明确、路线短捷、测设简便等优点,但同时具有过长直线线形呆板、景色单调,容易使驾驶员产生疲劳的特点,行车时难以估计车辆之间的距离,夜间行车容易产生眩光,不易适应地形变化及破坏线形与景观的协调等缺点。

这些都是影响行车安全的不利因素,因而,长直路段反而成为事故多发路段。在实际设计工作中,对长直线两侧做好景观绿化工作,注意道路两侧植物的多变性,以减少单调景色对驾驶员产生的视觉疲劳(图6-9)。对于曲线路段,景观设计注意驾驶员的通视性,保持足够的行车视距,使公路各组成部分的空间位置协调、充分利用景观特色,使驾驶员感到线形优美、流畅连续,行驶安全舒适(图6-10)。

图 6-9　长直线路段两侧绿化

图 6-10　曲线段道路绿化设计

6.5.2　公路边坡的生态恢复与美化

对于公路而言,边坡是环境艺术设计的"面",公路边坡生态恢复应尽可能地模仿自然,减小人为的痕迹,将设计和施工过程中对自然的干扰、破坏,努力控制在最小的限度内。通过植物群落设计和地形起伏处理,从形式上表现自然,立足于将公路景观充分融入自然环境当中,创造和谐、自然的景观。让公路使用者甚至无法感觉到公路的存在,仿佛公路本身就是自然的一部分,而非后天修建。如图 6-11 所示。

图 6-11　公路边坡绿化设计

6.5.3　高速公路景观雕塑

高速公路已经成为国家、地区经济发展的主动脉,高速公路搭建了现代人高速度、高运转的生活方式。同时作为交流和观光的枢纽,它时时刻刻都在影响着人们的思维模式。而竖立在高速公路上的景观雕像,从科技、材质、语言符号、形式、观念等几个方面承载了现代高速公路兴起的功能(图 6-12)。人文环境的营造是我国高速公路建设中最薄弱的环节,而景观雕塑是营造人文环境的重要手段,它是建设高速公路文化生态廊道的核心。因此,应加大对公路景观雕塑的建设。

图6-12　高速公路景观雕塑

6.5.4　隧道入口处景观设计

隧道开挖改变了原有地貌和周边自然环境,隧道洞口景观设计从洞口分类入手,在不同的洞口类型中寻找出适合当地的最优景观效果形式。从形式上满足基本功能的同时,设计出绿化景观配置模式,既与周边环境有机融合,又成为周边景观的亮点。同时,在设计中尽量要做到最大限度地保护自然环境,坚持经济实用,降低成本的原则,可增加点缀景石、浮雕等装饰小品,丰富景观内容,体现地方特色,营造文化氛围,起到"画龙点睛"的作用。如图6-13所示。

图6-13　隧道口处景观设计

6.5.5　城市高架绿化

城市高架道路的建设确实缓解了许多交通问题,也加速了城市经济的发展。但高架道路建成后,由于自身庞大简单的身躯,单调灰色的桥下空间,已对城市环境景观带来很大的损坏。特别是绕城高架处于环境良好的新区,同时是一个景观薄弱区域,建设状况与美丽的城市面貌很不协调,从而影响了周边居民的生活质量。因此,应注意城市高架的绿化设计。桥身绿化是利用高架道路的水泥支柱及外沿面的绿化,这种绿化是向立面发展的,可以通过爬藤植物来实现的,如图6-14a)所示;还可以在高架桥底进行桥荫植物种植,降低高架区域污染,起到美化景观的作用,如图6-14b)所示。

a) 高架桥身绿化　　　　　　　　　　b) 高架桥底绿化

图 6-14　城市高架绿化

6.5.6　立交桥设计与周围景观相协调

高速公路互通立交桥是在3度空间中完成的工程和造型艺术品。在满足使用功能的同时,由于建筑条件的差异,每座互通立交桥各自有不同的几何特点,可谓风格各异,尽态极妍,足以令人赏心悦目。在功能上,来自不同高程、不同方向的车流,经互通立交桥的分配,被轻松、平滑、迅速地改变了高程和方向,不停顿地继续奔驰,呈现一派时间和速度的赛跑(图6-15)。

图 6-15　高速公路互通立交与周围景观协调设计

城市立交桥在功能上的重要性已经得到人们的共识。城市道路的立交桥,属于构成城市意象的节点空间。因为其所具有的结构美感和庞大的体量,在城市景观中有着不可忽视的重要意义。立交桥的灰暗色彩、粗笨造型、超人尺度对人性化的街道空间是一种极大的破坏。在空地处种植绿色植物可以极大地减少人视觉的冲击,也使立交桥与整个城市景观相协调(图6-16)。

交通与环境

图 6-16　城市立交桥与周围景观协调设计

复习思考题

1. 公路景观设计分为几类？包含哪些主要内容？
2. 交通对生态环境的影响主要包括哪些？
3. 路堤路堑的边坡防护措施有哪些？
4. 公路绿化按功能分为哪两类？包括哪些内容？
5. 公路建设和营运中保护野生动植物的措施有哪些？

第7章 交通对其他环境影响分析

7.1 社会环境影响分析

7.1.1 社会环境

社会环境实质是在自然环境的基础上,人类通过长期有意识的社会劳动,加工和改造了的自然物质,和创造的物质生产体系,积累的物质文化等所形成的环境体系。所以,社会环境是人类生存及活动范围内的社会物质和精神条件总和。广义上讲,包括整个社会经济文化体系,狭义上讲,是指人类生活的直接环境。区域社会环境,一般包括社区基本特征、经济因素与社会文化因素。

一般说来,交通系统可能涉及的社会环境领域问题如图7-1所示。我国地域广阔,各地区的自然环境和社会环境有着较大的差异,每条交通线路的建设都应该针对各地的特点,修建适合当地社会环境的基础设施。

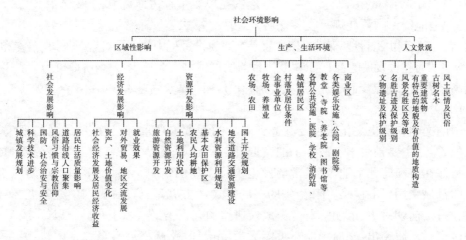

图7-1 社会环境影响

7.1.2 社会环境的影响评价

交通系统建设对社会环境的影响是把双刃剑,带来环境污染、资源浪费的同时,也带来经济效益。完善了综合交通设施,自然物资、原料的运输效率就提高了,节省了运输时间,同时也节约了生产成本;交通系统发达,将直接影响其周边干线的地产及物业开发,促进当地的经济、文化、贸易等的发展和交流。

7.1.2.1 土地资源

土地资源是指有用的土地。它是人类赖以生存和发展的基础,也是陆地生物生长和生存的基础。我国山地多、平原少,960 万 km^2 国土(约 144 亿亩,1 亩 $=666.667m^2$,下同)中耕地约 18.26 亿亩,只占国土面积的 12.7%,占世界总耕地面积的 7%。我国的耕地面积正在逐年减少,除气候等自然因素外,建设用地影响很大。据最新统计,2013 年共批准建设用地 53.43 万 hm^2,农用地转建设用地 37.24 万 hm^2,占用耕地 21.96 万 hm^2。

道路的建设需要占用大量的土地,我国高速公路在平原区多为六车道,按路基宽度 32m 计算,平均每公里占用土地为 105 亩以上;此外,《中华人民共和国公路管理条例实施细则》第四十二条规定,在公路两侧修建永久性构造物或者设施,其建筑设施边缘与公路边沟外缘的最小距离必须符合:"国道不少于二十米,省道不少于十五米,县道不少于十米,乡道不少于五米"。而我国的公路总量庞大,如果考虑到建筑物红线的退让距离,将有更多的土地因道路设施的存在而得不到充分利用。

铁路建设相比公路而言,对土地资源的占用量相对较小。根据相关设计规范,在非渗水性土壤结构中,单线铁路的路堤宽度总体在 5.6~7.0m,双线铁路的路堤宽度在 10.6~11.1m。再根据铁路运输安全保护条例,从铁路线路路堤坡脚、路堑坡顶或者铁路桥梁外侧起向外的距离分别为:城市市区,不少于 8m;城市郊区,不少于 10m;村镇居民居住区,不少于 12m;其他地区,不少于 15m。根据国家规划,至十二五末,建设铁路总里程 12 万 km。到 2020 年,达到 16 万 km,由此可以预估,虽然铁路单线里程占地规模较小,考虑其总体规模和覆盖度,其土地资源的消耗规模在各交通方式位居第二。

然而如何做到少占耕地、保护良田一直是交通建设过程中的一个难题。人口、粮食和资源是影响当今世界可持续发展的首要问题,我国目前的国情是人多地少,人均耕地仅为世界平均水平的 1/4,高产的良田更是少而珍贵,所以,交通建设应不占或少占基本农田保护区内的耕地。

7.1.2.2 文物

我国的文物和历史文化景观资源遭到破坏的程度很严重,而且这种破坏的现象呈现逐年增长的趋势,主要是由于不法分子的盗取和工程建设过程中开挖的破坏。公路和铁路建设的项目往往要横跨几个地区,经常会发生干扰文物的情况。例如,中国千年的古都西安,在周代的都城采用《周礼·考工记》中的布局模式:"方九里,旁三门,国中九经九纬,经涂九轨,左祖右社,前朝后市,市朝一夫。"形成最典型的九宫格局。由于布局难以改变,导致了城市中心区交通矛盾突出:交通用地不可能大幅度增加、路网格局不会大量调整;另一方面经济的快速发展使得城市人口增加,机动车保有量大幅度增长,现有的道路状况难以满足机动车流畅的行驶,为解决此问题,政府部门决定大力发展快速轨道交通,但是轨道交通运营时的减振措施不力,列车在行进时会产生一定振动,如果减振措施不力,传到地表的振动超过古建筑的允许值就会对其安全产生威胁。

7.1.2.3 水利设施

水利是农业的命脉,水利设施是国家、地区重要的基础设施,也是人民生产、生活和经济建设的保障设施。道路、铁路建设必须要保护农田的灌溉系统、蓄防洪水工程及其他水利设施。

农业要发展,水利要保护,公路、铁路要建设,桥涵要配套。这是正确处理交通建设和农田水利关系的基本原则。农田水利的建设问题是解决农业、农村、农民问题的制约因素之一,"要想富,先修路"又反映了交通建设也成了农业发展、农村建设、农民增收的瓶颈问题。在交通建设过程中充分考虑对农田水利设施破坏恢复的同时,一般的农田水利建设也必须服从交通建设的需要。

7.1.2.4 道路景观

我国的高速公路和一、二级公路的投资巨大,占用了大量的资源,是国家重要的永久性建筑物。因此,公路建设应结合公路美学,研究其与所经过地域的地形地貌、文化风情和人文景观的协调性。景观不是单一的自然空间,也不是自然环境的外表,它是人工的、综合的,并随着人们的意志而发生改变的。自然景观是一种不确定的客体,其丰富多彩的内容允许眼光自由自在地选取,强调组合风景的元素。

7.1.3 社会环境影响控制措施

随着交通事业的日益发展,我国对于交通社会环境影响的控制,无论是在理论上还是在技术层面上都有了突飞猛进的进步,在2010年颁布的《公路环境保护设计规范》(JTG B04—2010)中强调降低道路交通的社会环境影响有着积极的意义,具体措施见表7-1。该规范中突出了"以人为本"的新理念,其出发点是"公路建设作为规模较大的基础设施工程,与沿线的公众利益息息相关,必须尊重公私财产和公众权益"。

道路交通社会环境影响及控制措施　　　　表7-1

工程项目名称	社会环境影响	控制措施
道路路线设计	占用耕地、良田; 分割城镇区域; 占用农田保护区; 阻隔出行; 影响名胜风景区	路线尽量少占耕地、保护良田; 路线方案选比时,对社会环境有重大影响的方案应用可持续发展的战略进行多方案论证; 尽可能减少对村落和少数民族居住区的分割; 路线应与沿线地区自然景观、人文景观相协调; 对项目建设地区的社会环境作详细调查
路基和桥涵设计	占用耕地、良田; 影响水利设施; 阻隔出行; 影响文物古迹、名胜古迹和风景区	尽可能地降低路基高度,在良田路段的路基采用陡边坡,减少路基占地; 路基、桥涵设计应确保当地排洪要求,确保水利设施的安全; 文物古迹等保护及利用设计; 认真调查确定通道或天桥的数量及位置
道路施工	影响土地资源; 影响农田水利设施; 影响出行; 影响地方道路; 影响安全	料场等临时用地尽量不用耕地,施工结束及时恢复原土地以便利用; 合理安排桥涵施工,不影响农田灌溉; 及时修复因施工损坏的地方道路,确保安全; 设安全防范设施和安全监督措施; 防止因施工而带来的文物破损

7.2 工程地质与水土保持

山区交通建设与营运中易发生的地质灾害往往会对周围的生态环境和居民生命财产造成严重的损失,这些地质灾害,例如崩塌、滑坡、泥石流等,不仅与自然条件有关,也有一定的人为因素造成的。因而,在一些丘陵山区、高原等地表起伏较大地区修建道路时,应避免和减少地质灾害对交通设施的影响以及对沿线生态环境的破坏。

7.2.1 崩塌及其防治

7.2.1.1 崩塌的主要类型

崩塌是指在比较陡峻的斜坡上,大块岩体或零散石块在重力作用下突然落下,并在坡脚形成倒石堆的现象。崩塌的速度很快,其体积可以从 1 立方米到数亿立方米。发生在山区规模巨大的崩塌,称为山崩,巨大的崩积体堵塞山谷,积水成湖;发生在河岸、湖岸、海岸的崩塌,称为坍岸;由地下溶洞、潜蚀穴或采空区所引起的崩塌,称为坍陷。崩塌体碎块在运动过程中滚动或跳跃,最后在坡脚处堆积地貌形成崩塌倒石堆,这种崩塌倒石堆一般是松散、杂乱、多孔隙、大小混杂而无层理。

根据移动形式和速度,将崩塌类型划分如下。

(1) 散落型崩塌:在节理或断层发育的陡坡,或是软硬岩层相间的陡坡,或是由松散沉积物组成的陡坡,常形成散落型崩塌。

(2) 滑动型崩塌:沿某一滑动面发生崩塌,有时崩塌体保持了整体形态,和滑坡很相似,但垂直移动距离往往大于水平移动距离。

(3) 流动型崩塌:松散岩屑、砂、黏土,受水侵蚀后产生流动崩塌。这种类型的崩塌和泥石流很相似,成为崩塌型泥石流。

7.2.1.2 崩塌易发生地区的状况

(1) 地貌状况

地貌是引起崩塌的基本因素,一定的坡度和高差是崩塌发生的基本条件。据调查,由坚硬岩石组成的斜坡,坡度大于 50°或 60°,高差大于 50m 时,才可能发生崩塌。由松散物质组成的坡地,当坡度超过它的休止角时可能出现崩塌,一般坡度大于 45°,高差大于 25m 可能出现小型崩塌,高差大于 45m 可能出现大型崩塌。

(2) 地质状况

岩层构造(包括断层面、节理面、层面、片理面等)及其组合方式是发生崩塌的一个重要条件。当岩层层面或节理面的倾向与坡向一致、倾角较大,又有临空面的情况下,沿构造面最容易发生崩塌。就区域新构造运动特点而言,构造运动比较强烈、地层挤压破碎、地震频繁的地区,是崩塌的多发区。

(3) 气候状况

由于干旱、半干旱地区温差大,高寒山区冻融过程强烈,因此在这些地区岩石风化强烈,悬崖陡坡最易出现崩塌。暴雨、连日阴雨及冰雪融化等往往是崩塌的触发因素,岩体和土体中水分的大量渗入,大大增加了负荷,同时还影响岩体内部结构,导致崩塌发生。另外,暴雨所引起的洪水会导致大范围坍岸,山区道路往往沿河岸路段较长,坍岸对道路交通威胁较大。

(4)人为因素

在道路设计、建设与营运过程中,要根据区域地形特点等条件,综合分析,确定崩塌易发生地段和时段,采取相应的防治措施,以保证施工与营运安全,保护生态环境。

7.2.1.3 崩塌的防治

在崩塌可能发生的地区,对不稳定的岩体,可采用清挖、锚固、网包及拦挡等加固工程。特别是在开采地下水时要合理建井,严格控制抽水量。对已出现的塌陷洼地,应按不同情况和要求,采用填、堵、跨越、灌浆、围封和加盖等工程。

在山区修建交通设施,对崩塌易发地段,应定期监测,判断崩塌发生的可能性、强度、规模,并采取适当的防治措施,如清除危石、改造坡面等。

7.2.2 滑坡及其防治

7.2.2.1 滑坡的主要类型

滑坡是斜坡岩土体沿着贯通的剪切破坏面所发生的滑移地质现象。滑坡的机制是某一滑移面上剪应力超过了该面的抗剪强度所致,整体地或者分散地顺坡向下滑动的自然现象,俗称"走山""垮山""地滑""土溜"等。

为了更好地对滑坡认识和治理,需要对滑坡进行分类。但由于自然界的地质条件和作用因素复杂,各种工程分类的目的和要求又不尽相同,因而可从不同角度进行滑坡分类,根据我国的滑坡类型,可有如下的滑坡划分。

(1)按滑坡体的物质组成和滑坡与地质构造关系划分:

①盖层滑坡,本类滑坡有黏性土滑坡、黄土滑坡、碎石滑坡、风化壳滑坡。

②基岩滑坡,本类滑坡与地质结构的关系可分为:均质滑坡、顺层滑坡、切层滑坡。顺层滑坡又分为沿层面滑动或沿基岩面滑动的滑坡。

③特殊滑坡,本类滑坡有溶洞滑坡、陷落滑坡等。

(2)按滑动速度划分:

①蠕动型滑坡,人们凭肉眼难以看见其运动,只能通过仪器观测才能发现的滑坡。

②慢速滑坡,每天滑动数厘米至数十厘米,人们凭肉眼可直接观察到滑坡的活动。

③中速滑坡,每小时滑动数十厘米至数米的滑坡。

④高速滑坡,每秒滑动数米至数十米的滑坡。

7.2.2.2 滑坡形成的基本条件

产生滑坡的基本条件是斜坡体前有滑动空间,两侧有切割面。特别是西南丘陵山区广泛存在滑坡发生的基本条件,滑坡灾害相当频繁。其最基本的地形地貌特征就是山体众多,山势陡峻,土壤结构疏松,易积水,沟谷河流遍布于山体之中,与之相互切割,因而形成众多的具有足够滑动空间的斜坡体和切割面。

从斜坡的物质组成来看,具有松散土层、碎石土、风化壳和半成岩土层的斜坡抗剪强度低,容易产生变形面下滑;坚硬岩石中由于岩石的抗剪强度较大,能够经受较大的剪切力而不变形滑动。但是如果岩体中存在着滑动面,特别是在暴雨之后,由于水在滑动面上的浸泡,使其抗剪强度大幅度下降而易滑动。

降雨对滑坡的影响很大。降雨对滑坡的作用主要表现在:雨水的大量下渗,导致斜坡上的土石层饱和,甚至在斜坡下部的隔水层上积水,从而增加了滑坡的重量,降低土石层的抗剪强度,导致滑坡产生。不少滑坡具有"大雨大滑、小雨小滑、无雨不滑"的特点。

7.2.2.3 滑坡的防治

(1) 消除和减轻水的危害

滑坡的发生经常是和水的作用有密切的关系,水的作用,往往是引起滑坡的主要因素,因此,消除和减轻水对边坡的危害尤其重要。其目的是:降低孔隙水压力和动水压力,防止岩土体的软化及溶蚀分解,消除或减小水的冲刷和浪击作用。具体做法有:防止外围地表水进入滑坡区,可在滑坡边界修截水沟;在滑坡区内,可在坡面修筑排水沟。在覆盖层上可用浆砌片石或人造植被铺盖,防止地表水下渗。对于岩质边坡还可用喷混凝土护面或挂钢筋网喷混凝土。排除地下水的措施很多,应根据边坡的地质结构特征和水文地质条件加以选择。

(2) 改善边坡岩土力学强度

通过一定的工程技术措施,改善边坡岩土的力学强度,提高其抗滑力,减小滑动力。常用的措施有:

① 边坡减载;用降低坡高或放缓坡角来改善边坡的稳定性。

② 边坡人工加固;修筑挡土墙、护墙等支挡不稳定岩体;钢筋混凝土抗滑桩或钢筋桩作为阻滑支撑工程等。

7.2.3 泥石流及其防治

7.2.3.1 泥石流及其种类

泥石流是暴雨、洪水将含有砂石且松软的土质山体经饱和稀释后形成的洪流,它的面积、体积和流量都较大,典型的泥石流由悬浮着粗大固体碎屑物并富含粉砂及黏土的黏稠泥浆组成。在适当的地形条件下,大量的水体浸透山坡或沟床中的固体堆积物质,使其稳定性降低,饱含水分的固体堆积物质在自身重力作用下发生运动,就形成了泥石流。这是一种地质灾害现象。通常泥石流爆发突然、来势凶猛,可携带巨大的石块高速前进,具有强大的能量,因而破坏性极大。

按泥石流的流域形态可以将其分为以下3种类型:

(1) 标准型泥石流:典型的泥石流,流域呈扇形,面积较大,能明显地划分出形成区,流通区和堆积区。

(2) 河谷型泥石流:流域呈狭长条形,其形成区多为河流上游的沟谷,固体物质来源较分散,沟谷中有时常年有水,故水源较丰富,流通区与堆积区往往不能明显分出。

(3) 山坡型泥石流:流域呈斗状,其面积一般小于$1000m^2$,无明显流通区,形成区与堆积区直接相连。

7.2.3.2 泥石流的形成条件

在地形上具备山高沟深、地形陡峻、流域形状便于水流汇集等特点。上游形成区的地形多为三面环山,一面出口为瓢状或漏斗状,地形比较开阔、周围山高坡陡、山体破碎、植被生长不良,这样的地形有利于水和碎屑物质的集中;中游流通区的地形多为狭窄陡深的峡谷,谷床纵坡加大,使泥石流能迅猛直泻;下游堆积区的地形为开阔平坦的山前平原或河谷阶地,是堆积物理想的堆积场所。

泥石流常发生于地质构造复杂、断裂褶皱发育的地层、地震烈度较高的地区。地表岩石破碎、崩塌、错落、滑坡等不良地质现象发生,为泥石流的形成提供了丰富的固体物质来源;另外,岩层结构松散、软弱、易于风化也能成为泥石流丰富碎屑物的来源;一些人类工程活动,如滥伐森林、开山采矿等也会成为泥石流形成的物质来源。

7.2.3.3 泥石流对交通的危害

泥石流可直接埋没车站,铁路,公路,摧毁路基、桥涵等设施,致使交通中断,还可引起正在运行的火车、汽车颠覆,造成重大的人身伤亡事故。有时泥石流汇入河道,引起河道大幅度变迁,间接毁坏公路、铁路及其他构筑物,有时迫使道路改线,造成巨大的经济损失。如2002年6月17日暴雨引发洪灾及泥石流,四川省3000万应急款急调灾区,同年云南新平泥石流死亡人数升至33人,2010年8月7日22时许,甘南藏族自治州舟曲县突降强降雨,县城北面的罗家谷、三眼谷泥石流下泄,由北向南冲向县城,造成沿河房屋被冲毁,泥石流阻断白龙江形成堰塞湖。造成舟曲县城内交通瘫痪,救援车辆难以开进灾区内部,只能靠人力来实施救援行动。

7.2.3.4 泥石流的防治

泥石流的防治是一项综合性生态工程,对泥石流的三个区,要采取针对性的措施。

(1)上游形成区。植树造林,保护草地,修建排水系统,减少或断绝泥石流的固体物质源。

(2)中游流通区。在主沟内修建各种拦石坝,拦蓄泥沙石块,消减泥石流的流速和规模,防止泥石流的侧蚀和下切。

(3)下游堆积区。修建排洪道和导流堤,保护道路、桥渠、涵洞和其他建筑物。

目前,我国在泥石流的检测和防治方面已积累了丰富的经验。

7.2.4 交通建设与土壤侵蚀

7.2.4.1 交通建设对土壤侵蚀的影响

据统计,截至2013年年底全国现有土壤侵蚀总面积2.95亿hm^2,占国土面积的30.7%。影响土壤侵蚀的因素分为自然因素和人为因素两大类。自然因素是水土流失发生、发展的先决条件,或者叫潜在因素,人为因素则是加剧水土流失的主要原因。

(1)气候

气候因素特别是季风气候与土壤侵蚀密切相关。季风气候的特点是降雨量大而集中,多暴雨,因此加剧了土壤侵蚀。最主要而又直接的是降水,尤其是暴雨成为引起水土流失最突出的气候因素。所谓暴雨是指短时间内强大的降水,一日降水量可超过50mm或1h降水超过16mm的都叫作暴雨。一般说来,暴雨强度越大,水土流失量越多。

(2)地形

地形是影响水土流失的重要因素,而坡度的大小、坡长、坡形等都对水土流失有影响,其中坡度的影响最大,因为坡度是决定径流冲刷能力的主要因素。坡耕地使土壤暴露于流水

冲刷是土壤流失的推动因子。一般情况下,坡度越陡,地表径流流速越大,水土流失也越严重。

(3)土壤

土壤是侵蚀作用的主要对象,因而土壤本身的透水性、抗蚀性和抗冲性等特性对土壤侵蚀也会产生很大的影响。土壤的透水性与质地、结构、孔隙有关,一般地,质地沙、结构疏松的土壤易产生侵蚀。土壤抗蚀性是指土壤抵抗径流对它们的分散和悬浮的能力。若土壤颗粒间的胶结力很强,结构体相互不易分散,则土壤抗蚀性也较强。土壤的抗冲性是指土壤对抗流水和风蚀等机械破坏作用的能力。据研究,土壤膨胀系数越大,崩解愈快,抗冲性就越弱,如有根系缠绕,将土壤团结,可使抗冲性增强。

(4)植被

植被破坏使土壤失去天然保护屏障,成为加速土壤侵蚀的先导因子。据中国科学院华南植物研究所的试验结果,裸露地表的泥沙年流失量为 26902kg/hm^2,桉林地为 6210kg/hm^2,而阔叶混交林地仅 3kg/hm^2。因此,保护植被,增加地表植物的覆盖,对防治土壤侵蚀有着极其重要意义。

(5)人为活动

人为活动是造成土壤流失的主要原因,表现为植被破坏(如滥垦、滥伐、滥牧)和坡耕地垦殖(如陡坡开荒、顺坡耕作、过度放牧),或由于开矿、修路未采取必要的预防措施等,都会加剧水土流失。

由于公路和铁路是跨区域的带状交通设施,其途经范围广,在施工期需要开挖山体或者填筑凹地和地沟,对土壤侵蚀的发生起到了促进作用,因此这两种交通方式对土壤侵蚀的影响较大。航空的基础设施建设主要体现在机场区域,平原区域的机场选址条件较好,对植被的破坏和影响相对较小;西南地区多高原山地、少平原丘陵的地形地貌特征,使得机场大多位于海拔较高的高原平地或山头空地,如排在世界前三位的高海拔机场——四川稻城亚丁机场(海拔 4411m)、西藏昌都邦达机场(海拔 4334m)和四川康定机场(海拔 4280m)均在西南地区。这些高原地区本身自然生态相对脆弱,自身修复能力较差,在机场建设和运行中,如果不妥善采取人工生态修复和污染防治措施,当地生态一旦遭到破坏,就再难得到复原,也会加剧周边的土壤侵蚀影响。

交通建设引起土壤侵蚀的主要因素有:山体开挖造成地表裸露;填筑路堤增加裸露面;施工过程中损坏原有地表植被及水保设施;干扰不良地质增加其不稳定性等引起水土流失。其中,对地表植被的破坏引起的水土流失的工程环节有:施工便道、施工机械碾压及施工人员践踏等。

交通设施营运期引起的土壤侵蚀主要表现在营运初期,当施工过程产生的能引起土壤侵蚀的因素,如挖方路段的上边坡,路基边坡和取、弃土场产生的裸露面及破坏了地表植被的施工临时用地等尚未消除时,在生态恢复措施尚未恢复到建设项目施工前的水平时,仍然存在一定程度的土壤侵蚀。

7.2.4.2 土壤侵蚀量的计算

(1)土壤侵蚀量

道路建设影响范围内水土流失的侵蚀量,采用下式进行估算:

水土流失侵蚀量 = 土壤侵蚀模数 × 水土流失面积 　　　　(7-1)

对土壤侵蚀模数的确定主要通过两种途径:一是采用路线经过的市、县级水利主管部门提供的当地资料;二是在具有监测资料的情况下,采用公式计算。

(2)土壤侵蚀量预测模型

目前,我国对以水蚀为主的土壤侵蚀模数,采用通用土壤流失方程估算。即:

$$A = R \cdot K \cdot L \cdot S \cdot C \cdot P \tag{7-2}$$

式中:A——表示某一地面或坡面,在特定的降雨、作物管理方法及所采用的水保措施条件下,单位面积上产生的土壤流失量(t/km^2);

R——降雨和径流因子,表示在标准状态下,降雨对土壤的侵蚀潜力,也称降雨侵蚀指数;

K——土壤可蚀性因子,对于特定土壤,等于单位 R 在标准状态下,单位面积上的土壤流失量(t/km^2);在其他因素不变时,K 值反映了不同土壤类型的侵蚀速度,它是方程式右边唯一有量纲的因子;

L——坡长因子,等于实际坡长产生的土壤流失量与相同条件下特定坡长(22.1m)上产生的土壤流失量之比值;

S——坡度因子,等于实际坡度下产生的土壤流失量与相同条件下特定坡度(9%)下产生的土壤流失量之比值;

LS——地形因子;

C——植被与经营管理因子,等于实际植被状态和经营管理条件下,坡地上产生的土壤流失量与裸露连续休闲土地上的土壤流失量的比值;

P——水土保持措施因子,也称保土措施因子。等于采取等高耕作、条播或修梯田等水土保持措施下的农耕地上的土壤流失量与顺坡耕作、连续休闲土地上的土壤流失量之比值。

在方程式右边的 6 个因子中,R 和 K 对于特定地区和特定土壤是个常量;L、S、C、P 可通过人为措施加以改变。

采用式(7-2)计算土壤侵蚀模数时应注意:

①多年来,水土保持部门以通用土壤流失方程为基础,针对不同环境条件,研制出一些计算不同地区土壤侵蚀量(或土壤侵蚀模数)的经验公式,可供计算用。

②路线跨越不同自然区域时,土壤侵蚀量应分段计算,然后相加。

③方程式中有关因子的确定,需参考水保部门提供的方法和数据。

④应考虑人为因素的影响。结合道路施工时对地表植被的破坏程度,填、挖路段状况,以及采石、取土与弃土堆放情况等,分析由于人为因素可能增加的土壤侵蚀量。

对以风蚀为主地区(如西北干旱地区)的土壤侵蚀模数,需要参考有关资料确定。

7.2.5　交通建设的水土保持方案

7.2.5.1　交通建设项目水土保持方案的一般要求

《中华人民共和国水土保持法》及《中华人民共和国水土保持法实施条例》中规定,在山区、丘陵区、风沙区修建铁路、公路、水工程、开办矿山企业、电力企业和其他大中型工业企业，其建设项目环境影响报告书中必须有水土保持方案。水土保持方案是开发建设项目总体设计的重要组成部分，是设计和实施水土保持措施的技术依据。

水土保持是用农、林、牧、水利等工程措施防治水土流失，保护水土，充分利用水土资源的统称。《中华人民共和国水土保持法》规定："一切单位和个人都有保护水土资源、防治水土流失的义务，并有权对破坏水土资源、造成水土流失的单位和个人进行检举。""修建铁路、公路和水利工程，应当尽量减少破坏植被；废弃的砂、石、土必须运至规定的专门存放地堆放，不得向江河、湖泊、水库和专门存放地以外的沟渠倾倒；在铁路、公路两侧地界以内的山坡地，必须修建护坡或者采取其他土地整治措施；工程竣工后，取土场、开挖面和废弃的砂、石、土存放地的裸露土地，必须植树种草，防止水土流失。"

7.2.5.2 水土保持方案防治范围

按照相关规定合理规划交通建设项目水土保持方案的防治范围，对保证交通建设的安全施工，交通设施的安全运营和保护沿线生态环境均具有重要意义。方案的防治范围可划分为施工区、影响区和预防保护区。

(1) 施工区

包括工程基建开挖区、采石取土开挖区、工程扰动的地表及堆积弃土石渣的场地等。该区是引起人为水土流失及风蚀沙质荒漠化的主要物质源地。

(2) 影响区

包括地表松散物、沟坡及弃土石渣在暴雨径流、洪水、风力作用下可能危及的范围，可能导致崩塌、滑坡、泥石流等灾害的地段。

(3) 保护区

在影响区以外，可能对施工或交通营运构成严重威胁的主要分布区。如威胁道路的流动沙丘、危险河段等的所在地。

7.2.5.3 水土保持方案的主要内容

(1) 水土保持方案的防治目标

由人为因素造成的水土流失基本得到控制。除工程占地、生活区占地外，土地复垦及恢复植被面积必须占破坏地表面积的90%以上。采用各类设施阻拦的弃土石渣量要占弃土石渣总量的80%以上。对于原有地面水土流失的现象应得到有效治理，使防治范围的植被覆盖率达40%以上，治理程度达50%以上，原有水土流失量减少60%以上。

(2) 水土保持方案的防治重点及对策

水土保持的防治需将对人为新增水土流失及土地沙质荒漠化作为防治的重点。总的防治对策为：控制影响交通设施施工与运营的洪水、风口动力源；固定施工区的物质源，实现新增水土流失和自然水土流失两者兼治。

施工区作为重点防治对象。工程基建开挖和采石取土场开挖，应尽量减少破坏植被。废弃土石渣不许向河道、水库、行洪滩地或农田倾倒，应选择适宜地方作为固定弃渣场，并布设拦渣、护渣及导流设施。

在交通设施沿线，根据需要布设护路、护河、护田、护村等工程措施，还应造林种草，修建梯地、坝地，达到保护土地资源，减少水土流失的效果。

7.3 水环境影响分析与防治

7.3.1 基础知识

7.3.1.1 水资源

水资源指的是淡水资源,它是自然资源的组成部分。当今世界面临的人口、资源、环境、生态四大问题,水资源和他们有着密切的关系,因此,水资源已成为世界各国关心的一个重要问题。随着人口的增长,经济的发展,以及人类生活水平的提高,人类社会对水的需求量日益增长,不少国家和地区已经发生了不同程度的水资源危机,水资源已成为不亚于能源和粮食的严重问题。

水资源分为地表水资源和地下水资源两部分。地表水资源包括河川径流、冰川雪融水、湖泊沼泽水等地球表面上的水体,其中河川径流占90%以上。地下水资源是指埋藏在地表以下岩层中的水。通常,由于地下水在流动过程中被岩层吸附、过滤和微生物的净化,其水质多数比地表水好。

根据联合国统计,21世纪初的全球淡水消耗量比20世纪初以来增加了6~7倍,比人口增长速度高2倍,全球目前有14亿人缺乏安全清洁的饮用水,即平均每5人中便有1人缺水。估计到2025年,全世界将有近1/3的人口(23亿)缺水,波及的国家和地区达40多个,中国被联合国认定为世界上13个最贫淡水资源的国家之一。我国淡水资源总量名列世界第六,但人均占有量仅为世界平均值的1/4,位居世界第109位,而且水资源在时间和地区分布上很不均衡,有10个省(自治区、直辖市)的水资源已经低于起码的生存线,那里的人均水资源拥有量不足500m³。目前我国有300个城市缺水,其中110个城市严重缺水,他们主要分布在华北、东北、西北和沿海地区,水已经成为这些地区经济发展的瓶颈。

7.3.1.2 水环境污染

作为环境介质的水通常不是纯净的,其中含有各种物理的、化学的和生物的成分。水的感官性状(色、嗅、味、浑浊度等)、物理化学性质(温度、pH、电导率、氧化还原电位、放射性等)、化学成分、生物组成和水体底泥状况等,均因污染程度不同而有很大差别。

早期的水体污染主要由人口稠密的城市生活污水造成。工业革命以后,工业排放的废水和废物成为水体污染物的主要来源。20世纪50年代以后,一些水域和地区由于水体严重污染而危及人类的生产和生活。70年代以来,人们采取了一些防治污染措施,部分水体的污染程度虽有所减轻,但全球性的水污染状况还在发展,尤其是工业废弃物对水体的污染还具有潜在的危险性。水源因受到污染而降低或丧失了使用价值,具体污染的形态或指标分别简述如下:

(1)病原体污染。生活污水、畜禽饲养场污水以及制革、洗毛、屠宰业和医院等排出的废水常含有各种病原体,包括各类细菌,如伤寒杆菌、霍乱弧菌、痢疾杆菌等;各类病毒,如甲型和戊型肝炎病毒、人类轮状病毒等;各类原虫,包括贾第氏虫、血吸虫等。水体受到病原体污染会传播疾病。如1848年和1854年英国两次霍乱流行,每次死亡约万余人;德国汉堡1892年发生的霍乱流行,死亡7500余人。这几次大的瘟疫流行,都是因水污染而引起的。

(2) 需氧物质污染。生活污水、食品加工和造纸等工业废水含有碳水化合物、蛋白质、油脂等有机物质。这些物质以悬浮或溶解状态存在于污水中,通过好氧微生物的作用分解而消耗氧气,因而称为需氧污染物。这些物质使水中的溶解氧减少,影响鱼类及其他水生生物的生长。当水中溶解氧耗尽时,有机物将在厌氧菌的作用下进行厌氧分解,产生硫化氢、氨和硫醇等具有难闻气味的物质,使水质进一步恶化。

(3) 富营养化物质污染。生活污水和某些工业废水常含有一定量的磷、氮等植物营养物质,这些物质排入水体后,促使某些藻类大量繁殖,甚至覆盖整个水面,可使水体缺氧,致使大多数水生动、植物不能生存而死亡,这就是水体的富营养化污染。

(4) 石油污染。石油类物质在水面形成油膜,阻碍水体的复氧作用,致使鱼类和浮游生物的生存受到威胁,并使水产品的质量恶化。石油污染主要由于海洋石油运输发生泄漏事故。

(5) 放射性污染。放射性物质进入水体造成放射性污染。放射性物质来源于核动力工厂排出的废水,向海洋投弃的放射性废物,核动力船舶事故泄漏的核燃料,核爆炸进入水体的散落物等。受放射性物质污染的水体使生物受到危害,并可在生物体内蓄积。

(6) 热污染。它是由工矿企业向水体排放高温废水造成的。热污染使水温升高,水中化学反应、生化反应速度随之加快,溶解氧减少,破坏了水生生物的正常生存和繁殖的环境。一般水生生物能生存的水温上限为33~35℃。

(7) 有毒化学物质污染。有毒化学物质主要指重金属和微生物难以分解的有机物。重金属在自然界不易消失,它们通过食物链而被富集。难分解的有机物中不少属于致癌物质。因此,水体一旦被有毒化学物质污染,其危害极大。

(8) 盐类物质污染。各种酸、碱、盐等无机化合物进入水体,使淡水的矿化度增高,降低了水的使用功能。

7.3.1.3 水体自净作用

水体能够在其环境容量的范围以内,经过水体的物理、化学和生物的作用,使排入的污染物质的浓度和毒性随着时间的推移及水在向下游流动的过程中自然降解,称为水体的自净作用。水体的自净过程较为复杂,受很多因素的影响。从机理上看,水体自净主要由下列几种过程组成:

(1) 物理过程。包括稀释、混合、扩散、挥发、沉淀等过程,水体中的污染物质在这一系列的作用下,其浓度得以降低。

(2) 化学及物理化学过程。污染物质通过氧化、还原、吸附、凝聚、中和等反应使其浓度降低。

(3) 生物化学过程。污染物质中的有机物,由于水体中微生物的代谢活动而被分解、氧化并转化为无害、稳定的无机物,从而使其浓度降低。

7.3.1.4 水环境容量

一定水体在规定的环境目标下所能容纳污染物质的最大负荷量称为水环境容量。水环境容量大小与下列因素有关:

(1) 水体特征。如水体的各种水文参数(河宽、河深、流量、流速等)、背景参数(水的pH值、碱度、硬度、污染物质的背景值等)、自净参数(物理的、化学的、生物的)和工程因素(水上的闸、堤、坝等工程设施以及污水向水体排放的位置和方式等)。

(2)污染物特征。如污染物的扩散性、持久性、生物降解性等都影响环境容量。一般来说,污染物的物理化学性质越稳定,环境容量越小。耗氧有机物的水环境容量最大,难降解有机物的水环境容量很小,而重金属的水环境容量则更微小。

(3)水质目标。水体对污染物的纳污能力是相对于水体满足一定的用途和功能而言的。水的用途和功能要求不同,允许存在于水体的污染物量也不同。我国《地表水环境质量标准》(GB 3838—2002)将水体分为5类,每类水体允许的标准决定着水环境容量的大小。另外,由于各地自然条件和经济技术条件的差异较大,水质目标的确定还带有一定的社会性,因此,水环境容量还是社会效益参数的函数。假如某种污染物排入某地表水体,此水体的水环境容量可表示为

$$W = V(S - B) + C \tag{7-3}$$

式中:W——某地表水体的水环境容量;
V——该地表水体的体积;
S——地表水中某污染物的环境标准(水质目标);
B——地表水中某污染物的环境背景值;
C——地表水的自净能力。

可见,水环境容量既反映了满足特定功能条件下水体的水质目标,也反映了水体对污染物的自净能力。

7.3.2 交通行业的水环境污染

交通运输项目对环境影响主要体现在两个阶段,即交通基础设施的施工和运营阶段。交通建设项目的水环境影响程度主要取决于这两个阶段所产生的活动内容、规模及强度。

7.3.2.1 交通基础设施施工阶段的水污染源

根据交通基础设施建设的特点,对水环境的影响主要有以下两方面。

(1)对地表水的影响环节

在交通基础设施施工期,施工队伍的生活污水,施工机械的油料遗弃,施工物质如沥青、施工车辆与施工材料的冲洗废水都会对路面径流,附近河流、水源、农田等水质造成很大影响,桥梁施工时遗漏的化学品,油污、固体污物洒落水体将直接对水体产生污染。

公路工程、铁路工程、机场和港口建设会造成水流集中于某一点,在许多场合,还会使水流速度加快,从而改变地表水流的状态。在特定的区域条件下,这些变化会导致土壤侵蚀以及河流淤塞等后果。这些影响常常可能波及那些远离公路的地区。铺设路面会降低土壤的可渗透性,从而增加地表径流。

施工作业人员的生活污水主要含有人的排泄物和生活废料。其成分主要取决于人们的生活水平和习惯,与气候条件也有密切关系。生活污水的特征是水质比较稳定、浑浊、深色,具有恶臭,呈微碱性,一般不含有毒物质,但常含植物营养物质,且含有大量细菌(包括病原菌)、病毒和寄生虫卵。表7-2为典型的生活污水水质。

砂石料冲洗废水、混凝土养护废水、机械和车辆冲洗废水的主要污染因子是SS、COD、BOD_5和石油污染等。

典型的生活污水水质（单位：mg/L）　　　　　表 7-2

序　号	指　　标	浓　度		
		高	中常	低
1	总固体（TS）	1200	720	350
2	溶解性总固体	850	500	250
3	悬浮物（SS）	350	220	100
4	可沉降物	20	10	5
5	生化需氧量（BOD5）	400	200	100
6	化学需氧量（COD）	1000	400	250
7	总有机碳（TOC）	290	160	80
8	总氮（N）	85	40	20
9	总磷（P）	15	8	4
10	油脂	150	100	50

建设项目施工期间无论是施工废水还是供应地的生活污水，都是暂时的，随着工程的建成其污染源也将消失。通常项目施工期的污水对环境不会有大的影响，可采用简单的、经济的处理方法。如供应地的生活污水采用化粪池处理，施工废水设小型蒸发池收集，施工结束将这些池清理填埋。

（2）对地下水的影响环节

交通基础设施的施工活动（如开挖、爆破作用、钻孔、挖沟）会影响施工区域地下水的质量和数量，改变地下水资源埋藏和运动的条件，破坏正常的自然规律。水文扰动导致水流与数量的变化，进而影响路边甚至距离较远地区的人类饮用水和动植物生存需要。

由于重金属含量较高的粉煤灰在筑路中的大量运用，也可能对地下水会有一定影响。公路排水和开挖会降低周围区域的地下水位，而路基和其他结构物则因限制水流而提高周围区域的地下水位，其结果会造成土壤侵蚀，土壤恶化，植被减少，影响饮用水和农业灌溉及鱼类和野生动物的生存。

7.3.2.2　交通运营阶段的水污染源

交通基础设施运营期间对水环境的污染主要来自直接污染和间接污染。其中直接污染主要是指水路运输或在港口的装卸作业过程中，由于运行事故或作业人员疏忽等原因，导致部分有毒有害物质、石油类物质泄漏，直接进入自然水体引起的污染物质超标。间接污染主要是部分污染物质通过排放系统或自然排放进入水体，从而引发的水环境污染现象，主要包括路面径流和站场、配套服务区的污水。

（1）路面径流的影响

交通运营阶段地面径流对水环境的污染，是指道路和铁路货物运输过程中在地表的抛洒物，汽车尾气中微粒在路面上的降落物，燃油在路面上的滴漏及轮胎与路面的磨损物等，具体见表 7-3。当降水形成地面径流时，就携带这些有害物质排入水体或农田。可见，路面径流的污染是在雨水与地面接触后，亦即降雨产生径流将地面沉积的污染物携带排放而产生的。因此由于交通活动而形成的地面沉积物是交通运营阶段地面径流最重要的污染源。

公路路面径流污染物与污染源 表7-3

污 染 物	污 染 源
固体物质	混凝土及沥青路面,轮胎磨损颗粒,筑路材料磨损颗粒,运输物品的泄漏,紧急制动,大气降尘,路面除冰剂和杂物等
有机毒物	汽油和柴油的不完全燃烧物和润滑油的泄漏等
油、脂类	燃料及润滑油的泄漏,废油的抛弃等
重金属	汽车尾气的排放,燃料或润滑油的泄漏,除水剂的撒播,轮胎的磨损,制动器,杂物等
N、P营养物	晴天降尘,雨天降水,公路两边植物施肥等

近年来,公路路面径流作为一种具有较大污染潜力的污染源已经得到了许多国家的广泛关注。公路路面径流是具有单一地表使用功能的地表径流,所含污染物与车辆运输及周围环境状况有关,表7-4是西安市南二环路及西临高速公路路面径流污染物浓度实测结果。

路面径流水质(单位:mg/L) 表7-4

污染物	西安市南二环路		西临高速公路	
	径流期间的瞬时浓度范围	流量加权平均浓度	径流期间的瞬时浓度范围	流量加权平均浓度
SS	242～2322	728	126～813	347
COD	143～835	340	58～412	167
总Pb			0.05～0.77	0.23
总Zn			0.15～1.34	0.45

根据国内外相关研究结果表明,路面沉积物中各种污染物主要包括:

①SS(固体悬浮物)。SS是公路路面最主要的污染物,其他污染物如重金属及有毒化合物PAH5等多是黏附在其表面上。其主要来源有轮胎磨损颗粒、筑路材料磨损颗粒、运输物品的泄漏、制动连接装置产生的颗粒及其他与车辆运行有关的颗粒物、大气降尘及除冰剂等。

②重金属。公路路面沉积物中含量最大的重金属是Pb,Pb主要来自于汽车尾气的排放,也有部分来自于燃料或润滑油的泄漏及除冰剂的撒播。

③氯化物。主要出现在寒冷地区的道路,来源于清除路面结冰而铺撒的除冰盐。

④油和脂。主要来源于燃料及润滑油的泄漏。

⑤毒性有机物。路面沉积物中汽油烃(PHC)和多环芳烃(PAH5)一部分来自汽油的不完全燃烧产物,但其最主要的来源是润滑油的泄漏,这些有毒性的有机物的溶解性很小,绝大部分黏附于固体颗粒上。

⑥N(氮)和P(磷)营养物。主要来自于晴天或雨天时的大气降尘,对公路、铁路两边所种植物进行施肥等日常维护工作也是营养物的主要来源。

⑦农药。空气中飘浮的农药颗粒在沉降和降雨淋洗的作用下会进入路面径流,目前公路路面径流中发现的农药成分有氯丹、甲氧基氯化物和重氮基氯化物。

这些物质一部分直接沉积在铁路或公路附近,其他部分则飘散在空气中随降尘或降雨

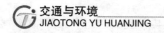

进入路面或土壤表面。地面可沉降污染物的沉积并不是时间的线性函数,而是与交通运行频率、路况和车况、路面清扫频率等有关。

路面径流雨水中检测出污染物的种类较多,但引起污染的主要指标却很明确,以 SS、COD 为主,可生物降解性较小,其处理应以物理法处理为主,约50%的重金属亦可通过颗粒物的方式去除。

一般来说,公路路面径流不会对水体和土壤造成大面积的污染。但当公路距自然保护区、水源保护地、水产养殖区或对水质有特殊要求的水体较近时,应考虑路面径流对水环境的污染。路面排水不能直接排入这些水体,必要时可在路边设置沉淀池进行沉淀处理后排放或利用天然洼地、池塘、湿地等收集处理路面径流。另外,道路交通事故污染物,道路运输有毒有害化学品时的洒、冒、泄漏,以及汽车尾气中的大部分污染物最终也都将在自然沉降或雨水淋洗作用下迁移至地表水环境中。

随着路面径流携带可溶性污染物下渗还会导致地下水污染。同时,公路路面径流也污染周边土壤,影响土壤营养物质和能量的转化,从而使生物生产量受到影响,严重则导致土壤丧失生产力。

总之,公路路面径流污染具有复杂性、分散性、隐蔽性、随机性、不易监测、难以量化、排放无规律、初期效应显著等特征,且其他污染指标与 SS 一般具有较强的相关性。

(2)站场、服务区的影响

站场泛指机场、火车站、港口作业区、高速公路收费站等,这些场所是客流、运营工作人员聚集的场所,因其生产生活需要将产生大量的生活污水、洗车水、舱底水、船舶压舱水,这些水体直接或间接进入自然水域就会引发水环境污染。

前文已述,生活污水中含有大量的碳水化合物和氮、磷、硫等营养元素的有机物,还包括洗涤剂和许多病原菌,生活污水在进入天然水体后,会造成水中溶解氧的大量消耗及促进水富营养化,同时还可能造成病原菌和病毒通过水的媒介进入船舶。

压舱水一般储存在专门的压载水舱中,适量压舱水可保证船舶的螺旋桨吃水充分,将船舶尾波引发的船体震动降低到最低限度,并维持推进效率。它可通过调节船舶的重量分布和吃水深度,使船舶符合当时的海洋条件,确保船舶在航运过程中的稳定和操作安全。压舱水还可使船舶在航运过程中受到的剪切力和倾斜的时间保持在安全的范围内。因此,吸取、排放压舱水就是船舶操作的重要组成部分,这也成为外来生物异地入侵的主要渠道。

舱底水是指:船舶在运输过程中,由于外板渗漏,舱口盖不够密封,管路渗漏,尾轴套筒和舵杆套筒填料箱的渗漏以及温差引起的湿气冷凝,在舱底形成的积水。舱底水必须得到及时的排除,否则会使货物受潮变质,使船体结构锈蚀,甚至会危及船舶的安全。排除的方法是在各舱舱底设置集水井,使污水沿污水沟流至集水井内聚集,在集水井处装上吸水过滤器,并与吸水管路相通,当舱底水泵开动时,通过吸水管将舱底水抽出并排至船外,这也使得舱底的洒落物质随着舱底水的排放进入自然水体。

高速公路服务区一般设有餐饮、住宿、加油、洗车、维修、公厕等服务设施,为驾乘人员提供休息、餐饮、维修、加油等服务,因此服务区污水一般由生活污水、餐饮洗涤废水、洗车废水和加油站清洗废水等组成。高速公路附属设施污水呈现以下几个特点:

①由于缺乏实际客流量和用水量统计数据,常常导致污水处理设备设计处理量远大于

污水实际水量,进而可能导致污水处理设施不能正常运转。

②附属设施由于来往车辆的随机性导致日、月、季污水水量波动性较大,由于高速公路交通量逐年增大,水量一般呈现逐年增大的过程。

③附属设施的规模、性质及使用功能不同,所排放的污水量的差异较大。

我国部分城市高速公路附属设施污水水质见表7-5。

高速公路附属设施污水水质(单位:mg/L)   表7-5

测点名称	pH	SS	COD	BOD_5	氨氮	石油类	动植物油
沪杭路枫泾服务区南区	7.43~7.76	86~142	162~660	51.6~98.1	37.2~47.8	4.2~9.5	
沪杭路枫泾服务区北区	8.12~8.33	78~282	141~381	65.7~116	108~126	2.4~9.6	
汕汾路潮州服务区东区		50~115	240~460			2.10~4.80	23.5~33.5
汕汾路潮州服务区西区		84~138	235~524			2.01~5.01	13.4~26.7
锡澄路堰桥服务区西区		331	1210	509			
锡澄路堰桥服务区东区		170	937	389			
锡澄路江阴北收费站		328	77	40.5			
广靖路靖江管理中心	6.5~7.0	50~110	187~330		22.4~54.1		
成雅路石象湖服务区A区	7.94	109	195	124			
成雅路石象湖服务区B区	8.26	578	101	281			
石安路西兆通服务区	7.32~7.74	58~262	417~546	116~303	74.29~77	3.98~7.48	
石安路磁县服务区	7.54~7.99	10~90	98~139	16.8~42.1	55.72~58.	1.66~4.32	
漯驻路遂平养护工区	6.76~7.48	261~1810	210~885	88.0~298	7.58~9.23	5.00~12.24	
漯驻路徐庄服务区西区	6.97~7.50	311~2000	577~1810	240~850	33.8~35.4	5.29~13.79	
漯驻路徐庄服务区东区	7.16~7.33	371~523	1030~2030	480~920	62.2~65.3	4.8~16.24	

由此可见,服务区排放污水具有以下特点:污水中有机物浓度较低,主要污染物组成为悬浮物、碳氢化合物、蛋白质、动植物油、氮和磷的化合物、表面活性剂及无机盐等,需控制的水质指标为 SS、BOD_5、COD、氨氮、动植物油及石油类等。

7.3.3 水环境污染防治措施

7.3.3.1 场站附属设施生活污水处理

公路沿线的服务区、各类交通方式场站排放的废水以生活污水为主,所以采用生活污水的处理方式进行处理。生活污水处理应依据附属设施规模大小、投资条件、污水处理程度、受纳水体的要求以及环境特征等因素,选择不同的方法和处理工艺:以回用为目的的污水处理工程一般要采用3级处理工艺;排入执行《污水综合排放标准》(GB 8978—1996)一、二级标准水体的污染水一般要采用二级处理工艺才能满足要求;用作农田灌溉用水的污水一般采用一级处理即可满足《农田灌溉水质标准》(GB 5084—2005)的要求。

对于大型洗车场和加油站的污水,常含有泥沙和油类物质。油类不溶于水,在水中的形态为浮油或乳化油。乳化油的油滴微细,且带有负电荷,需破乳混凝后形成大的油滴才能除去。当污水进入隔油池后,泥沙沉淀于池的底部,浮油漂浮于水面,利用设置在水面的集油管收集去除。

7.3.3.2 地面径流水污染控制

地面径流水污染属于面源污染的范畴,目前,西方发达国家对面源污染非常重视,美国20世纪70年代初就开始了大规模的包括公路路面径流在内的面源污染调查研究及治理,开发了许多用于公路面源污染防治的技术及方法。大致可以规划为植被控制、湿式滞留池、渗滤系统及湿地4个方面。

(1)植被控制

植被控制是一种利用地表密植的植物对地表径流中的污染物进行截流的方法,它能够在地表径流输送的过程中将污染物从径流分离出来,使到达受纳水体的径流水质获得明显的改善,从而达到保护受纳水体的目的。地表的植被不但有助于减小径流的流速,提高沉淀效率,过滤悬浮固体,提高土壤的渗透性,而且能够减轻地表径流对土壤的侵蚀,常常是一种有效的径流污染控制方法。

植被控制包括植草渠道和漫流两种。植草渠道即在输送地表径流的沟、渠中密植草皮以防止土壤侵蚀并提高悬浮固体的沉降效率。经国外专家研究,在较为平缓的坡度(<5%)上种植高于地面至少15cm的草,保持植草渠道内较小的流速(<46cm/s)可取得良好的去除效率。地表漫流是过滤带理论的应用,它是在坡度较小的带状地面密植草皮使水流发散成为面流,从而过滤污染物质并提高土壤渗透性能的一种方法。

地表植被去除污染物的机理为:吸附、沉淀、过滤、共沉淀和生物吸收过程。重金属、氮、磷的去除主要与渗透损失、地表贮留有关。草是植被控制中最常用的植物,它对污染物的去除效率比其他植物高得多,如灌木、树等。草的种类和密度,叶片的尺寸、形状、柔韧性和结构等会影响污染物的去除效率。被植被覆盖的地表面积大小是影响到污染物去除的效率及其下渗量的因素。

植草绿化的路肩、边坡、边沟对公路路面径流中的一些污染物质都有良好的去除效果。

如表7-6所示为植草渠道对路面径流污染物的去除效果的研究结果。

植草渠道对路面径流污染物的去除效率　　　　表7-6

水质参数	公路排水 （流量加权平均浓度）	植草渠道出水 （流量加权平均浓度）	浓度降低率 （%）
SS	77	35	54
VSS	15	9	40
BOD_5	5.1	4.9	4
COD	46	32	30
总碳(TC)	25	15	40
溶解态总碳	16	10	38
NO_3-N	0.83	0.22	74
总磷	0.15	0.07	53
油脂	4.3	0.4	91
Cu	0.020	0.005	75
Fe	2.458	0.421	83
Pb	0.018	0.003	83
Zn	0.071	0.019	73

（2）湿式滞留池

湿式滞留池是池中平时保持有一定水量的滞留池，是去除地表径流污染最实用有效的方法之一。湿式滞留池的效率取决于滞留池的规模、流域面积和暴雨特征等。水在滞留池中的停留时间是影响去除效率的关键因素。滞留池去除颗粒状污染物的基本理论是沉淀，但一些滞留池对一些可溶性营养物质也有很好的去除效果，如可溶性磷、硝酸盐及亚硝酸盐氮，其机理可能是由于湿式滞留池中的生物作用。

湿式滞留池不同于干式滞留池。干式滞留池中平时无水，主要是用于暴雨径流控制，可消减洪峰流量，由于其滞留时间通常为几个小时，一般不足以使细小的悬浮物沉淀下来，且前一次地表径流的沉积物有可能在后一次的降雨中被冲出，使后一次的处理效果降低，所以长期总的效果不如湿式滞留池好。

2006年Dr. Barrett等人曾对美国北卡罗来纳州的几座湿式滞留池的处理效果做了比较，如表7-7所示，发现池表面积与流域面积比（SAR）与处理效果之间存在良好的相关关系，1%~2%的SAR一般可达到处理的要求。

（3）渗滤系统

渗滤系统是使地表径流雨水暂时存储起来，并渗透到地下的一种暴雨径流控制方法。渗滤系统在美国的许多地方都作为一种处理暴雨径流的可选方案。可单独使用，也可与其他常规方法结合使用。渗滤系统通常包括渗坑、渗渠及渗井。设计良好的渗滤系统对路面径流中的污染物有很好的去除作用，渗滤系统适用于：

①土壤或下层土壤有很好的渗透性。

②地下水位低于渗滤系统最低点最少3m。

③入流中的悬浮固体含量小。

北卡罗纳州几座湿式滞留池对暴雨水质的控制结果　　　　表7-7

参　　数		名　　称		
		LS	WF	RB
流域面积（hm²）	上游面积	12.1	122.2	148.5
	周围面积	14.5	—	28.3
池表面积(hm²)		2.0	0.7	1.3
池容积(m³)		4.73	0.64	1.53
池平均水深(m)		2.4	0.9	1.2
SAR(%)		7.5	0.6	0.8
平均去除效率（%）	SS	93	62	41
	总磷	45	36	
	凯氏氮	32	21	
	Zn	80	32	
	Fe	87	52	

④渗透过程中有足够的存储空间存储地表径流。

在我国，渗滤系统的设计实施主要是用于暴雨径流量的控制及地下水的补充，对径流水中污染物的去除只是一种附带的功效。如西安至宝鸡高速公路沿线设置了几十座渗坑，其主要作用是控制路面暴雨径流即路基排水，同时又可补充西安市越来越少的地下水，并控制污染。

（4）湿地系统

地下水位在地表或接近地表、土地被一层潜水淹没或种植水生植物的土地均称之为湿地。饱和浸润是湿地演化过程的主导因素。湿地是一种复杂的生态系统，通常出现在陆地与水体的交界处，其特征通常是：植物生长茂盛，对营养的需求量大，分解速率高，沉积物及生化基质的含氧量低，生化基质具有大的吸附表面。

湿地是一种高效的控制地表径流污染的措施，它可以同化入流中大量的悬浮物或溶解态物质。去除污染物的主要机理是沉淀截留和植物吸附。湿地也与滞留系统之间存在着一些不同，比如，湿地具有水层浅，利用植物作为污染物去除的机制，强调水流缓慢和面流。不同的地理位置、气候、水力参数和湿地类型都会大大影响污染物的去除效率。

在路面径流的污染控制方面，人工湿地也在国外得到广泛应用，暴雨径流在湿地中停留72h，SS的去除率可达95%。在美国的佛罗里达州，已经有许多为处理暴雨径流而设计的人工湿地，它们在控制暴雨径流的污染方面起到十分重要的作用。Dr. Stanley总结了美国佛罗里达州数十年暴雨径流控制的经验，认为一般情况下，湿地对SS、BOD及总氮的去除效率可达到较好的效果(60%~85%)，磷的去除效率变化很大，难以确定。

植被控制是可在地表径流流动的过程中去除污染物的方法，因此，植被控制可用在径流流动的各个环节，可作为径流的收集和输送系统，可单独使用也可与其他系统联合使用。与滞留池或湿地组合，可在径流进入这些系统的过程中减少对地表的侵蚀和冲刷。与渗滤系统结合，除减少对地表的侵蚀和冲刷外，还可在径流进入渗透系统前滤除悬浮物。

7.3.4 案例:仁赤高速公路建设水环境保护

(1)项目背景

仁赤高速公路是《贵州省高速公路路网规划》中的"五纵"的重要组成部分。仁赤高速公路使得遵义至赤水全线以高速公路贯通,为贵州省北山连接成渝经济圈增加一个重要的出口通道。由于仁赤高速公路的路线要经过茅坝沟水库、流沙岩水库和板桥水库水源保护区,而路面径流尤其是危化品运输泄漏事故会对该地区的水环境安全构成威胁,因此,在公路沿线的水环境敏感路段必须加强危险品运输事故风险防范,路面径流也不宜直接排入沿线敏感水体。为此亟须开展仁赤高速公路路面径流净化与危化品泄露应急处置技术的攻关研究,以解决仁赤高速公路建设和运营过程中敏感水环境的保护问题。

(2)路面径流水成分分析

路面径流的污水主要来源于降雨时路面及跨河桥梁桥面积水形成的径流水,主要影响是在河流、水库、取水点等路段的桥面或路面径流污水直接进入水体致使水体水质恶化。因此,为了避免初期雨水路面径流污水直接排入沿线水库区,造成水体污染,在仁赤高速公路水环境敏感路段选取典型试验段来收集路面污水及初期雨水径流污水,并进行水质成分分析测试,测试的主要指标有 COD、BOD_5、SS、NH_3-N(氨氮)、TN(总氮)、TP(总磷)、石油类和重金属等。污水水质排放标准执行《污水综合排放标准》(GB 8978—1996)中的 1 级标准,从而确定路面污水及初期雨水的各项组分及污染指标。茅坝沟水库、流沙岩水库和板桥水库水源地保护区水环境及临近高速公路径流情况监测结果见表 7-8。

水环境现状监测结果(单位:mg/L)　　　　表 7-8

编号	SS	NH_3-N	COD	BOD_5	pH 值	石油类	Pb(铅)
1	3.33	1.24	127	36	8.16	0.09	0.037
2	3.67	1.60	118	30	8.08	0.09	0.036
3	4.00	1.53	132	32	8.25	0.12	0.033
4	4.67	1.65	124	36	8.06	0.11	0.028
5	3.67	1.98	125	35	8.10	0.12	0.031
6	3.33	2.25	128	36	8.14	0.13	0.025
7	3.67	1.69	132	37	8.04	0.12	0.022
8	2.67	2.05	129	33	8.15	0.13	0.023
9	2.67	2.05	129	33	8.15	0.13	0.023
10	862.67	1.98	211	55	7.73	0.26	0.115
11	390.00	1.51	195	53	7.75	0.23	0.096
12	505.33	1.71	159	46	7.38	0.11	0.053

(3)水处理方案

对路面雨水径流来说,主要需考虑初期雨水对水环境的影响问题。路面雨水径流的水质有显著特点,即初期雨水含污量较高(污水中主要污染物为 SS 和石油类),后期雨水较为清洁。为防止含有污染物的初期雨水对水源保护区陆域区内地表水、地下水的影响,需将初期雨水产生的径流进行收集、处理,从而可将路面径流中所含的大部分污染物质去除,而比较干净的后期雨水直接排放至附近的水体中。降雨初期将地面污染物带走的雨水为初期雨水,其分为2种:一种是可将可溶性污染物及细小颗粒带走的初期雨水;一种是可将不可溶性及难移动的污染物带走的初期雨水。

对于初期雨水的取值及处理工艺,国内目前尚无统计资料及设计规范,可以参考欧洲的设计规范(降雨量大到8~16mm时为初期雨水)和澳大利亚环保部门的环评报告书中的统计数据(降雨量大于15mm时即可将道路表面油渍冲洗干净),将10mm的降雨量作为初期雨水量。目前国际上初期雨水处理方法主要包括沉淀、过滤或将其排入污水管网。由于工程沿线没有污水管网。因此设计中采用沉淀、过滤的处理工艺处理初期雨水。

污水处理构筑物及设备材料见表7-9,所有水池混凝土强度等级为C30,内掺10%水泥用量的UEA微膨胀剂,要求抗渗等级为P8。

污水处理构筑物及设备材料 表7-9

设备材料名称	型号及规格	数量	备注
带刺铁丝网(套)	非标自制	1	
配水井(座)	2m×2m×1.5m	1	含2个φ600mm的闸阀
沉淀池(座)	10m×10m×5.0m	1	钢筋混凝土正方体
人工湿地(座)	17.84m×10m×2.0m	1	钢筋混凝土正方体
蒸发池(座)	10m×10m×4.0m	1	钢筋混凝土正方体
应急池(座)	5m×5m×2.5m	1	钢筋混凝土正方体

7.4 电磁环境影响与防治

随着城市化的发展和科学技术的进步,无线电技术被广泛应用于国计民生的各个行业,深刻影响着千家万户的日常生活。它极大地推进了人类文明的进步,但同时也将人类带入了一个充满电磁辐射的环境中。电磁环境是指存在于给定场所的所有电磁现象的总和,包括自然界电磁现象和人为电磁现象。一般而言,城市电磁环境主要指认为电磁辐射产生的污染。电磁辐射已经被世界卫生组织列为生态环境的第四大污染源。广义电磁辐射的频带很宽,而且不同频带的电磁辐射具有不同的生物学效应。通常意义的电磁辐射是指频率小于300,波长为毫米波以上的辐射,和人类健康密切相关的主要是工频辐射和射频辐射。由于电磁辐射是一种无形的"杀手",不易被人们察觉,所以尚未引起公众足够的重视。

我国目前城市电磁辐射环境质量总体良好,但中波超短波及微波辐射源对其周围环境已造成一定污染,部分社区的电磁辐射水平已接近相关标准的上限,甚至有社区的复合功率密度值出现个别超标的现象。各类电磁波发射系统、工频辐射系统、利用电磁能的工业、科学、医疗设备等甚至包括部分家用电器,均是城市电磁辐射的污染源或潜在污染源。

电磁环境分类有多种方法,可以按照电磁频率、电磁辐射强度、电磁效应等因素进行分类。在城市电磁环境的产生因素中,按照应用领域分为六大类,包括:广播电视系统,移动通信系统,工业、医疗、科学研究系统,城市交通,高压输电配电系统,家用电器。详情见表7-10。

城市电磁环境产生因素 表7-10

应用领域	主要设备名称
广播电视系统	广播发射台、干扰台、电视发射台、差转台、无线电台
移动通信系统	移动通信站、局域无线通信
工医科系统	介质加热设备、感应加热设备、电疗设备、工业微波加热设备、射频设备等
城市交通	轻轨和电器化轨道、地铁、有轨电车、无轨电车
高压输配电系统	高压送变电系统、高压电线电晕放电、发动机火花放电
家用电器	开关弧光放电、电磁炉、微波炉、电热毯

7.4.1 城市电磁环境的现状

7.4.1.1 相关法规

《电磁辐射环境保护管理办法》是我国仅有的针对电磁辐射污染防治的立法,属部门规章。随着城市空域电磁辐射环境的日趋复杂,该管理办法已不能完全满足目前辐射环境监管的需要,主要表现为法规的内容相对滞后、效力级别低、难以有效执行。在电磁辐射防护标准方面存在以下问题:第一,原国家环境保护总局发布的《电磁辐射防护规定》和卫生部发布的《环境电磁波卫生标准》(GB 9175—1988)是我国电磁辐射防护领域的 2 个基本标准,但它们对环境电磁波容许辐射强度标准的规定存在不一致。第二,关于高压送变电设施的工频电磁场强度限值尚无国家标准,相关部门推荐暂分别以 4kV/m 和 0.1mT 作为居民工频电场标准和磁感应强度标准,这直接导致输变电设施电磁场评价标准的针对性不强。

7.4.1.2 城市空域电磁辐射能量密度

电磁辐射技术的广泛应用已造成城市空域电磁能明显上升。杭州市环境电磁辐射污染调查显示,1991~2006 年,杭州市区平均辐射强度增长 17.5 倍,年均增长率达 12.1%;天津市辐射环境质量报告显示,2006~2010 年,全市 54% 的监测点处电场强度呈逐年上升趋势。此外,有调查显示,重庆市部分居住社区的电磁辐射监测结果虽符合《环境电磁波卫生标准》的 1 级标准(小于 5kV/m),但 100kHz~3GHz 频率段的电场强度已接近容许场强值的上限,部分社区的复合功率密度出现个别值超标现象。

电磁辐射设施环境敏感性正在日渐增强,其主要表现为:城市扩张使一些广播电视和无线电通信发射台逐渐被新建城区包围,造成局部居民生活区场强较高;城市用电需求的增加及电网改造工程的实施,使大量高压输变电设施进入城市市区,而且电压等级不断升高,其产生的工频电磁场强度增加,此外高压输变电设施可能干扰广播和无线电通信;通信技术的发展使居民区被通信基站包围,虽然单个基站的功率较小,但是大量的通信站会使城市空域电磁场不断增强,另外,高层建筑顶部建有的微波定向天线、卫星天线等,易造成对高层建筑的电磁污染;城市交通的迅猛发展使交通干线的电磁污染不断加重。

7.4.1.3 无线电噪声干扰场强限值

目前环境评价实践中采用的标准:一是《高压交流架空送电线无线电干扰限值》(GB 15707—1995),其中规定了 110~500kV 在 0.15~30MHz 较低频率范围内的无线电干扰限值;二是采用国际无线电咨询委员会(CCIR)推荐的损伤制五级评分标准,在电视信号场强达标的情况下,以电视接收信噪比达到 35dB 作为满足居民电视接收质量的最低标准。

具体标准限值如表7-11所示。

电气化铁路及城市轨道交通电磁环境影响评价
无线电干扰相关标准限值(单位:dB,μV/m)　　　　　表7-11

类别	110kV	220~330kV	500kV	VHF频段信号基准场强	UHF频段信号基准场强	电视接收合格信噪比(dB)
高压送电线低频无线电干扰	46	53	55	—	—	—
列车电弧电视接收干扰	—	—	—	57	67	35

7.4.2 城市轨道交通的电磁辐射影响

城市轨道交通均为电气化牵引,城轨列车通过受电弓从高压的接触网上获得电能,驱动列车前进。就像其他高压输变电设备一样,城市轨道交通的接触网、主变电所会在周围环境中产生电磁场。同时,城轨列车受电弓沿接触网高速滑行时,会有跳动和瞬间离线现象,并产生电弧,高压输电线接触不良、绝缘子积尘、导线表面局部强电场等都会导致局部放电,这些电弧和局部放电会对周围环境辐射高频电磁波。

7.4.2.1 电磁辐射源

城轨列车在行驶过程中受电弓与接触网离线产生的电弧是比较突出的无线电噪声源;此外,沿线局部路堤、高架桥对信号有遮挡作用,可能对少数采用单机天线的居民电视收视造成影响。列车牵引接触网由于电压较低,其工频场强很小,属环保主管部门豁免项目,不会产生环境影响。

牵引变电所的工频电磁场可能引起周围居民对潜在健康影响的担忧;此外,高压设备谐波、导线表面局部强电场引起的空气电离放电以及绝缘子高应力区域、接触不良或导线表面不光滑引起的打火放电等,会对周围环境辐射一定的无线电干扰噪声。

车辆所内列车走行产生电磁辐射的特点与正线类似,不过因为列车进所后受电弓升降较频繁,放电火花较多,因而无线电干扰较正线稍强。

7.4.2.2 正线电磁环境影响

正线产生的电磁环境影响主要是干扰或遮挡沿线少数采用天线接收电视的居民收看电视。列车受电弓沿接触网高速滑行时产生的电磁辐射与接触网导线材质、导线张力、列车速度等因素有关。同时,列车产生的电磁干扰场强会随着与线路间的距离扩大而衰退,其基本规律是距离每增加1倍,干扰场强衰减约4.3dB(μV/m),与频率关系不大。

除受电弓离线电弧产生的无线电噪声外,局部路堤、高架桥对沿线居民电视接收信号有一定遮挡作用,可导致收视质量下降。这种遮挡效应与电视发射台天线高度、电视机接收天线高度、发射台及线路与电视接收机之间的距离、二者间的方位(分别位于线路两侧才会有遮挡效应)、路堤或高架桥高度以及电视频道频率高低等多种因素有关,发射及接收天线越高,距离越大,载频信号频率(频道号)越低,遮挡效应越小。按照通常的天线高度,在发射台距离10km、路堤(高架桥)高度10m的情况下,遮挡效应可对200m以内的部分电视频道收视造成明显影响。

7.4.2.3 牵引变电所电磁环境影响

对牵引变电所的测量表明,其场界围墙处工频电场均不超过 500V/m,远低于 4kV/m 的限值;工频磁场不超过 $1\mu T$,远低于 $100\mu T$ 的限值,因而对人体健康无任何影响。至于高压设备产生的无线电噪声,仅在 20MHz 以下的低频段有一定干扰场强,对电视接收和调频广播都不会产生任何影响。

7.4.2.4 车辆所电磁环境影响

列车进出所并在所内进行检修和整备作业,期间受电弓升降次数较多,同时所内可同时有多辆列车作业,从而产生远比正线多的电弧放电,导致无线电噪声强度增大。根据实测,车辆所进出段咽喉区、整备场等局部区域无线电干扰场强在 100 以下低频道可比正线干扰场强高 $10\sim25dB(\mu V/m)$,在 100MHz 以上频段干扰场强与正线相比差距有所缩小,但也要高 $2\sim10dB(\mu V/m)$。不过,车辆所的电磁辐射影响取决于其作业量,作业越繁忙,影响越大。

7.4.3 城市电磁污染的危害

7.4.3.1 电磁辐射对人体健康的影响

电磁污染对人体健康造成极大影响。电磁辐射对人体的危害分为热效应和非热效应两种。热效应是指当人体受到一定强度的电磁辐射后,其部分能量被吸收转变为非特异性的热能,使全身或局部组织受热,引起人体组织温度升高;或者通过人体体温调节机制调节体温,虽然温度尚未变化,但身体的散热作用加强了。非热效应指人体反复接受低强度电磁辐射后,体温虽未明显升高,但中枢神经系统及心血管等系统可受到影响。

根据已有研究,电磁污染对人体的影响主要体现在 6 个方面:电磁辐射能够诱发癌症并加速人体的癌细胞增殖,导致神经系统功能紊乱和内分泌系统紊乱,削弱心血管系统和免疫系统功能,电磁辐射造成生殖系统的损伤,导致不孕不育,流产率提高,胚胎发育迟缓停滞,畸胎率增加等,还会导致白内障等视觉系统疾病。

7.4.3.2 电磁辐射对机械设备的干扰

电磁污染对电子、电气设备造成干扰,导致周围其他设备、传输信道或系统性能下降,不能正常工作或失效。大量案例表明:地球上位于卫星轨道附近的广播与电视不能正常收听、收看;位于高压线路附近的室内计算机经常出现死机现象;地铁中无线网络造成地铁控制台失灵;强电磁辐射干扰医院的医疗器械或病人的心脏起搏器等,全世界每年由此而造成的经济损失达百亿美元。

7.4.3.3 电磁辐射对信息储存的危害

电磁辐射会带来信息泄漏的危险。储存介质中的信息泄漏的途径包括:电源线、各类电缆、存储介质自身、存储介质外联设备等。这些设备在一些情况下会起到发射天线的作用,将存储介质中非常重要的信息传送出去,泄漏的信息被不法分子利用之后,会给国家、集体、个人,或者金融、商业等领域造成无法挽回的损失,往往这些损失还无法用金钱衡量。如今,国家机关、科研机构、学术团体、企业和个人都在使用计算机,当计算机接入互联网络之后,那些重要的资料也就处于潜在的泄密危险之中。

7.4.4 有关人体健康的评价标准

电磁环境的辐射主要来自于工频电磁场和射频电磁场,对这两类影响,评价中执行的标准是《环境影响评价技术导则 输变电工程》(HJ 24—2014)和《电磁环境控制限值》(GB 8702—2014)。前者规定了不同的电压等级时,各输电线路及站点两侧的评价范围和评价等级,建议用工频电场、工频磁场等指标对电磁辐射影响进行评价;后者规定了各类电场、磁场、电磁场的公众暴露控制限值,分别明确了频率在 1Hz~300GHz 范围内的辐射防护限值,而适用于 GSM-R 无线基站 900MHz 工作频率下的公众照射导出限值为:一天 24h 内,任意连续 6min 的电磁辐射功率密度平均值不高于 $0.4W/m^2$ 或 $40\mu W/cm^2$。

据此,电气化铁路和城市轨道交通建设项目电磁环境影响评价中采用的有关人体健康的标准限值如表 7-12 所示。

电气化铁路及城市轨道交通电磁环境影响评价
人体健康相关标准限值   表 7-12

设施类别	工频电场强度(V/m)	工频磁感应强度(μT)	射频功率密度(μW/cm²)
牵引变电站	4.0	0.1	—
GSM-R 无线基站	—	—	8.0

7.4.5 电磁辐射环境影响防护措施

7.4.5.1 城市轨道交通电磁辐射环境影响防护措施

虽然总体而言电磁辐射并不构成城市轨道交通突出的环境影响,但秉承以人为本、保护优先的原则,并充分考虑到沿线民众对电磁辐射的忧虑、厌恶情绪,建设单位有必要采取适当的防护措施,确保敏感设施周围居民健康不受任何影响,沿线电视收视可能受影响的民众得到合理补偿。可采取的电磁辐射防护措施主要有:

(1)对与线路、车辆所、牵引变电所较近的居民,可结合工程拆迁、噪声振动防治拆迁、功能置换等措施,避免不良影响。

(2)加强沿线规划,避免在距线路一定距离范围内新建住宅等敏感建筑。

(3)对沿线电视收视受影响、达不到正常收看效果的居民预留有线电视接入补偿费用。

(4)做好牵引变电所的选址,确保牵引变电所围墙外 10m 范围内无居民住宅。

7.4.5.2 加强电磁辐射环境管理

为保护环境安全和公众健康,促进各类电磁辐射设施的规范、有序发展,需切实加强对电磁辐射环境的管理。首先要严格执行国家相关法律法规及技术标准规范,落实电磁辐射设施环境影响评价制度、审批制度、"三同时"制度、监测制度、公众参与制度等。其次要明确城市空域电磁波发展规划,并将其纳入城市建设总体规划,合理布局电磁发射设备,防止造成城市空域局部电磁污染。实施区域电磁辐射环境容量控制措施,对可能造成周边辐射环境污染的中短波发射台实施异地搬迁,对微波天线等辐射源周围的建筑物高度予以限制,控制室内微蜂窝基站天线的悬挂高度及影响半径。

当环境中的电磁辐射低于规定的限值,对人体是安全的,但按照辐射防护尽可能达到尽量低的原则,进一步降低环境中的电磁辐射还是有益处的。在利用电磁技术推进城市建设、创建便捷生活的同时,应以电磁辐射防护管理办法与防护标准为依据,加强电磁辐射环境管理,优化电磁辐射设施布设,采取有效防护措施,以降低或避免电磁辐射对公众健康和环境安全的不利影响。

7.4.6 案例:武广客专电磁辐射环境影响

7.4.6.1 武广客专电磁辐射源

武汉—广州客运专线的主要电磁辐射源包括高速铁路正线、沿线新建的牵引变电所、GSM-R无线基站和动车段、所等。

(1)高速铁路正线

武汉—广州客运专线正线全长1068.6km,高速列车在线路上行驶过程中受电弓与接触网离线产生的电弧是比较突出的无线电噪声源;此外,沿线高架桥、高路堤对信号有遮挡作用,可能对少数采用单机天线的居民电视收视造成影响。列车牵引接触网由于电压较低,其工频场强很小,属环保主管部门豁免项目,不会产生环境影响。

(2)牵引变电所

全线新建了20座牵引变电所,由地方骨干电网220kV高压引入,向线路牵引接触网以27.5kV输出。牵引变电所的工频电磁场可能引起周围居民对潜在健康影响的担忧;此外,高压设备谐波、导线表面局部强电场引起的空气电离放电以及绝缘子高应力区域、接触不良或导线表面不光滑引起的打火放电等,会对周围环境辐射一定的无线电干扰噪声。

(3)GSM-R无线基站

武汉—广州客运专线建成了全球第一个投入实际运营的时速350km、提供C3(指挥、控制和通信)列控通道的GSM-R系统,其基站最小覆盖范围2.5km,城市郊区或农村基站覆盖范围3~4km,全线建成基站300余座。无线基站可能引起周围居民对电磁辐射潜在健康影响的担忧。

(4)动车段、所

新建武汉动车段、广州动车段和长沙动车运用所。动车段所内列车走行产生电磁辐射的特点与正线类似,不过因为列车进段后受电弓升降较频繁,放电火花较多。

7.4.6.2 电磁环境影响分析

(1)正线电磁环境影响

列车受电弓沿接触网高速滑行时产生的电磁辐射与接触网导线材质、导线张力、列车速度等因素有关。目前高速铁路接触网导线采用镁铜合金,张力为27kN,其150MHz频率下干扰场强随列车速度的变化关系如图7-2所示。

从图7-2中可以看出,列车速度在200km/h以下时,干扰场强随速度增加上升较快,车速超过200km/h以后随速度增加干扰场强增长缓慢。就频率特征而言,列车无线电干扰场强随频率增高

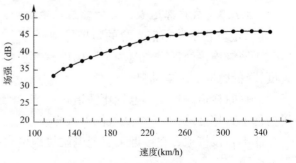

图7-2 干扰场强随速度变化曲线

而降低,这一特性与车速关系不大;图7-3 为车速350km/h下距线路10m处的电磁辐射特性曲线;从图7-3可以看出,高速列车干扰场强从30MHz 的51dB(μV/m)下降到900MHz 的36dB(μV/m)。如按原广电部覆盖网技术手册的规定,在电视信号接收VHF频段达到场强57dB(μV/m)、UHF频段达到67dB(μV/m)的情况下,不考虑背景无线电噪声,仅计算高速列车的干扰,距线路10m处VHF频段信噪比为8~15dB,UHF频段信噪比为28~32dB;可见距线路10m处电视接收信噪比都无法满足35dB的收视要求,影响较大。

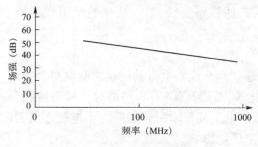

图7-3 列车电磁辐射频率特性曲线

综合武汉—广州客运专线沿线情况,发现工程实施前即存在多数城郊、农村居民点的电视服务场强不达标[VHF频段小于57dB(μV/m),UHF频段小于67dB(μV/m)]现象,将近50%的电视频道信噪比达不到35dB的基本收视质量,以湖南、广东两省山区、偏远地区尤为突出。工程实施后受高速列车电磁干扰及线路遮挡效应影响,电视接收信噪比下降6~30dB,收视质量受到明显影响,大部分采用天线接收电视居民收视质量不能满足要求。

(2)GSM-R无线基站电磁环境影响

武汉—广州客运专线建设的GSM-R无线基站信号最大覆盖范围5km,信号载频885~934MHz,单载频功率60W,天线增益17dB,其电磁辐射强度、特征与目前民用(中国移动)GSM无线基站基本类同。大量测试表明,GSM-R无线基站周围的辐射强度基本不超过10μV/cm²。按《电磁环境控制限值》(GB 8702—2014)和《辐射环境保护管理导则—电磁辐射环境影响评价方法与标准》(HJ/T 10.3—1996),对于GSM-R无线基站的电磁辐射功率密度限值应为810μV/cm²。除与基站天线高度相近(不低于天线高度6m)、水平距离不超过25m的局部范围内有可能超标外,其他区域均不可能超标。

事实上,即使GSM-R无线基站天线周围局部范围内可能存在超标现象,也是在其满负荷状况下出现的,而其实际工作状况不可能都是满负荷。此外,如果参照国际非电力辐射防护委员会(ICNIRP)提出的限值,900MHz频段的GSM-R基站辐射功率密度限值应为45010μV/cm²;按《辐射环境保护管理导则—电磁辐射环境影响评价方法与标准》(HJ/T 10.3—1996)规定,取标准值的1/5作为控制单个基站的指标,应为9010μV/cm²,如此即使在距基站天线几米远的地方也不会超限。

7.4.6.3 武广客运专线电磁辐射环境影响防护措施

(1)电气化铁路通信光缆的防护措施

①绝缘连接处理。光缆的金属构件,在电气上作绝缘连接处理,以减少电气影响的积累长度,降低感应的纵电动势。

②临时接地。在接近电气化铁道进行光、电缆检修时,应将金属构件临时接地,光缆金属构件不直接接地,以免将高电位引入光缆。

③不直接接地。在接近牵引变电站接地网时,光缆金属构件不直接接地,以免将高电位引入光缆。

④安装放电管。在有铜线光缆中,铜线上安装放电管,在铜线远供回路中接入防护滤波

器,也可以调整远供组成,以缩短强电影响积累长度。

⑤加装过电压保护器。通信系统中几乎都采用SPD,其作用主要用于防雷电浪涌冲击。在光缆铜线的远供系统中接入SPD,在达到防雷目的同时,同样对强电系统造成的瞬时电位升高具有良好的抑制作用。

⑥无金属光缆。在新建和改建通信系统时,尽可能采用无金属光缆,如全介质自承式光缆(ADSS),尤其尽量避免使用有铜线光缆。将通信系统遥控、遥测、公务通信直接由光纤传输,中继站供电不采用远供方式,而采用本地供电方式,以充分发挥光纤通信不受电磁干扰的优势。

(2)电气化铁路通信电缆的防护措施

①提高电缆金属护套的屏蔽性能。接地的金属护套,对强电的防护原理如同埋设在地下的屏蔽地线。它能够完全屏蔽掉强电线路对通信导线的电耦合,部分地屏蔽掉磁耦合。因此采用金属护套的电缆、光缆线路,是防护强电影响的最有效措施之一。此外金属护套接地电阻应越小越好,如果平均每公里电阻在1Ω以下,则实际屏蔽系数接近理想屏蔽系数。

②加设绝缘变压器。在金属回线引入通信站或车站时,加装绝缘变压器进行防护,可将外线侧导线上感应纵电势与设备分隔开,使外线侧感应电势不直接作用在通信设备上。如外线侧的高压超过允许标准时,则初、次级绝缘被击穿,危险电压经由次级中心点入地,这样就保护了室内设备及人身安全。

③加气闭绝缘套管。在交流电气化铁道区段,因光、电缆的金属护套上经常有感应电压,在引入通信机械室或车站室内时,应在光、电缆上装设气闭绝缘套管,将金属护套的室内外互相绝缘,防止干线电缆的感应电流引入室内而危及人身及设备安全。

④加防护地线。金属护套接地电阻越小,屏蔽效果越好。因此,电缆每隔一定距离设置防护地线一处,其密度要符合电气化区段通信线路设计的要求。因屏蔽地线经常有工频电流流过,其电流随牵引电流的大小而变化,对人身及设备形成威胁。所以屏蔽地线单独设置,不能与联合地线、保护地线合用。

总之,电气化铁道通信的安全,直接关系着行车安全。随着电气化铁道的不断增多,在新建或改建时,必须针对电磁影响采取相应的防护措施,只有确保通信不受电磁干扰,才能保证铁路行车的安全性。

复习思考题

1. 滑坡的主要类型有哪些?防治的主要措施有哪些?
2. 交通运输项目对水环境影响主要体现在哪几个阶段?影响程度主要取决于哪些因素?
3. 水环境污染的防治措施有哪些?国内外还有哪些防治措施同样适用于水环境污染?
4. 城市电磁污染的危害有哪些?
5. 电磁辐射环境影响的防护措施有哪些?
6. 我国对交通社会环境影响的控制在理论层面和技术层面都有大幅进步,但现有研究主要针对道路交通的社会环境影响。针对此现状,你有什么建议?

第8章 交通环境影响评价

8.1 环境影响评价的基础知识

8.1.1 环境影响评价的含义及由来

8.1.1.1 环境影响评价的含义

环境影响评价(Environmental Impact Assessment,简称 EIA),指对拟议中的政策、规划、计划、发展战略、开发建设项目(活动)等可能对环境产生的物理性、化学性、生物性的作用,及其造成的环境变化和对人类健康和福利的可能影响进行系统的分析和评价,并从经济、技术、管理、社会等各方面提出减缓、避免这些影响的对策措施和方法。

《中华人民共和国环境影响评价法》规定:本法所称环境影响评价,是指对规划和建设项目实施后可能造成的环境影响进行分析、预测和评估,提出预防或者减轻不良环境影响的对策和措施,进行跟踪监测的方法与制度。

8.1.1.2 环境影响评价的由来

环境影响评价(EIA),该术语的出现至今已有50多年,它是在环境科学的研究从消极防治转向防患于未然这个形势下出现的。

"环境影响评价"这个概念最早是1964年在加拿大召开的国际环境质量评价学术会议上提出来的。其后,瑞典、澳大利亚、法国也分别于1969年、1974年和1976年在国家的环境法中制定了环境影响评价制度,日本、加拿大、英国、西德、新西兰等国虽未在法律中拟定类似的条款,但也已建立了相应的环境影响评价制度。近年来,东南亚国家也陆续开展了环境影响评价工作。

随着环境污染和生态破坏在世界范围内的扩大和加重,人类对环境影响的认识越来越深,EIA 制度也在不停地发展和完善,经历了以下几个主要阶段,见表8-1。

EIA 发展的主要阶段   表8-1

发展阶段	时间(年)	发展内容
环境影响评价方法论发展阶段	1970～1975	偏重识别、预测和减缓可能发生的生物物理影响
多尺度环境影响评价阶段	1975～1980	开展社会影响评价、风险评价、景观影响评价,强调公众参与、替代方案
程序调整阶段	1980～1985	注重监测、审计、工艺评估及环境纠纷解决

续上表

发展阶段	时间(年)	发展内容
可持续发展原则引入阶段	1985~1990	围绕可持续发展战略的3个主要方面:生态持续性、经济持续性和社会持续性开展了区域环境影响评价、累积环境影响评价和环境影响评价国际合作
可持续发展原则的落实和完善阶段	1990以后	可持续发展战略得到进一步深化和落实,注重大范围、全球化的影响

8.1.2 环境影响评价的意义及作用

长期以来,人们对于人类活动所造成的环境影响,只能进行被动的防治,也就是在环境被污染或破坏之后,再去采取补救措施。这种途径就是通常所说的"先污染、后治理"。实践表明,这种做法造成了严重的环境污染,"公害"事件泛滥,使人们付出了很大代价,这才逐步认识到经济发展、大型建设项目和环境的相互影响,有些能够事后得到恢复,有些则属于不可逆变化,事后很难挽救。于是人们便开始积极探索事前预防的途径,环境影响评价正是适应这一需要而探索出的一种实用技术,它的意义和作用表现在以下几方面:

(1)环境影响评价是经济建设实现合理布局的重要手段

经济的合理布局既是保证经济持续发展的前提条件,也是充分利用物质资源和环境资源防止局部地区因工业集中、人口过密、交通拥挤而造成环境严重污染的有力措施。因此,环境影响评价在经济建设中具有重要的作用。

(2)开展环境影响评价是对传统工业布局做法的重大改革

它可以把经济效益与环境效益统一起来,使经济与环境协调发展。进行环境影响评价的过程,也就是认识生态环境与人类经济活动相互依赖、相互制约的过程。在这个过程中,不但要考虑资源、能源、交通、技术、经济、消费等因素,还要分析环境现状,阐明环境承受能力和防治对策。

(3)环境影响评价为制定防治污染对策和进行科学管理提供必要的依据

在开发建设活动中,唯一正确的途径就是努力实现经济与环境保护协调发展,使经济活动既能得到发展,又能把开发建设活动对环境带来的污染与破坏限制在符合环境质量标准要求的范围内。环境影响评价是实现这一目标必须采用的方法,因为环境影响评价能指导设计,使建设项目的环保措施建立在科学、可靠的基础上,从而保证环保设计得到优化,同时还能为项目建成后实现科学管理提供必要的数据。

(4)通过环境影响评价还能为区域经济发展方向和规模提供科学依据

进行环境综合分析与评价后可以减少由于盲目地确定该地区经济发展方向和规模所带来的环境问题。

总之,环境影响评价是正确认识经济、社会和环境之间相互关系的科学方法,是正确处理经济发展与环境保护关系的积极措施,也是强化区域环境规划管理的有效手段,所以全面推行环境影响评价对经济发展和环境保护均有重大的意义。

8.1.3 交通建设项目环境影响评价的相关概念

交通建设项目环境影响评价是环境影响评价在交通领域的发展和应用,目的是为了实施可持续发展战略,预防因规划和建设项目实施后对环境造成不良影响,促进经济、社会和环境的协调发展。按照法律规定,交通建设项目环境影响评价必须客观、公开、公正,综合考虑规划或者建设项目实施后对各种环境因素及其所构成的生态系统可能造成的影响,为决策提供科学依据。

交通建设项目环境影响评价的相关概念主要有:

8.1.3.1 环境

环境是指影响人类生存和发展的各种天然的和经过人工改造的自然因素的总体,包括大气、水、海洋、土地、矿藏、森林、草原、野生生物、自然遗迹、人文遗迹、自然保护区、风景名胜区、城市和乡村等。

8.1.3.2 环境要素

环境要素是指构成人类环境整体的各个独立的、性质不同的而又服从整体演化规律的基本物质组分。环境要素可分为自然环境要素和人工环境要素,通常指的环境要素是自然环境要素。自然环境要素是指水、大气、生物、阳光、岩石、土壤等。

8.1.3.3 环境质量

环境质量一般是指一定范围内环境的总体或环境的某些要素对人类生存、生活和发展的适宜程度,包括自然环境质量和社会环境质量。自然环境质量又可分为大气环境质量、水环境质量、土壤环境质量、生物环境质量等。社会环境质量主要包括经济、文化和美学等方面的环境质量。评价环境质量的优劣,应以国家颁布的环境质量标准为依据。

8.1.3.4 环境影响

环境影响是指人类活动(主要指经济活动和社会活动)对环境的作用和导致的环境变化以及由此引起的对人类社会和经济的效应。

按影响的来源,环境影响可分为直接影响、间接影响和积累影响;按影响效果,环境影响可分为有利影响和不利影响;按影响的性质,环境影响可分为可恢复影响和不可恢复影响。此外,环境影响还可分为短期影响和长期影响,地方、区域影响或国家和全球影响,建设阶段影响和运行阶段影响等。建设项目环境影响的分类如图 8-1 所示。

8.1.3.5 环境容量

环境容量是指在一定的区域,根据环境自然净化能力,为达到要求的环境目标值,某一环境所能容纳的污染物的最大负荷量。

环境容量按环境要素可分为大气环境容量、水环境容量、土壤环境容量和生物环境容量等。此外,还有人口环境容量、城市环境容量等。

8.1.3.6 环境敏感区

环境敏感区是指具有下列特征的区域:

(1)需特殊保护地区。国家法律、法规、行政规章及规划确定或经县级以上人民政府批准的需要特殊保护的地区,如饮用水水源保护区、自然保护区、风景名胜区、生态功能保护区、基本农田保护区、水土流失重点防治区、森林公园、地质公园、世界遗产地、国家重点文物保护单位、历史文化保护地等。

(2)生态敏感与脆弱区。沙尘暴源区、荒漠中的绿洲、严重缺水地区、珍稀动植物栖息地或特殊生态系统、天然林、热带雨林、红树林、珊瑚礁、鱼虾产卵场、重要湿地和天然渔场等。

(3) 社会关注区。人口密集区、文教区、集中的办公地点、疗养地、医院等，以及具有历史、文化、科学、民族意义的保护地等。

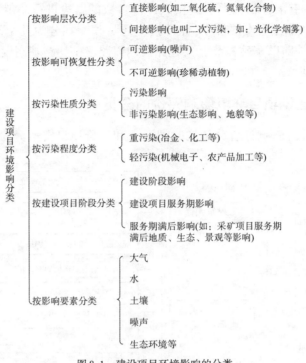

图 8-1　建设项目环境影响的分类

8.1.3.7　环境敏感点

通常将被交通建设项目穿过或临近的环境敏感区称为环境敏感点。它是交通建设项目特有的对环境敏感区的一种称呼，实际上是环境敏感区相对路线很长的交通项目而言的一种提法。环境敏感点的性质和范围根据评价的环境要素不同而相应改变。因此，又可分为噪声敏感点、生态敏感点等。

8.1.3.8　环境敏感路段

通常将穿过或临近环境敏感区的交通线路称为环境敏感路段，其长度一般对应于环境敏感点的大小，它也是交通建设项目特有的名词术语。与环境敏感点相似，环境敏感路段也可分为噪声敏感路段和生态敏感路段等。在交通建设项目环境评价中，经常把环境敏感点与环境敏感路段对应使用。

8.1.3.9　污染因子

污染因子是对人类生存环境造成有害影响的污染物的泛称，它涵盖了涉及环境污染的所有范畴。例如，对水环境造成危害的污染因子有化学需氧量、生化需氧量、总磷、总氮、油类等；对空气质量造成危害的污染因子有二氧化硫、氮氧化物、各种粉尘颗粒物等。

8.1.3.10　敏感点评价

对具体环境敏感点或环境敏感路段进行的评价，有时也称"敏感路段评价"。其涉及的路线长度视敏感点大小而定，通常仅为数百米或数公里，评价时采用的均为"特定"或"实际"的数据。

8.1.3.11 路段评价

相对敏感点评价的另一种说法,此处"路段"的长度往往较长,在"路段"内可包括几个敏感路段。通常对具有某种相似类型或相似评价参数的路段进行一般性评价,以给出某种"平均"状态的评价。如在噪声评价中,经常按交通量预测划分为几个路段(高速公路一般以互通立交为节点,铁路以车站为节点),在路段内以路段平均路基高度、平均交通量来预测说明本段"平均"或"一般"的噪声污染水平。

8.1.4 交通建设项目环境影响评价的分类

交通建设项目环境影响评价分别按时间顺序和评价项目类型分为以下几类,如图8-2所示。

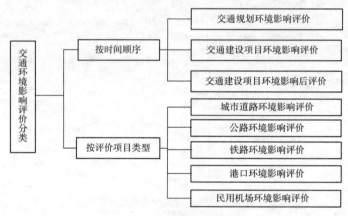

图8-2 交通环境影响评价分类

8.1.4.1 时间顺序分类

在时间域上,可以把交通环境影响评价分为三大类:规划环评、建设项目环评和后评价。

(1) 交通规划环境影响评价

根据《中华人民共和国环境影响评价法》,规划环境影响评价是指对规划实施后可能造成的环境影响进行分析、预测和评估,提出预防或者减轻不良环境影响的对策和措施,以及进行跟踪监测的方法与制度。

就其功能、目标和程序而言,规划环境影响评价是一种结构化的、系统的和综合性的过程,用以评价规划的环境效应(影响),规划应有多个可替代的方案。通过评价将结论融入拟制定的规划中或提出单独的报告,并将成果体现在决策中,以保障可持续发展战略落实在规划中。

《中华人民共和国环境影响评价法》第七条规定:国务院有关部门、设区的市级以上地方人民政府及其有关部门,对其组织编制的土地利用的有关规划,区域、流域、海域的建设、开发利用规划,应当在规划编制过程中组织进行环境影响评价,编写该规划有关环境影响的篇章或者说明。说明应当对规划实施后可能造成的环境影响做出分析、预测和评估,提出预防或者减轻不良环境影响的对策和措施,作为规划草案的组成部分一并报送规划审批机关。未编写有关环境影响的篇章或说明的规划草案,审批机关不予审批。

《中华人民共和国环境影响评价法》第八条规定:国务院有关部门、设区的市级以上地方人民政府及其有关部门,对其组织编制的工业、农业、畜牧业、林业、能源、水利、交通、城市建设、旅游、自然资源开发的有关专项规划(以下简称专项规划),应当在该专项规划草案上报审批前,组织进行环境影响评价,并向审批该专项规划的机关提出环境影响报告书。

《中华人民共和国环境影响评价法》第十条还对专项规划的环境影响报告书应当包括的内容做了如下规定:

①实施该规划对环境可能造成影响的分析、预测和评估;

②预防或者减轻不良环境影响的对策和措施;

③环境影响评价的结论。

专项规划的编制机关对可能造成不良环境影响并直接涉及公众环境权益的规划,应当在该规划草案报送审批前,举行论证会、听证会,或者采取其他形式,征求有关单位、专家和公众对环境影响报告书草案的意见。但是,国家规定需要保密的情形除外。编制机关应当认真考虑有关单位、专家和公众对环境影响报告书草案的意见,并应当在报送审查的环境影响报告书中附具对意见采纳或者不采纳的说明。

根据上述要求,交通规划环境影响评价是对要实施的交通政策或编制的公路网规划、城市交通综合规划、公共交通规划、轨道交通规划、铁路发展规划、民用航空发展规划或港口建设规划等专项规划进行系统地识别、分析和预测、评估,从环境保护角度寻求最佳方案,提出减缓措施和建议,以使政策或规划实施后产生的环境影响降至最低。

(2)交通建设项目环境影响评价

交通建设项目环境影响评价是指在交通项目建设的可行性研究阶段,对其建设运营可能产生的自然环境、社会环境影响、噪声、空气污染等影响进行系统性的识别、预测、分析、评价,提出切实可行的环境保护措施,以使产生的负面影响降至最低。

根据《中华人民共和国环境影响评价法》第十八条,交通建设项目的环境影响评价应当避免与规划的环境影响评价相重复。作为一项整体建设项目的规划,按照建设项目进行环境影响评价,不进行规划的环境影响评价。已经进行了环境影响评价的规划所包含的具体建设项目,规划的环境影响评价结论应当作为建设项目环境影响评价的重要依据,建设项目环境影响评价的内容应当根据规划的环境影响评价审查意见予以简化。

《中华人民共和国环境影响评价法》第十六条规定:国家根据建设项目对环境的影响程度,对建设项目的环境影响评价实行分类管理。建设项目的环境影响评价分类管理名录,由国务院环境保护行政主管部门制定并公布。

建设单位应当按照下列规定组织编制环境影响报告书、环境影响报告表或者填报环境影响登记表(以下统称环境影响评价文件):

①可能造成重大环境影响的,应当编制环境影响报告书,对产生的环境影响进行全面评价;

②可能造成轻度环境影响的,应当编制环境影响报告表,对产生的环境影响进行分析或者专项评价;

③对环境影响很小、不需要进行环境影响评价的,应当填报环境影响登记表。

(3)交通建设项目后评价

交通建设项目后评价是建设项目基本建设程序完成的必需环节,它是一种在项目实施运行以后(一般为 2~3 年),根据现实数据或变化了的情况,重新对项目的投资决策、前期工作及建设、运营效果进行考核、检验、分析论证,做出科学、准确的评价结论的技术经济活动。

《中华人民共和国环境影响评价法》第二十七条规定:建设项目运行过程中产生不符合审批的环境影响评价文件情形的,建设单位应当组织环境影响后评价采取改进措施,并报原环境影响评价审批部门和建设项目审批部门备案;原环境影响评价文件审批部门也可以责成建设单位进行环境影响的后评价,采取改进措施。

以道路交通建设项目为例,说明其后评价框架,如图 8-3 所示,主要由四大部分组成。它不仅可以考察项目实施后的实际运行情况,而且可以衡量和分析实际情况与预测情况的差距,确定项目前评价中的预测、判断、结论是否正确,并分析原因,吸取教训,总结经验,根据变化的情况和实际运营情况为项目发展提出措施和建议,为今后改进项目前评价工作以及同类项目立项决策和建设提供依据。

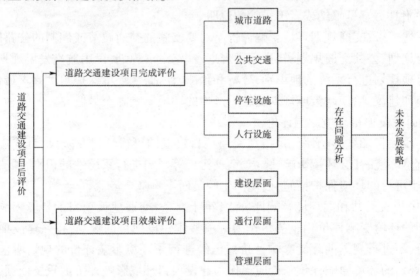

图 8-3　道路交通建设项目后评价框架

①道路交通建设项目完成评价。该部分是整个后评价工作的基础,重点是全面把握道路交通建设规划项目在规划年的落实情况,包括城市道路建设(快速路、主干路、次干路、支路)、公共交通建设(轨道交通、常规交通)、停车设施建设(配套停车、公共停车、占道停车)、人行设施建设及其配套的环境保护措施等。

②道路交通建设项目效果评价。该部分是整个后评价工作的核心,主要通过建立一套完善的后评价指标体系,利用对比法,包括区域与区域之间的横向对比、规划实施前后的纵向对比以及与相关规范对比,科学、合理地评价规划建设项目的效果。

③存在问题分析。该部分是整个后评价工作的目标,以完成评价和效果评价为基础,从整体区域、重点发展区域等角度,深入挖掘区域交通发展、环境保护还存在哪些问题等。

④未来道路交通发展策略。该部分是整个后评价工作的最终目的,根据发掘出的交通问题和环境问题,针对性地提出未来交通发展和环境保护策略。

8.1.4.2 按评价项目类型分类

根据项目的类型区分,交通环境影响评价可以分为公路环境影响评价、铁路环境影响评价、城市道路环境影响评价、城市轨道交通环境影响评价、港口环境影响评价等。

(1)城市道路环境影响评价

城市道路环境影响评价主要涉及自然环境、社会环境、人文景观环境三个方面的内容。

城市道路对自然环境的影响主要有噪声、空气及生态环境影响,其中对空气影响较大的是在运营期机动车辆的尾气排放和扬尘。城市交通对城市社会环境影响较大的主要有社会公平、地区间的发展、中心城区的发展活力。

社会环境影响主要考虑的因素便是人,交通运输工程的建设运行对人的影响,主要涉及对道路使用者、道路沿线居民的生理上的损害和心理上的干扰,以及交通运输工程的建设、运行而引起的社区分割、社区传统生活氛围的改变与质量的变化等。

城市交通建设中必然会对道路周边的历史遗迹、人文景观等产生较大影响。对这些影响可以做标定性评价、量化评价,有的甚至还可以通过现场调查分析得出各方面的影响状况。

(2)公路环境影响评价

公路网规划环境影响评价能在早期介入规划,可以识别出路线走廊带内对路线布局的制约因素,提出路线布局方案的建议。

我国《公路建设项目环境影响评价规范》(JTG B03—2006)指出公路建设项目环境影响评价应该从社会环境影响、生态环境影响、水土保持、声环境影响、景观环境影响、地表水环境影响、环境空气影响和事故污染风险 8 个方面分析。公路环境影响评价指标体系建立的一般程序如图 8-4 所示。

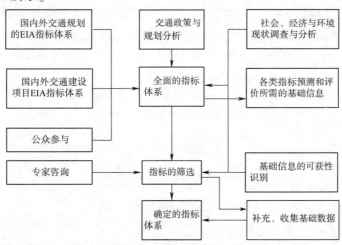

图 8-4 公路环境影响评价指标体系建立的一般程序

(3)铁路环境影响评价

铁路规划环境影响评价识别应包括:生态环境影响识别、社会经济环境影响识别、自然环境影响识别以及资源和能源环境影响识别。对于如何建立铁路规划环境影响评价指标体系,目前主要有 3 种模式:"压力—状态—响应"模式(PSR 模式)、生命周期评价模式(LCA

模式)和基本指标体系模式的铁路规划环境影响指标体系,对3种评价模式进行比较,如表8-2所示。

铁路规划环境影响评价3种模式的比较　　　　　　表8-2

特征	PSR模式	LCA模式	基本指标体系模式
优点	能较全面地反映规划环评大的影响;着重反映生态、社会经济、环境质量、资源利用等方面;且选取的指标较详细;反映的层次也多样化,突出主次轻重;定量的指标较多,给人直观感,易懂	时间段把握较好,时间顺序分明,在各个时间段的具体内容阐述得较为详细,特别是用经济如"元"等单位衡量得失,直观感强	能简捷快速地反映规划带来的影响;集合了PSR模式和LCA模式下的一些基本指标,做到取长补短;基本指标体系讲究的是准确度高;定性的指标较少,定量的指标较多,规范化程度高
缺点	指标过多、过繁;分析确定权重烦琐;有一些指标不能定量反映出来	造成指标成本较高;不够完善,发展不成熟;仅从过程的角度来阐述环境影响有局限性	不够详细,在规划环评的低水平评估条件下尚能满足要求,一旦要求全面详细地阐述环境影响时不能满足要求
适用范围	详细调查、时间精力等充分、要求明确时	偏重经济方面和时间顺序时评价水平较低时	

根据《铁路工程建设项目环境影响评价技术标准》(TB 10502—1993),铁路建设项目环境影响评价应结合建设项目的特点及其所在地区的环境特征,以环境敏感问题为重点,贯彻以点为主、点线结合的原则。评价的环境要素有生态、声、地表水、大气、振动、电磁辐射、固体废物和社会经济等,需要评价的环境要素和评价因子应根据环境影响识别与污染因子筛选确定。

(4)城市轨道交通环境影响评价

城市轨道交通环境影响评价的主要目的,是从源头确保轨道交通规划决策的科学性和环境可行性,工作重点主要包括以下几个方面,如图8-5所示。

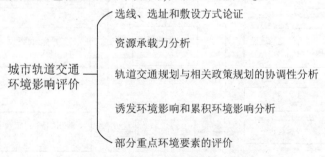

图8-5　城市轨道交通环境影响评价

①选线、选址和敷设方式论证。

规划环评在论证选线、选址及敷设方式的合理性时,首先要识别所有潜在的环境敏感目标,包括自然保护区、风景名胜区、水源保护区、文物保护单位、历史文化街区、居民区、文教设施集中区等,然后根据相关法规要求,结合轨道交通建设可能产生的不良影响,提出针对性的避让建议。应该注意的是,轨道交通是一种节能环保的绿色交通方式,在处理轨道交通与各类环境敏感区的矛盾时,不一定只能是轨道交通回避敏感目标,应根据实际情况,统筹兼顾,必要时实施互动调整。

关于不同敷设方式的比选,通常地下线路更符合环保、景观保护、地下空间利用、开敞空间节约的要求,但存在造价高昂、容易影响地下文物埋藏区、影响地下水径流和补给等缺陷。评价中应充分考虑社会经济的发展远景和人们不断提高的环保意识,以适当的前瞻性,综合各方面因素进行论证。

②轨道交通规划与相关政策规划的协调性分析。

规划协调性包括对国家相关政策、城市总体规划、土地利用规划等上层位政策、规划的符合性,以及与市政基础设施规划、文物保护规划、环境保护规划等同层位规划的协调性。评价中重点要处理好轨道交通建设与土地利用、文物保护、水源保护、环境保护、市政基础设施等规划的协调性问题。其关键是找出矛盾和冲突,并注意各类规划不同的期限范围和动态调整过程,提出合理的可操作建议。

③资源承载力分析。

重点分析轨道交通对土地资源的占用、电力消耗,以及对城市基础设施的支撑能力。轨道交通建设引导城市区域开发可能导致大量土地资源和能源的消耗,应区分交通引导型(TOD)和交通疏解型(SOD)轨道交通项目,采用不同控制策略,重点对沿线土地利用提出针对性的控制建议。

④诱发(间接)环境影响和累积环境影响分析。

轨道交通规划环评应对规划引导和带动城市建设引起的环境影响进行分析、评价,其最佳方法是以沿线土地利用控制性规划为依托,结合有关统计数据,对规划线路廊道的土地开发、人口密度、产业分布进行预测,并说明由此诱发的环境影响。轨道交通规划一般包括众多项目,这就产生了累积环境影响的问题。规划评价的重点,一是汇聚多条线路的大型换乘枢纽,二是部分线路的衔接段或重叠区域,三是各线的主变电所、车辆段、停车场、综合基地。应注意从资源共享角度论证站段建设的必要性,必要时优化整合、减少场站设置数量。

⑤部分重点环境要素的评价。

噪声振动评价:轨道交通规划环评中的噪声、振动评价,应侧重于识别大型、成片的居民集中区,以及重要的文教设施、文物保护单位等敏感点,包括既有和规划的敏感目标。评价应给出沿线敏感目标控制距离、土地利用和环境功能分区建议,应按影响最大的环境影响因子确定规划控制距离。

生态环境影响评价:重点评价轨道交通建设对区域景观及自然保护区、风景名胜区等环境敏感目标的影响,对可能涉及的重要绿地和古树名木的影响,对耕地和基本农田的影响,对水土保持的影响等。可采用一些视觉景观指标、生态适宜度指标、景观生态学方法和指标等进行分析、评价。

水污染控制评价:轨道交通建设项目的污废水主要由车站、车辆场段产生,排放量较小。其评价的关键是注意污水管网、污水处理厂的配套和建设时序衔接,确保所排污废水能纳入城市污水处理厂处理。

电磁辐射、风亭异味及固体废物影响评价:重点提出主变电站周围的防护距离要求。对风亭异味,大量实地调查表明15~20m的防护距离即可确保异味影响消失。对轨道交通建设产生的大量弃土、弃渣,原则上应按照城市渣土处理的相关法规进行处置,同时注意提出水土保持要求。

社会环境影响评价:主要评价内容是分析轨道交通建设引起的拆迁安置问题,轨道交通规划实施对城市交通的改善作用(可采用占公共交通出行的比例、500m范围轨道交通站点覆盖率、轨道交通单位里程单位时间的运量负荷等指标说明轨道交通服务水平),以及对城市空间布局的优化调整作用等。

(5)港口环境影响评价

港口规划环境影响评价将主要分析港口规划与城镇体系规划、土地利用总体规划、海洋功能区划、城市总体规划、渔业规划、旅游规划、盐业规划、水资源利用规划、产业政策规划等的协调性问题。评价空间范围的确定原则上以港口规划范围为基础,在综合考虑规划实施可能影响的范围、周边重要环境敏感区以及地理单元或生态系统完整性的基础上,合理确定外扩范围。

评价内容包括预测和评估港口总体规划实施对相关区域、水域生态产生的影响,分析规划实施对水环境、空气环境等造成的影响,包括直接影响、间接影响和累积影响,并预测可能带来的环境风险;分析、评价港口总体规划方案与相关政策和法规的符合性,与国家、地方、行业、海域或流域等相关规划和区划的协调性;分析和评估区域战略资源与环境容量对港口总体规划实施的承载能力;对港口规模、岸线利用布局、水陆域布置等方面的环境合理性开展综合论证,从环境保护角度对规划的优化调整和实施提出合理建议;对未来港口的发展提出环境管理建议,并拟定预防或减轻不良环境影响的对策与措施。

《港口建设项目环境影响评价规范》(JTS 105-1—2011)将港口建设项目环境影响评价作为工程可行性研究工作的必要组成部分。评价环境要素包括水环境、大气环境、生态环境和声环境,根据港口使用性质和吞吐量的差异实施三个等级的评价制度。

(6)民用机场的环境影响评价

《环境影响评价技术导则 民用机场建设工程》(HJ/T 87—2002)将民用机场建设工程的环境影响评价划分为A、B两类,对环境可能造成重大影响的(A类),针对噪声、生态环境、水、大气、固体废物、社会环境等要素进行评价,编制环境影响报告书;对环境可能造成轻微影响的(B类),可以选择噪声和生态环境两类要素进行环境影响报告表的编制。

8.2 环境影响评价常用标准

8.2.1 环境保护标准的概念

环境保护标准是控制污染、保护环境的各种标准的总称,它是为了保护人群健康、社会物质财富和促进生态良性循环,对环境的结构和状态进行保护的标准文件。在综合考虑自然环境特征、科学技术水平和经济条件的基础上,由国家按照法定程序制定和批准的技术规范,是国家环境政策在技术方面的具体体现,也是执行各项环境法规的基本依据。

我国第一个环保标准《工业"三废"排放试行标准》(GBJ 4—1973)于1973年在第一次全国环境保护工作会议审查通过,奠定了我国环境保护标准的基础,这一标准也为我国刚刚起步的环保事业提供了管理和执法依据。国际标准化组织(ISO)1972年开始制定基础标准和方法标准,以统一各国环境保护工作中的名词、术语、单位计量、取样方法和监测方法等。ISO对国际环境保护标准的研究和制定,为制定国际环境法律原则、规则和制度以及开展国际环境保护活动提供了科学依据,同时也为保证这些原则、规则和制度的执行提供了衡量尺度。

我国环境保护标准历经40多年发展,目前已形成由国家标准、行业标准、地方标准和企业标准共同构成的环保标准体系。

8.2.2　环境保护标准的作用

8.2.2.1　环境保护标准是制定环境规划和环境计划的主要依据

环境保护标准是评价环境质量及环境保护工作的法定依据,是国家环境政策在技术标准层面的具体体现。作为环境法实施过程的有机组成部分,环境保护标准是环境行政的起点和环境管理的重要依据。为了协调社会经济和环境的关系,需要制定环境保护规划,而环境保护规划需要一个明确的环境目标。这个环境目标应当从保护人民群众的健康出发,将环境质量和污染物排放控制在适宜的水平上,也就是要符合环境保护标准要求。根据环境保护标准的要求来控制污染,改善环境,并使环境保护工作纳入整个国民经济和社会发展计划中。

8.2.2.2　环境保护标准是环境评价的准绳

无论进行环境质量现状评价和编制环境质量报告书,还是进行环境影响评价,编制环境影响报告书,都需要依靠环境保护标准方能做出定量化的比较和评价,正确判断环境质量的好坏和环境影响的大小,从而为控制环境质量、进行环境污染综合整治以及设计切实可行的治理方案提供科学的依据。

8.2.2.3　环境保护标准是环境管理的技术基础

环境管理包括环境法规、环境政策、环境规划、环境条例和环境监测等。如制定的大气、水质、噪声、固体废弃物等方面的法令和条例中,就包含了环境保护标准的要求。环境保护标准同具体数字体现了环境质量和污染物排放应控制的界限和尺度,违背这些界限,污染了环境,即违背了环境保护法规。环境法规的执行过程与实施环境保护标准的过程是紧密联系的,如果没有各种环境保护标准,环境法规将难以执行。

8.2.2.4　环境保护标准是提高环境质量的重要手段

通过颁布和实施环境保护标准,加强环境管理,还可以促进企业进行技术改造和技术革新,积极展开综合利用,提高资源和能源的利用率。努力做到治理污染,保护生态环境和可持续发展。显然,环境保护标准的作用不仅表现在环境效益上,也表现在经济效益和社会效益上。

8.2.3　环境保护标准体系的分类和分级

我国目前的环境保护标准体系,是根据我国国情、总结多年环境保护标准工作经验、参考国外的环境保护标准体系而制定的。根据《中华人民共和国环境保护标准管理方法》的规定,我国的环境标准体系可以概括为"三级六类"和"两种执行规定",具体见图8-6。

六类标准为:环境质量标准、污染物排放标准(或污染控制标准)、环境基础标准、环境方法标准、环境标准物质标准和环保仪器及设备标准。

三级标准为:国家级环境保护标准、地方环境保护标准和国家行业标准。

其中环境基础标准、环境方法标准和环境标准物质标准只有国家标准,适用于全国范围,并尽可能与国际标准接轨。地方环境质量标准是地方根据本地区的实际情况对某些标准的更严格要求,由省、自治区、直辖市人民政府制定。

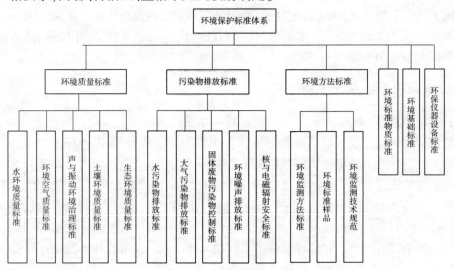

图8-6 环境保护标准体系基本框架

8.2.3.1 环境质量标准

环境质量标准是指在一定时间和空间范围内,对各种环境要素(如大气、水、土壤等)中的污染物或污染因素所规定的允许含量和要求,它是衡量环境是否受到污染的尺度,也是环境保护及有关部门进行环境管理、制定污染物排放标准的依据。环境质量标准分为国家和地方两级。环境质量标准主要包括空气质量标准、水环境质量标准、环境噪声标准、土壤标准、生物质量标准等。我国现行的一些环境质量标准如表8-3所示。

我国现行的一些环境质量标准　　　　　　　　表8-3

序号	标准号	标准名称	序号	标准号	标准名称
1	GB 3095—2012	环境空气质量标准	7	GB 9660—1988	机场周围飞机噪声环境标准
8	GB 10070——1988	城市区域环境振动标准	2	GB 3097—1997	海水水质标准
3	GB 3838—2002	地表水环境质量标准	9	GB/T 5980—2009	内河船舶噪声级规定
4	GB 11607—1989	渔业水质标准	10	GB 15618—1995	土壤环境质量标准
5	CJ 3020—1993	生活饮用水水源水质标准	11	GB 5749—2006	生活饮用水卫生标准
6	GB 5084—2005	农田灌溉水质标准			

8.2.3.2 污染物排放标准

污染物排放标准是根据环境质量要求,结合环境特点和社会、经济、技术条件,对污染源排入环境的有害物质和产生的有害因素所做的控制标准,或者说是排入环境的污染物和产生的有害因素允许的限值或排放量(浓度)。规定了污染物排放标准,就可以有效地控制污染物的排放,就能促进排污单位采取各种有效措施加强管理和污染物治理,使污染物排放达到国家规定的标准,达到环境质量目标的要求。污染物排放标准也分为国家污染物排放标准和地方污染物排放标准两级。污染物排放标准按污染物的状态可以分为气态污染物排放标准、液态污染物排放标准、固态污染物排放标准及物理(如噪声、振动、电磁辐射等)控制标准。

《中华人民共和国环境保护法》规定:国务院环境保护行政主管部门根据国家环境质量标准和国家经济、技术条件,制定国家污染物排放标准。我国现行的一些污染物排放标准见表8-4。

我国现行的一些污染物排放标准　　　　表8-4

序号	标准号	标准名称	序号	标准号	标准名称
1	GB 16297—1996	大气污染物综合排放标准	6	GB 12523—2011	建筑施工场界环境噪声排放标准
2	DB11 105—1998	轻型汽车排气污染物排放标准	7	GB 12525—1990	铁路边界噪声限值及其测量方法(2008年发布修改方案)
3	GB 18483—2001	饮食业油烟排放标准(试行)	8	GB 14227—2006	城市轨道交通车站站台声学要求和测量方法
4	GB 8978—1996	污水综合排放标准	9	GB 16169—2005	摩托车和轻便摩托车 加速行驶噪声限值及测量方法
5	CJ 343—2010	污水排入城镇下水道水质标准	10	GB 16170—1996	汽车定置噪声限值

8.2.3.3 环境基础标准

这是在环境保护工作范围内,对有指导意义的有关名字术语、符号、指南、导则等所做的统一规定。它在环境保护标准体系中处于指导地位,是制定其他环境保护标准的基础,如地方大气污染物排放标准的技术方法、地方水污染物排放标准的技术原则和方法、环境保护标准的编制、出版、印刷标准等。

8.2.3.4 环境方法标准

这是环境保护工作中,以实验、分析、抽样、统计、计算等方法为对象而制定的标准,是制定和执行环境质量标准和污染物排放标准、实现统一管理的基础,如锅炉大气污染物测试方法、建筑施工场界噪声测量方法、水质分析方法标准等。有统一的环境保护方法标准,才能提高监测数据的准确性,保证环境监测质量,否则对复杂多变的环境污染因素,将难以执行环境质量标准和污染物排放标准。

8.2.3.5 环境标准物质标准

这是对环境标准样品必须达到的要求所做的规定。环境标准样品是环境保护工作中用来标定仪器、验证测量方法、进行量值传递或质量控制的标准材料或物质,如土壤 ESS-1 标准样品(GSBZ 500011—87)、水质 COD 标准样品(GSBZ 500001—87)等。

8.2.3.6 环保仪器设备标准

为了保证污染物监测仪器所监测数据的可比性和可靠性,以保证污染治理设备运行的各项效率,对有关环境保护仪器设备的各项技术要求也编制统一的规范和规定,均为环保仪器设备标准。

总之,环境质量标准是制定污染物排放标准的主要依据。污染物排放标准是实现环境质量标准的主要手段和措施。环境基础标准是环境保护标准体系中的指导性标准,是制定其他环境标准的总原则、程序和方法。而环境方法标准、环境标准样品标准和环保仪器设备标准是制定、执行环境质量标准和污染物排放标准的重要技术根据和方法。它们之间既互相联系,又互相制约。

8.2.4 我国主要的环境保护标准

8.2.4.1 大气标准

到目前为止,我国已颁布的大气标准包括(表8-5):《环境空气质量标准》(GB 3095—2012);《大气污染物综合排放标准》(GB 16297—1996);《火电厂大气污染物排放标准》(GB 13223—2011)等。在此仅以《环境空气质量标准》(GB 3095—2012)为例进行介绍。

我国已颁布的大气标准 表8-5

序号	标准号	标准名称
1	GB 3095—2012	环境空气质量标准
2	GB 16297—1996	大气污染物综合排放标准
3	GB 13223—2011	火电厂大气污染物排放标准

《环境空气质量标准》首次发布于1982年。1996年第一次修订,2000年第二次修订,2012年为第三次修订。此次修订的主要内容:

(1)调整了环境空气功能区分类,将三类区并入二类区;
(2)增设了颗粒物(粒径小于等于 $2.5\mu m$)浓度限值和臭氧8h平均浓度限值;
(3)调整了颗粒物(粒径小于等于 $10\mu m$)、二氧化氮、铅和苯并[a]芘等的浓度限值;
(4)调整了数据统计的有效性规定。

《环境空气质量标准》(GB 3095—2012)中规定,环境空气功能区分为两类:一类区为自然保护区、风景名胜区和其他需要特殊保护的区域;二类区为居住区、商业交通居民混合区、文化区、工业区和农村地区。环境空气质量标准分为两级:一类区执行一级标准;二类区执行二级标准。环境空气污染物基本项目浓度限值见表8-6。

环境空气污染物基本项目浓度限值 表8-6

序号	污染项目	平均时间	浓度限值 一级	浓度限值 二级	单位
1	二氧化硫(SO_2)	年平均	20	60	$\mu g/m^3$
		24h平均	50	150	
		1h平均	150	500	
2	二氧化氮(NO_2)	年平均	40	40	$\mu g/m^3$
		24h平均	80	80	
		1h平均	200	200	
3	一氧化碳(CO)	24h平均	4	4	mg/m^3
		1h平均	10	10	
4	臭氧(O_3)	日最大8h平均	100	160	$\mu g/m^3$
		1h平均	160	200	
5	颗粒物(粒径小于$10\mu m$)	年平均	40	70	
		24h平均	50	150	
6	颗粒物(粒径小于$2.5\mu m$)	年平均	15	35	
		24h平均	35	75	

8.2.4.2 噪声标准

噪声控制就是要用最经济的方法把噪声限制在某种合理的范围内,各种环境条件下的噪声适宜范围便是噪声标准。所谓噪声标准就是规定噪声级不宜或不得超过的限制值(即最大容许值)。在这样的条件下,噪声对人仍存在有害影响,只是不会产生明显的不良后果。

《中华人民共和国环境噪声污染防治条例》是实施噪声控制的保障与依据,据此,我国颁布了一系列噪声标准和噪声控制的规定。目前为止,我国已颁布的噪声标准包括(表8-7):《声环境质量标准》(GB 3096—2008);《机场周围飞机噪声环境标准》(GB 9660—1988);《建筑施工场界噪声限值》(GB 12523—1990),后被《建筑施工场界环境噪声排放标准》(GB 12523—2011)取代;《汽车定置噪声限值》(GB 16170—1996)等。

我国已颁布的部分噪声标准　　　　　　表8-7

序号	标准号	标准名称	序号	标准号	标准名称
1	GB3096—2008	声环境质量标准	3	GB 12523—2011	建筑施工场界噪声限值
2	GB 9660—1988	机场周围飞机噪声环境标准	4	GB 16170—1996	汽车定置噪声限值

我国于1993年重新颁布了《城市区域环境噪声标准》(GB 3096—1993),目前此标准已经作废,被《声环境质量标准》(GB 3096—2008)替代。《声环境质量标准》(GB 3096—2008)规定了五类声环境功能区的环境噪声限值及测量方法。

按区域的使用功能特点和环境质量要求,声环境功能区分为以下5种类型:

0类声环境功能区:指康复疗养区等特别需要安静的区域。

1类声环境功能区:指以居民住宅、医疗卫生、文化教育、科研设计、行政办公为主要功能,需要保持安静的区域。

2类声环境功能区:指以商业金融、集市贸易为主要功能,或者居住、商业、工业混杂,需要维护住宅安静的区域。

3类声环境功能区:指以工业生产、仓储物流为主要功能,需要防止工业噪声对周围环境产生严重影响的区域。

4类声环境功能区:指交通干线两侧一定距离之内,需要防止交通噪声对周围环境产生严重影响的区域,包括4a类和4b类两种类型。4a类为高速公路、一级公路、二级公路、城市快速路、城市主干路、城市次干路、城市轨道交通(地面段)、内河航道两侧区域;4b类为铁路干线两侧区域。

各类声环境功能区适用表8-8规定的环境噪声等效声级限值。

环境噪声限值[单位:dB(A)]　　　　　　表8-8

声环境功能区类别		时　　段	
		昼间	夜间
0类		50	40
1类		55	45
2类		60	50
3类		65	55
4类	4a类	70	55
	4b类	70	60

8.2.4.3 水质标准

目前，我国已颁布的水质标准有（表8-9）：《地面水环境质量标准》（GB 3838—2002）；《海水水质标准》（GB 3097—1997）；《渔业水质标准》（GB 11607—1989）；《地下水质量标准》（GB/T 14848—1993）；《污水综合排放标准》（GB 8978—1996）；《生活饮用水卫生标准》（GB 5749—2006）等。

我国已颁布的水质量标准　　　　表8-9

序　号	标　准　号	标　准　名　称
1	GB 3838—2002	地面水环境质量标准
2	GB 3097—1997	海水水质标准
3	GB 11607—1989	渔业水质标准
4	GB/T 14848—1993	地下水质量标准
5	GB 8978—1996	污水综合排放标准
6	GB 5749—2006	生活饮用水卫生标准

《地面水环境质量标准》（GB 3838—2002），依据地表水水域环境功能和保护目标，按功能高低依次划分为以下5类：

Ⅰ类主要适用于源头水、国家自然保护区；

Ⅱ类主要适用于集中式生活饮用水地表水源地一级保护区、珍稀水生生物栖息地、鱼虾类产场、仔稚幼鱼的索饵场等；

Ⅲ类主要适用于集中式生活饮用水地表水源地二级保护区、鱼虾类越冬场、洄游通道、水产养殖区等渔业水域及游泳区；

Ⅳ类主要适用于一般工业用水区及人体非直接接触的娱乐用水区；

Ⅴ类主要适用于农业用水区及一般景观要求水域。

对应地表水上述五类水域功能，将地表水环境质量标准基本项目标准值分为五类，不同功能类别分别执行相应类别的标准值。水域功能类别高的标准值严于水域功能类别低的标准值。同一水域兼有多类使用功能的，执行最高功能类别对应的标准值。

《污水综合排放标准》（GB 8978—1996）也有很多技术要求，标准分级为一级标准、二级标准和三级标准。排放的污染物按其性质分为两类：第一类污染物不分行业和污水排放方式，也不分受纳水的功能类别，一律在车间或车间处理设施排放口采样，其最高允许排放浓度必须达到该标准要求。第二类污染物在排污单位排放口采样、其最高允许排放浓度必须达到本标准要求。

8.3　环境影响评价的工作流程及内容

8.3.1　环境影响评价工作程序

环境影响评价工作程序如图8-7所示。环境影响评价工作大体分为3个阶段。

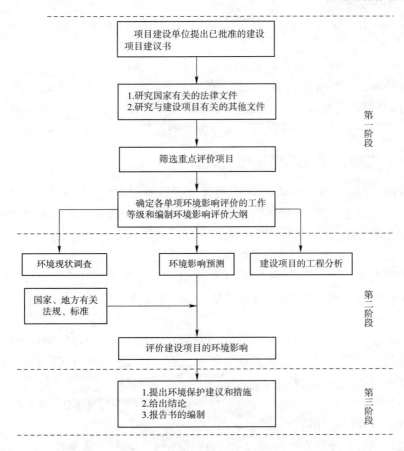

图8-7 环境影响评价工作程序流程

8.3.1.1 准备阶段

此阶段主要完成以下工作内容:首先是研究有关文件,包括国家和地方的法律法规、发展规划和环境功能区划、技术导则和相关标准、建设项目依据、可行性研究资料及其他有关技术资料。之后需进行初步的工程分析,明确建设项目的工程组成,根据工艺流程确定排污环节和主要污染物,同时进行建设项目环境影响区的环境现状调查。结合初步工程分析结果和环境现状资料,可以识别建设项目的环境影响因素,筛选主要的环境影响评价因子,明确评价重点;最后确定各单项环境影响评价的范围和评价工作等级。

如果是编制环境影响报告书的建设项目,该阶段的主要成果是完成编制环境影响评价大纲,将以上这些工作的内容和成果全部融入其中;如果是编制环境影响报告表的建设项目,无须编制环境影响评价大纲。

8.3.1.2 正式工作阶段

此阶段主要工作是做进一步的工程分析,进行充分的环境现状调查、监测并开展环境质量现状评价,之后根据污染源强和环境现状资料进行建设项目的环境影响预测,评价建设项目的环境影响,并开展公众意见调查。最重要的是根据建设项目的环境影响、法律法规和标准等的要求以及公众的意愿,提出减少环境污染和生态影响的环境管理措施和工程措施。

若建设项目需要进行多个方案的比选,则需要对各个方案分别进行预测和评价,并从环境保护角度推荐最佳方案;如果对原方案得出了否定的结论,则需要对新选的方案重新进行环境影响评价。

8.3.1.3 环境影响评价报告编制阶段

此阶段是环境影响评价报告书或报告表的编制阶段,其主要工作是汇总、分析第二阶段工作所得的各种资料、数据,从环境保护的角度确定项目建设的可行性,给出评价结论和提出进一步减缓环境影响的建议,并最终完成环境影响报告书或报告表的编制。

8.3.2 环境影响评价工作等级的确定

评价工作的等级是指需要编制环境影响评价和各专题工作深度的划分,各单项环境影响评价划分为三个工作等级,一级评价最详细,二级次之,三级较简略。各单项环境影响评价工作等级划分的详细规定,请参阅中华人民共和国环境保护行业标准《环境影响评价技术导则》相关规定。工作等级的划分依据如下:

(1)建设项目的工程特点(工程性质、工程规模、能源、资源使用量及类型等)。

(2)项目所在地区的环境特征(自然环境特点、环境敏感程度、环境质量现状及社会经济状况等)。

(3)国家或地方政府所颁布的有关法规(包括环境质量标准和污染物排放标准)。对于某一具体建设项目,在划分各评价项目的工作等级时,根据建设项目对环境的影响、所在地区的环境特征或当地对环境的特殊要求情况可以作适当调整。

依据《环境影响评价法》的规定,建设单位应当按照下列规定组织编制环境影响报告书、环境影响报告表或者填报环境影响登记表。

对于可能造成重大环境影响的建设项目,应当编制环境影响报告书,对产生的环境影响进行全面评价;对于可能造成轻度环境影响的建设项目,应当编制环境影响报告表,对产生的环境影响进行分析或者专项评价;对环境影响很小、不需要进行环境影响评价的建设项目,应当填报环境影响登记表。

2015年4月9日修订通过的《建设项目环境影响评价分类管理名录》(以下简称《名录》)对环境影响评价类别作了更详细的规定。此次修订明确和规范了环境敏感区的定义,并将环境敏感区分为特殊保护区,社会关注区和特征敏感区。其中,特殊保护区是指国家法律明确要求保护的区域,社会关注区与人的生活环境息息相关,特征敏感区则主要涵盖部门规章要求保护的区域。《名录》特别规定,建设项目所处环境的敏感性质和敏感程度,是确定建设项目环境影响评价类别的重要依据。建设涉及环境敏感区的项目,应当严格按照本名录确定其环境影响评价类别,不得擅自提高或者降低环境影响评价类别。环境影响评价文件应当就这一项目对环境敏感区的影响作重点分析。跨行业、复合型建设项目,其环境影响评价类别按其中单项等级最高的确定。《名录》未作规定的建设项目,其环境影响评价类别由省级环境保护行政主管部门根据建设项目的污染因子、生态影响因子特征及其所处环境的敏感性质和敏感程度提出建议,报国务院环境保护行政主管部门认定。

8.3.3 环境影响评价大纲的编写

环境影响评价大纲是环境影响评价报告书的总体设计和行动指南,是具体指导环境影响评价的技术文件,也是检查报告书内容和质量的主要依据。该文件应在充分研读有关工程相关文件、进行初步的工程分析和环境现状调查后形成。

评价单位在接受委托后,首先应进行工程基本资料的收集和整理工作。工程基本资料包括项目的立项批复和工程的可行性研究报告等工程相关的文件和技术资料。环境影响评价是以工程可行性研究报告为基础,以工程可行性确定的工程方案为主要依据。

在研究工程技术资料的同时,可开始编写大纲的工程概况部分。工程概况是环境主管部门和评审专家了解工程的主要途径。因此,要求工程概况要清楚、翔实和准确无误,并能够充分反映工程特点。了解工程的基本情况后,可以根据工程可能产生的环境影响情况,进行初步工程分析。在工程分析中应阐明工程建设和营运过程中的污染环节,以及各环节中污染物的排放种类、数量、估算浓度和拟采取的防治措施等。

在对工程可行性研究报告进行深入的研究之后,应开始公路沿线环境的初步踏勘。踏勘工作应根据事先拟定的调研提纲和方案进行,调研工作应符合公路工程线性影响特点,以工程线路为主轴,在评价范围内进行。

取得初步踏勘资料后,可开始根据沿线社会、经济和自然环境的概况,依据公路环境影响评价导则的基本要求筛选环境保护目标、确定评价重点和不同环境要素的评价等级,并根据评价重点和评价等级分析各项评价的工作要点,进而开始编制环境影响评价大纲。

评价大纲一般包括以下内容:

(1)总则。包括评价任务的由来、编制依据,控制污染和保护环境的目标,采用的评价标准,评价项目及其工作等级和重点等。

(2)建设项目概况。

(3)拟建项目地区环境简况。

(4)建设项目工程分析的内容与方法。

(5)环境现状调查。根据已经确定的各评价项目工作等级、环境特点和影响预测的需要,尽量详细地说明调查参数、调查范围及调查的方法、时期、地点、次数等。

(6)环境影响预测与评价。包括预测方法、内容、范围、时段及有关参数的估值方法,对于环境影响综合评价,应说明拟采用的评价方法。

(7)评价工作成果清单。包括拟提出的结论和建议的内容。

(8)评价工作组织、计划安排。

(9)经费概算。

大纲编制完成,由建设单位向负责审批的环境保护部门申报,并抄送行业主管部门,经技术评审后,将由环境保护部门提出大纲评审意见,以此文件和评审会上专家提供的意见为依据对评价大纲进行修改后,即可将其作为报告书编制的主要依据。

8.3.4 环境影响评价专题及其主要内容

建设项目环境影响评价的专题及其内容,由项目性质和当地的环境状况等经环境影响评价因子筛选后确定。下面以公路建设项目为例简要介绍环评时通常设置的专题及其内容,如图8-8所示。

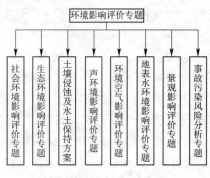

图 8-8　环境影响评价专题

8.3.4.1　社会环境影响评价专题

社会环境影响评价专题内容,由地区社会环境现状分析、项目影响预测评价和缓减(或降低)影响措施(建议)三部分组成。

项目对社会环境的影响预测评价应针对筛选出的评价因子进行。道路建设对社会环境的正面影响是主要的,除道路交通自身的经济效益外,对地区的经济发展有很大的推动作用,对边、贫地区有促进民族团结和扶贫致富等深远意义。其负面影响主要是征用土地、拆迁、民房、阻隔通行等对社会经济和生活环境造成影响,此外,还可能对文物有影响。

8.3.4.2　生态环境影响评价专题

生态环境影响评价专题,主要包括地区生态环境现状分析,项目影响预测评价和防治措施(建议)三部分内容。

生态环境评价因子,因道路建设地区的不同而差异较大。城市道路主要是城市生态和人的生活环境。公路项目的评价因子主要有:植被破坏和土地利用改变而引起的生物量变化、土地沙漠化和土壤侵蚀;山区地貌扰动引发水土流失、崩塌和泥石流;路线阻隔陆生生物栖息地对生物多样性的影响;路基高填、深挖对土壤侵蚀和景观生态环境的影响,以及影响地区水文而引发灾害等。

8.3.4.3　土壤侵蚀及水土保持方案

该专题的主要内容是地区土壤侵蚀(包括风蚀和水蚀)现状评价,项目影响预测评价和拟定水土保持方案。

道路项目引起土壤侵蚀主要在施工期,其原因是路基工程的填挖、取土、弃土和隧道弃渣,造成大面积植被破坏及产生新的土壤侵蚀源。

水土保持方案是为防止土壤侵蚀而拟定的措施方案,应针对土壤侵蚀的形式、规模和地点等设计,进行设计时应执行相应的技术规范。路基防护工程和排水工程设计,是项目水土保持方案的重要组成部分。

8.3.4.4　声环境影响评价专题

该专题的内容主要有地区声环境现状评价,项目施工期噪声和营运期交通噪声对环境的影响预测评价,敏感点的噪声污染防治措施(建议)等。

道路项目对声环境影响主要是施工期的机械噪声和材料运输噪声、营运期的道路交通噪声。道路交通噪声扰民随交通量增加而上升,其防治措施应认真研究。

8.3.4.5　环境空气影响评价专题

该专题的内容由地区环境空气质量现状评价,项目对环境空气影响预测评价和空气污染减缓措施(建议)三部分组成。

道路项目对空气环境的影响因子主要有施工期扬尘和沥青烟尘、营运期汽车排放的有害气体(以 CO、NO_x 为主)。对于长隧道需评价其通风设施,防止隧道内空气严重污染影响行车安全和人员健康。

8.3.4.6 地表水环境影响评价专题

该专题的主要内容是地区地表水环境质量现状评价,项目对水环境影响预测评价,水环境污染防治措施(建议)以及交通事故风险分析等。

道路项目对地表水环境的主要影响因素有:路基、桥梁对水文的影响;桥梁施工对水质的影响;施工期的施工废水和施工营地污水对水质的影响;营运期的路面径流、服务区的生活污水和洗车废水、收费站等地的生活污水对水质的影响。

通常道路项目对地表水有影响。根据地表水的类别,我们关心的是生活饮用水源、水产养殖水体和特殊保护的水源地。

8.3.4.7 景观影响评价

景观评价分为内部景观评价与外部景观评价。内部景观评价对象为工程构造物,外部景观评价对象为景观敏感区。无特殊工程构造物时,可不进行内部景观评价,无景观敏感区时可不进行外部景观评价。景观评价应突出对景观敏感路段的评价。

该专题主要评价的内容有:工程构造物的造型、色彩等美学特性及其与周围环境的协调性。内部景观评价应选取代表性构造物进行评价。应对景观敏感区的完整性、美学价值、科学价值、生态价值及文化价值等方面因公路建设所受到的影响进行评价。外部景观评价应对景观敏感路段逐段进行评价。

8.3.4.8 事故污染风险分析

应对在运营过程中危险化学货物的泄漏进行事故污染风险分析。其分析重点应针对敏感水体进行,并提出风险防范和管理对策。应对公路分路段进行危害敏感性识别,其识别重点应是处于敏感水体汇水区的路段。对确认的敏感路段,应根据事故风险、危害种类等,结合工程设计提出工程防范要求。应制定必要的应急报告制度及程序。

上述专题并非每条道路都千篇一律,可根据具体情况有增有减。各专题的评价内容或因子应认真研究,有针对性地确定。

8.4 环境影响评价方法和技术

8.4.1 环境影响因子识别

识别环境可行的项目方案实施后可能导致的主要环境影响及其性质,编制项目的环境影响识别表,并结合环境目标,选择评价指标。项目的环境影响识别与确定评价指标的关系见图8-9。

建设项目对环境因子的影响程度可用等级划分来反映,按有利影响与不利影响两类分别划分等级。不利影响常用负号表示,分为极端不利、非常不利、中度不利、轻度不利、微弱不利共5级。有利影响常用正号表示,分为微弱有利、轻度有利、中等有利、大有利、特有利共5级。根据工作深度不同,也有将影响分为3级或10级的。

根据项目类型、建设等级、建设规模、所处位置、所在地区自然和社会环境特征等具体情况,分段对社会环境影响因子进行筛选(表8-10),确定其重要程度。

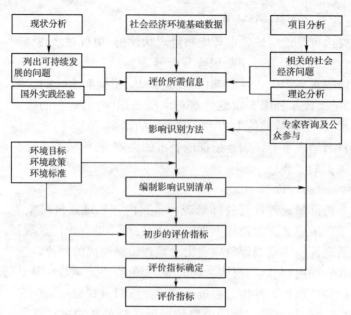

图 8-9 环境影响识别与确定评价指标的基本程序

社会环境影响评价因子筛选表　　　　　　　　表 8-10

评价时段	农民生计方式	生活质量	拆迁安置	矿产资源	土地利用	基础设施	文物古迹	地区发展规划	通行交往	工农业生产	旅游资源	社区发展	……
	1	2	3	4	5	6	7	8	9	10	11	12	……
施工期													
运营近期													
运营中远期													

注:可用以下符号表示影响程度。●——重大影响;▲——中等影响;○——轻度影响;-——负影响;+——正影响。

8.4.2 环境保护目标确定

交通建设项目批准立项后,通过对设计线位(或点位)的现场踏勘调查,确定拟建项目沿线(或周边)评价范围内各环境要素的主要保护目标。

《中华人民共和国环境保护法》将生态环境保护目标列为严格保护对象,包括在交通设施评价范围内已有的各种类型的自然生态系统区域,珍稀、濒危的野生动植物自然分布区域,重要的水源涵养区域,具有重大科学文化价值的地质构造、著名溶洞和化石分布区、冰川、火山、温泉等自然遗迹,以及人文遗迹、古树名木。水环境的保护目标主要指饮用水水源保护区,江、河源头区,集中养殖水域等。社会环境保护目标包括历史文化遗产、居民居住或出行的便利性和生活质量等。除此以外,还包括大气、地质灾害易发区、土壤和基本农田保护区、海洋特别保护区、海上自然保护区、滨海风景游览区、水产资源和鱼蟹洄游通道、海岸防护林、红树林、珊瑚礁等。

针对交通项目可能涉及的环境要素以及主要制约因素寻找环境敏感点,按照有关的环境保护政策、法规和标准拟定或确认使敏感点不受污染或破坏的环境影响评价的环境保护目标,包括交通项目涉及的区域和(或)行业的环境保护目标,以及交通项目设定的环境目标。

以城市轨道交通为例,说明环境敏感点在确定时的注意事项:

(1)严格按照相关规定确定的评价范围界定。

(2)严格按照相关规定定义界定,如噪声敏感点应按《噪声污染防治法》对其的定义进行界定。

(3)处理好前排和后排的关系,有些评价单位认为前排已列入敏感点,后排影响小,就不再列入敏感点的思路是错误的。

(4)处理好工程拆迁敏感点,规划拆迁敏感点的问题,界定敏感点时应按调查的现状,并兼顾规划敏感点全部予以罗列,但工程已确定要拆迁的可在备注中注明"工程拆迁",但注明后也应进行评价并提出措施,如工程实施时敏感点已拆迁,建设单位可根据《环境影响评价法》第二十四条的有关要求进行相应变更。

(5)噪声和振动敏感点应是评价范围内全部的,不能是主要的或重要的。

(6)处理好规划建设敏感点的问题,由于城轨主要位于城区,规划建设速度很快,在确定敏感点时报告书应包括现状和规划建设(有正式文件)的全部敏感点,防治措施应按"以人为本"的要求全部落实,但防治责任应按有关规划文件分清先后予以确定。

(7)城轨经常会以盾构形式穿越水体,工程分析时应注意盾构穿越地表集中生活饮用水源一级保护区时,与《水法》相关要求不矛盾,工程建设不存在法律制约因素。

8.4.3 环境影响预测方法

经过环境影响识别后,主要环境影响因子已经确定,这些环境因子究竟在人类活动中起多大作用,需要进行科学的环境影响预测。

目前常用的预测方法大体可以分为:①以数学模式为主的客观预测方法,它是应用统计、归纳理论,经过分析确定相关模式的方法,分为黑箱模型、灰箱模型和白箱模型三大类;②以实验手段为主的实验模拟方法,在实验室或现场通过直接对物理、化学、生物过程测试来预测人类活动对环境的影响,一般称为物理模拟模式;③以专家经验为主的预测方法,具体如图8-10所示。

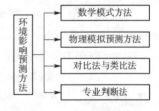

图8-10 环境影响预测方法

8.4.3.1 数学模式方法

自然界中许多事物,我们对其有一些了解,但某些方面可能存在模糊认识,在研究此类问题时,人们采取的预测方法常常是半经验、半理论的灰色模型。灰色模型的建立,首先要根据各变量之间的物理的、化学的和生物的变化,以守衡为基础建立起各种相互关系,对某些了解不够清楚的部分设法参数化,即采用黑箱处理方法,并根据输入、输出数学的统计关系确定参数数值。用于环境预测的解析模式可以分为零维、一维、二维和三维,根据变化状况可分为稳态和非稳态。使用时要在假设条件限制的范围内运用,使用时可根据具体情况,本着相近、相似的原则,适当放宽使用条件,但要考虑由此产生的误差大小。

模式参数(如扩散参数)的确定可以采取类比的方法、数值试验逐步逼近的方法、现场测定的方法和物理实验的方法等。前两种属于统计方法;后两种属于物理模拟方法。造成预测偏差的主要影响因素是输入数据的准确度,包括源、汇项数据(如源、汇的强度)、环境数据

（如风速、水流速度、气温、气温垂直递减率、水温等）以及用于模式参数确定的原始测量数据（如监测数据等）的准确度，这些数据必须认真审查，严格把关。

以上主要三项输入数据误差的存在，决定了环境预测误差的存在和不确定性。为了让决策者对预测结果有一个比较全面的认识，应该在预测的基础上，对模式的可能误差进行必要的讨论和验证。

8.4.3.2 物理模拟预测方法

人们除了应用数学分析工具进行理论研究和描述外，还可应用物理、化学和生物的方法直接模拟环境影响问题，这类方法统称为物理模拟方法。

物理模拟法是利用与原型在某些方面相似（几何相似、运动相似、热力相似、动力相似等）的实物模型，通过实验进行预测。通常考虑以下几种相似。

几何相似：指模型流场与原型流场中的地形地物（建筑物、烟囱）的几何形状、对应部分的夹角和相对位置相同，尺寸按相同比例缩小。一般大气扩散风洞实验常采用 1/300～1/2500 的缩尺模型。

运动相似：指模型流场与原型流场在各对应点上的速度方向相同，并且大小（包括平均流速与湍流强度）成常数比例。如风洞模拟实验模拟的边界层风速垂直廓线、湍流强度等与原型相似。

热力相似：指模型流场与原型流场的温度垂直分布相似。

动力相似：指模型流场与原型流场在对应点收到的力要求方向一致，大小成常数比例。两个流场的动力相似分析，可通过引入运动特征量与特征无量纲数来进行。由于流体运动受到的力多种多样，要使两个流场动力学性质完全相似不太可能，根据工程项目环境影响预测的特点（小尺度、低流速、弱黏度），动力相似只需通过雷诺数、理查逊数、弗罗特数、马赫数、罗斯贝数等特征无量纲数的分析，使模拟流场的这些特征数与原型流场相等，即可保证两者相似。在此基础上再进行复杂条件下的污染物排放预测。

时间相似：指模型流场与原型流场的变化规律要相似，保证所有对应点上的各种变化率（减速或加速）相同。

物理模拟的主要测试方法有示踪物浓度测量法和光学轮廓法。

示踪物浓度测量法：通过示踪物（如 C14）在模拟流场中的分布，判定污染物的扩散规律，确定浓度分布等。

光学轮廓法：即对物理模拟形成的污气流、污气团、污水流、污水团按照一定的采样时段拍摄照片或录像，确定污染物的扩散情况。

8.4.3.3 对比法与类比法

对比法是一种简单的主观预测方法，此法通过对工程兴建前后，对某些环境因子影响的机制及变化过程进行对比分析，进行环境影响的预测。例如，预测水库对库区小气候的影响时，通过小气候形成的成因分析与库区小气候现状进行比较，研究其变化的可能性和趋势，确定其变化的程度，并做出建库后小气候变化的预测。距离库区不同距离处受到的影响，也可采用对比法进行预测。

类比法是在进行一个未来建设工程项目的环境影响评价时，通过研究一个已知类似工程兴建前后对环境的影响状况，推测工程可能的环境影响的方法。这种方法准确性好，得到广泛采用。

8.4.3.4 专业判断法

进行环境影响预测时,常常会遇到一些问题不能解决,不能进行客观的预测,此时常用主观预测的方法。

这些问题包括:

(1)缺乏足够的数据、资料,无法进行客观地统计分析;
(2)影响因素复杂,找不到适当的预测模型;
(3)某些环境因子难以用数学模型定量化(如含有社会、文化、政治等因素的环境因子);
(4)由于时间、经济的条件限制等。

最简单的专业判断法是通过召开专家会议完成。通过会议召集有关专家对一些疑难问题进行讨论,并做出预测和评价。专家必须具备广博的专业知识和丰富的实践经验,并通过类比、对比分析、归纳、推理,给出预测结果。

较有代表性的专家咨询法是美国兰德公司于1964年首次用于技术预测的德尔斐法(Delphi)。该法是一种系统分析方法,使专家的意见通过价值判断不断向有益方向延伸,为决策科学化提供了途径,给决策者多个方案的选择机会。

具体组织形式是通过针对某一主题,让专家们以匿名方式充分发表意见,并对每一轮意见进行汇总、整理和统计,作为反馈材料再发给每个人,供他们进一步的分析判断,提出新的观点。经过多次反复的以上过程,论证不断深入,意见逐步趋于一致,可靠性越来越大,最后形成具有权威性的结论。

8.4.4 环境影响评价模型方法

环境影响评价是一个多指标、多层次的评价问题,它涉及社会、生态、景观等多方面因素。为了能从整体上把握环境影响的程度,需要对环境影响的实际情况进行综合评价。

目前,对复杂对象的多指标综合评价方法主要有灰色关联度法、层次分析法、数据包络分析法、模糊综合评价法以及主成分分析法,上述各种评价方法的适用条件不同且具有明显的优缺点。因此,优化评价方法的选择是多指标综合评价过程中非常关键的一步,如图8-11所示。

8.4.4.1 灰色关联度法

1982年,中国学者邓聚龙教授创立的灰色系统理论,是一种研究贫信息、少数据不确定性问题的新方法。灰色系统论以"部分信息未知,部分信息已知"的"小样本""贫信息"不确定性系统为研究对象,通过对"部分"已知信息的生成、开发,提取有价值的信息,实现对系统运行行为、演化规律的正确描述和有效监控。灰色系统理论是一门渗透力强、涉及面宽的新学科,广泛地应用于经济、交通、能源等领域。1985年,邓聚龙出版的第一本灰色理论专著《灰色系统(社会·经济)》中就提到了灰色多指标决策问题,在随后的几本灰色系统书籍中,又对灰色多指标决策进行了探讨。

在许多客观事物之间、因素之间,相互关系比较复杂,人们在认识、分析、决策时,得不到

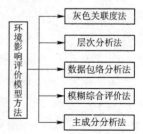

图8-11 环境影响评价模型方法

全面、足够的信息，不容易形成明确的概念。这些都是灰色因素、灰色关联性在起作用，所以对灰色系统进行研究和分析时，要解决如何从随机性的时间序列中，找到关联性和关联性的度量值，以便进行因素分析，为系统决策提供依据。

此方法确定权值，首先要选取决定研究地区环境变化的主导因子，再确定其他指标同主层因子决定的指标之间的关联度排序，然后以此关联度为基础，决定权重的分析。适合于对"外延明确，内涵不明确"的对象进行评价，具有一定的客观性。

8.4.4.2 层次分析法

层次分析法（Analytic Hierarchy Process，简称 AHP 法）是美国运筹学家萨第（T. L. Saaty）于 20 世纪 70 年代提出的，是一种将定性与定量分析相结合的多指标决策分析方法，适用于结构较复杂、决策准则多且不易量化的决策问题。

AHP 法解决问题的基本思想是根据分析对象的性质和决策的总目标，将系统分解成不同的组成要素，然后按要素间的相互关联影响和隶属关系，由高到低排成若干层次。

首先，按照指标间的相互关联影响以及隶属关系，将指标依不同层次聚集组合，形成一个多层次的分析结构模型。其次，对客观现象的主观判断，就每一层次指标的相对重要性给予量化描述。最后，利用数学方法，确定每一层次全部指标相对重要性次序的数值。

层次分析法是在一个多层次的分析结构中，最终由系统分析归结为最低层相对于最高层的相对重要性数值的确定或相对优劣次序的排列问题，进而利用排序结果，对问题进行分析和决策。层次分析法的核心问题是排序问题，包括递阶层次结构原理、标度原理和排序原理。

8.4.4.3 数据包络分析法

1975 年，著名运筹学家查恩斯（Charnes）、库柏（Cooper）和罗兹（Rhodes）提出了基于相对效率的数据包络分析法（Data Envelopment Analysis，简称 DEA 法）。数据包络分析法（DEA 法）是应用数学规划模型计算比较决策单元之间的相对效率，进而对评价对象进行评价。其思路是把每一个被评价对象作为一个决策单元，再由众多决策单元构成评价群体，通过对投入和产出比率的综合分析，以决策单元的各个投入和产出指标的权重为变量进行运算，确定有效生产前沿面，并根据各决策单元与有效生产前沿面的距离状况，确定各决策单元是否有效。

DEA 法不仅能解决多输入单输出问题，还适用于多输入多输出的复杂系统，通过对输入和输出信息的综合分析，DEA 法可以得出每个方案中效率的数量指标，据此将各方案定级排队确定有效方案，并可给出其他方案非有效的原因和程度。

DEA 法最主要优点就是不需要预先估计参数，使之受不确定主观因素的影响较小，而且其在简化运算、减少误差等方面也有着很大的优越性。但 DEA 法存有一个缺陷，因为各个决策单元是从最有利于自己的角度分别求权重的，导致这些权重随决策单元的不同而不同，从而使得每个决策单元的特性缺乏可比性。

8.4.4.4 模糊综合评价法

当一个评价系统复杂性增大时，对它精确评价的能力将降低，复杂性和精确性成反比例关系。环境评价是一个复杂的大系统，其涉及因素众多，大部分指标是无法直接进行量化的，只能通过专家打分进行间接量化，具有不确定性，而且专家打分只能给定一个大致区间，没有明确外延，具有一定的模糊性。因此，结合层次分析法和模糊数学理论，通过对多指标评价样本的研究,选用目前极为广泛使用的模糊综合评价法作为环境影响评价的综合评价方法。

模糊综合评价法是一种基于模糊数学的综合价方法,是对受多个因素影响的事物做出全面的、有效的一种综合评价方法。该综合评价法根据模糊数学的隶属度理论把定性评价转化为定量评价,即用模糊数学对受到多种因素制约的事物或对象做出一个总体的评价。它突破了精确数学的语言和逻辑,强调影响事物因素中的模糊性,较为深刻地刻画了事物的客观属性。

应用模糊评判法首先需要确定评价参数,不同参数在评价中所起的作用不相同,需要分别确定各参数的权重因子大小。随后要根据不同参数的特点给出拟合隶属函数,结合评价标准,经模糊变换给出隶属度值,完成模糊综合评价。它具有系统性强、结果清晰的特点,适合各种非确定性问题的解决,能较好地解决模糊的、难以量化的问题。

该方法以层次分析法为基础,引入了模糊集的概念。因此,模糊综合评价法不仅考虑评价对象的层次性,使评价标准、影响因素的模糊性得以体现,而且将定量与定性因素结合起来,可扩大信息量、提高评价精度。在评价中还可以充分发挥人的经验,使评价结果符合客观实际情况,较好地解决了模糊性问题。

8.4.4.5 主成分分析法

主成分分析也称主分量分析,旨在利用降维的思想,把多指标转化为少数几个综合指标。主成分分析法在综合评价时的基本思想是:将多项评价指标综合成少数几个主成分,再以这几个主成分的贡献率为权数构造一个综合指标,从而做出评价。评价指标间的相关性较高时,此方法能消除指标间信息的重叠,而且能根据指标所提供的信息,通过数学运算而自动生权,有一定的客观性,避免了人为因素带来的偏差,适合于样本数较多的综合评价,但该方法过分地依赖于客观数据。

8.5 环境影响评价的公众参与

8.5.1 公众参与含义

在环境影响评价中,尤其是在交通建设项目的环境影响评价中,公众参与也是一个非常重要的内容。《中华人民共和国环境影响评价法》规定:国家鼓励有关单位、专家和公众以适当方式参与环境影响评价。随着人们环保意识的增强和对居住环境质量要求的提高,公众参与越来越成为环境影响评价的一个重要环节,在开展环境影响评价工作时要特别关注。

公众参与是指为使建设项目的论证更加科学合理,使项目所在地的公众、团体、单位等的合法利益得到充分保证,建设单位与公众之间采取的一种双向沟通与交流的方式。公众参与中的"公众"是一个广义的概念,它不但包括受项目影响的民众,还包括有关的团体、机构和单位。

公众参与目的是通过与公众进行的有效协商,使直接或间接受到项目影响的各群体的利益和意见有所考虑和补偿。充分听取公众意见,不仅是尊重公众的权利,也能减少可能产生的不利于项目建设的问题出现。公众参与是提高建设项目的社会效益和环境效益的一种有效途径,也是环境影响评价工作的一项必要程序。

8.5.2 公众参与工作内容

8.5.2.1 公众参与内容

公众参与包括项目方案决策、勘察、设计和环境影响评价等过程进行的征询和协商。

8.5.2.2 公众参与工作步骤

(1)建设项目信息披露;
(2)公众意见调查、收集;
(3)公众意见合理性分析、统计与评述;
(4)政府各相关职能部门意见协商;
(5)专家与对项目感兴趣利益团体的意见;
(6)环境影响评价技术文件公示。

8.5.2.3 调查对象

包括公众个人、政府部门、感兴趣团体、企事业单位和专家。

8.5.2.4 调查内容

(1)项目建设对本地区经济建设和发展的作用;
(2)对项目建设的一般性意见;
(3)项目主要环境问题,及对各单项环境要素污染和生态破坏的认可程度;
(4)对路线走向、局部选线方案、建设规模、通道设置等的具体意见和建议;
(5)对征地拆迁安置办法的具体意见和建议;
(6)对项目环境保护措施的意见和建议。

有关工程方案应重点调查当地政府部门的意见。有关环境保护措施方案的调查,应重点调查直接受影响人群的意见。

8.5.3 公众参与方法

(1)由建设单位通过各种传播媒体进行新闻发布或召开新闻发布会,向公众介绍项目工程概况、项目直接影响区环境概况、预期的环境影响和防治措施等,以便得到公众的理解和支持,同时能及时根据公众的意见和建议寻求减轻不利影响的措施。包括网上发布、网上讨论等形式发布和收集意见。

(2)一般由环境影响评价机构向项目受影响的群体发放公众意见调查表或入户走访,对被调查者的意见进行统计分析,并提出反馈意见给建设单位和设计单位。也可由政府环境保护行政主管部门、建设单位和环境影响评价机构共同或单独召开公众座谈(听证)会。向公众介绍项目工程概况、项目直接影响区环境概况、预期的环境影响和预防措施等,并接受公众的质疑,充分听取各方面意见。

(3)主要采取发放调查表的方式,调查表应有工程主要内容的介绍,包括路线走向、建设规划、建设标准、涉及的主要环境敏感点等。特别敏感的路段或地点可画简图说明。

调查表应使调查对象能较全面地反映对建设项目的意见和建议,调查表的内容要注意全面性、层次性、次序性和无重复性。

调查表可包括公众对修建交通项目的态度、对路线走向的意见、对项目的认识程度、对项目环境影响的认识、对征地拆迁的意见、解决环境问题的意向方法等内容。

调查中,在对建设项目的规划和计划等问题进行说明和解释时,要实事求是,不能暗示、诱导和要求调查对象回答问题。

调查表可分为户级调查表和群体调查表两种,调查表格式可参照表 8-11 和表 8-12。

沿线或周边企业事业单位、政府机构及社会团体意见调查表　　　　表 8-11

单位名称	所在地区	单位人数	填表人
单位主要从事行业	单位与项目位置关系	单位可能受到的影响	联系方式
项目简介:主要控制点、技术指标、建设规模、建设时间等			
对修建项目的看法和态度			
对该项目布置方案的具体意见			
修建该项目对本地区经济发展的影响			
修建该项目对本地区社会公共事业的影响,如能源、交通、通信、文化娱乐、卫生、教育等			
修建该项目对本地区生态环境的影响			
修建该项目对民众生活质量的影响			
修建该项目对本地区文物古迹、文物景点有何影响			
对修建该项目的具体要求、建议及其需要说明的问题			

注:本表格不够填写时,请附纸填写。

调查人:　　　　　　　　　　　　　　　　　　　　　　调查日期:　　年　　月　　日

沿线或周边公众意见调查表　　　　表 8-12

被调查者姓名	性别	年龄	民族	文化程度
单位或住址	职务	职业	与项目关系	可能受到的影响
项目简介:主要控制点、技术指标、建设规模、建设时间等				
是否赞同修建该项目	赞同	不赞同	不知道	
是否同意该项目的布置方案	同意	不同意	不知道	
修建该项目是否有利于本地区经济的发展	有利	不利	不知道	
修建该项目要占用部分田地,要拆迁一些住房,你对此有无意见	没有	有	不知道	
是否了解项目征地/拆迁补偿政策	了解	了解一些	不了解	
是否服从征地/拆迁和重新安置	服从	有条件服从	不服从	
对安置补偿工作有何要求	经济补偿	就地安置	变更职业	其他
项目建设对你影响较大的是	噪声	废气	灰尘	其他
建议采取何种措施减轻影响	绿化	声屏障	远离村镇	其他

注:1. 请在表中用"√"表示你对每个问题的态度,如"赞同√"等。
　　2. 对于其他意见和建议以及一些具体要求,请书面表达,可附纸说明。

调查人:　　　　　　　　　　　　　　　　　　　　　　调查日期:　　年　　月　　日

(4)参与协商的政府部门主要有负责规划、环境保护、水土保持、文物保护、交通、国土、渔业等政府管理部门。根据项目性质，根据需要可涉及不同等级的政府部门，从乡镇级政府，到国家有关部委办。

(5)可由政府项目主管部门、环境保护行政主管部门、建设单位或环境影响评价机构单独或共同召开专家咨询会或审查会，对项目的有关环境文件、环保措施的可行性进行咨询或评审。咨询专家人数一般不少于5人。应支持感兴趣的团体(如环境志愿者)参加会议。

(6)建设单位、负责项目审批的环境保护行政主管部门和环境影响评价机构应有供公众查阅的环境影响报告书简本。

8.5.4 公众参与结果评述

8.5.4.1 调查结果的统计整理

按项目直接影响区和间接影响区进行分类统计整理；对于选择性问题，统计各类选择的人数和比例；对于具体意见和建议，进行分类整理，并统计人数和比例。

8.5.4.2 调查结果分析

公众参与调查结果分析主要分析以下内容：

(1)分析调查对象的结构情况及其代表性；
(2)分析推断一定区域内公众对拟建项目的态度；
(3)分析各种公众意见的合理性；
(4)采用统计分析方法，做出较全面、客观的分析结论；
(5)对公众座谈会的集中式意见，直接归纳、分析，并与调查表的统计结果进行一致性比较分析。

从被调查人员基本情况统计结果可反映出调查对象的结构情况，以及一定区域内人员的代表性，为分析调查结果提供基础数据。从统计结果可知在被调查人员中对各类问题持某种意见的人数比例，从而推断一定区域内公众对拟建项目的态度。结合调查了解的实际情况，分析公众意见的合理性，为解决环境问题提供依据。注重直接影响区公众的意愿，尽可能地减少项目带来的不利影响。在分析中，要坚持真实、客观的原则，不得编制虚假数据。

8.5.4.3 公众意见反馈

环境影响评价机构应在整理归纳公众意见后，将其客观地反馈给项目建设单位。同时还应对直接影响区公众意见的合理性进行评价，并对项目建设单位提出在后续的研究设计阶段应注意的问题和处理原则，宜给出项目建设单位对于公众意见的初步处理意向。

对公众如下方面的具体意见和建议，调查人员在整理和归档后应及时反馈给项目法人，主要包括以下几个方面：

(1)对征地拆迁和安置补偿的意见；
(2)要求解决生活、生产困难方面的意见；

(3)对高等级公路、高速铁路等的全封闭以及要求设置通道、跨线桥、涵洞的意见;
(4)对路线方案和施工工期的意见;
(5)弱势人群的意见和要求;
(6)地方政府对取弃、土场所选择及复垦方案的意见;
(7)其他关心问题。

8.6 环境影响评价报告书的编制

8.6.1 环境影响报告书编制的目的和原则

编制环境影响报告书的目的,是在项目可行性研究阶段,对项目可能给环境造成的潜在影响和工程中采取的防治措施进行评价,拟定环境保护对策和措施,论证和选择技术经济合理、对环境有害影响较小的最佳方案,为领导部门决策提供科学依据。

环境影响报告书是从环境保护角度,完成的建设项目环境影响评价工作的最终成果。经环境保护部门批准的环境影响评价报告书,是计划部门和主管部门审批建设项目合作决策的最重要依据之一,是设计单位进行环境保护设计的主要技术文件,是环境管理部门对建设项目进行环境监测、管理和验收的依据。

环境影响报告书应全面、公正、概括地反映环境影响评价的全部工作;文字应简洁、准确,图表要清晰,论点要明确。大(复杂)项目的报告书应有主报告和分报告,主报告应简明扼要,分报告应列入专题报告、计算依据等。

8.6.2 环境影响报告书编制的基本要求

8.6.2.1 环境影响报告书总体编排结构
应符合《建设项目环境保护管理条例》的要求,内容全面、重点突出、实用性强。

8.6.2.2 基础数据可靠
基础数据是评价的基础,基础数据有错误,特别是污染排放量有错误时,无论选用的计算模式多么正确,计算得多么精确,其计算结果都是错误的。因此,基础数据必须可靠,对于不同来源的同一参数数据出现不同时应进行核实。

8.6.2.3 预测模式及参数选择合理
环境影响评价的预测模式都有一定的适用条件,参数也因污染物和环境条件的不同而不同。因此,预测模式和参数选择应"因地制宜"。应选择模式的推导条件和评价环境条件相近的模式。选择总结参数时的环境条件和评价环境条件相近(相同)的参数。

8.6.2.4 结论观点明确、客观可信
结论中必须对建设项目的可行性、选址的合理性做出明确回答,不能模棱两可。结论必须以报告书中客观的论证为依据,不能带感情色彩。

8.6.2.5 语句通顺、条理清楚、文字简练、篇幅不宜过长
凡带有综合性、结论性的图表应放到报告书的正文中,对有参考价值的图表应放到报告书的附件中,以减少篇幅。

8.6.2.6 环境影响评价报告书应有评价资格证书

环评报告应附资格证复印件,报告书编制人员按行政总负责人、技术总负责人、技术审核人、项目总负责人,依次署名盖章,报告编写人署名。

8.6.3 环境影响报告书的编制依据

《中华人民共和国环境保护法》规定:建设项目的环境影响报告书,必须对建设项目产生的污染和对环境的影响做出评价,规定防治措施,经项目主管部门预审并依照规定的程序报环境保护行政主管部门批准。环境影响报告书经批准后,计划部门方可批准建设项目设计任务书。

《建设项目环境保护管理条例》规定:建设单位应当在建设项目可行性研究阶段报批建设项目环境影响报告书、环境影响报告表或者环境影响登记表;但是,铁路、交通等建设项目,经有审批权的环境保护行政主管部门同意,可以在初步设计完成前报批环境影响报告书或者环境影响报告表。

《交通建设项目环境保护管理办法》规定:交通建设项目环境影响报告书、环境影响报告表或者环境影响登记表的内容和格式,应当符合国家有关规定及技术规范的要求。

《公路建设项目环境影响评价规范》(JTG B03—2006)规定:环境影响报告书应全面、概括地反映环境影响评价的全部工作,文字应简洁、准确,并尽量采用图表和照片,报告引用的数据须可靠、翔实,评价结论应明确、可信,环境保护措施应具有针对性与可操作性。下面将以公路建设项目为例,说明其环境影响报告书的编制要点。

8.6.4 环境影响报告书的编制要点

8.6.4.1 总则

(1)结合评价项目的特点阐述编制环境影响报告书的目的。

(2)编制的依据包括项目建议书、评价大纲及审查意见、评价委托书或任务书、项目可研报告、国家有关环境保护法律和规范等。

(3)采用的标准包括国家标准、地方标准或拟参照的国外有关标准。参照的国外标准应该按照国家环保局规定的程序报有关部门批准。

(4)环境影响评价范围。

(5)环境影响评价工作等级、评价年限。

(6)项目建设控制污染与环境保护的目标。

8.6.4.2 项目工程概况

项目工程概况需要明确以下内容:

(1)项目名称及建设的必要性。

(2)路线地理位置(附图)、基本走向(附路线图)及主要控制点。

(3)交通量预测、建设等级及技术标准。

(4)建设规模及主要工程概况:建设里程、投资、占用土地及主要工程量表;路基、路面、桥涵、交叉工程及服务设施等概况。

(5)污染源分析及对环境的影响分析。

(6)主要筑路材料：用图表说明土、石、砂砾、粉煤灰等地方材料供应方案，取弃土方案及数量。

(7)项目实施方案。

8.6.4.3 项目地区环境（现状）概况

现状分析中需明确以下内容：

(1)自然环境。包括地貌、地质、土壤、气象等概况及其特征；地表水分布或地区水系及水文资料；自然灾害概况。

(2)生态环境。包括生态环境类型及其基本特征；植被类型、林地、草场及农业种植等；水生生物及水产养殖；野生动物；土壤侵蚀等。

(3)社会环境。包括项目建设社会经济影响区划(附图)；地区社会经济概况；地区发展规则；主要基础设施；文物古迹、风景名胜、自然保护区等有价值的景观资源分布及其概况；评价范围内环境敏感点统计。

(4)取、弃土场明确占地类型、位置、取弃土量。

(5)饮用水源。水源保护分级、范围、取水口位置。工程与水源保护区的关系，经过水源保护区应考虑采用更严格的风险防范和保护措施。

(6)噪声敏感点与路线的距离、高差、受影响户数和人口数等。

8.6.4.4 地区环境质量现状评价

地区环境质量现状评价包括生态环境现状评价、声环境质量现状评价、水环境质量现状评价、环境空气质量现状评价、土壤中铅含量现状评价。

生态环境影响评价应明确重点（敏感）保护目标类型、功能和保护要求，影响程度和保护措施。应关注间接和潜在影响、累积影响效果。

声环境影响评价应关注预测模式、参数和预测结果的可信度，有关车流、车速、纵坡、路面状况，特殊类型路基声环境影响预测，保护措施应经过经济、技术论证，分析是否达到降噪效果和经费保障。

水环境影响主要关注敏感水体，施工期和营运期的废水影响。

环境风险分析评价应分析产生环境风险的原因及风险概率，针对环境敏感目标作环境风险评价，提出有目的的环境风险防范措施和事故应急计划。每个要素的影响预测和措施都应放在最后明确是否对工程建设造成重大环境制约，最后得出工程建设的环境可靠性。

8.6.4.5 项目环境影响预测评价及减缓措施建议

环境保护措施是环评文件核心的内容，应注意：根据《环境影响评价法》的有关要求，环保措施应是规定性措施而不是建议性措施。在各要素评价的基础上针对各要素提出有针对性的措施，不能没有评价而有措施，评价认为没有影响的就不应该有措施，不能一方面评价认为合理，另一方面还要求进一步采取措施。

处理好当前评价与项目今后发生变更的问题，报告书提出的措施应是针对当前工程的情况，不能提出工程发生变化后采取的措施，工程变更情况应按《环境影响评价法》的有关要求办理。公路建设期及营运近、中、远期对环境影响预测评价及减缓措施，应做到预测数据可靠，评价客观，措施恰当。项目环境影响预测评价及减缓措施建议应包括以下内容，如图8-12所示。

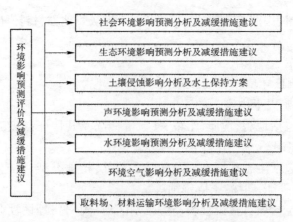

图 8-12 项目环境影响预测评价及减缓措施建议

(1) 社会环境影响预测分析及减缓措施建议：包括项目经济效益及社会效益分析；征地、拆迁影响分析及减缓措施；农业、牧业、养殖业等影响分析及减缓措施；通行阻隔分析及减缓措施；水利设施、道路交通等基础设施影响分析及减缓措施；文物古迹、风景名胜、景观资源和景观环境影响分析及减缓措施；水文及灾害影响分析及减缓措施；安全影响分析及减缓措施；社会环境影响评价结论。

(2) 生态环境影响预测评价及减缓措施建议：包括植被影响分析及减缓措施；土地利用改变对生物量的影响分析及减缓措施；公路绿化措施；土地资源影响分析及保护措施；路线阻断生物迁移和对生物多样性影响分析及减缓措施；自然保护区、湿地等生物库影响分析及保护措施；公路绿化效益分析；生态环境影响评价结论。

(3) 土壤侵蚀影响分析及水土保持方案：包括施工期土壤侵蚀影响分析及水土保持方案；土壤侵蚀发展趋势分析。

(4) 声环境影响预测评价及减缓措施建议：包括营运近、中、远期公路噪声预测计算，计算敏感点的环境噪声级及超标量；交通噪声环境影响评价及减缓措施；施工期噪声影响分析及减缓措施；声环境影响评价结论。

(5) 水环境影响预测评价及减缓措施建议：包括施工期水环境质量影响分析及减缓措施；工程对地表水流形态及水文的改变及其影响分析；营运期水环境质量影响预测评价及减缓措施；营运期交通事故对水环境的风险分析及减缓措施；水环境影响评价结论。

(6) 环境空气影响预测评价及减缓措施建议：包括施工期环境空气影响分析及防治措施；营运期环境空气污染物浓度预测，计算近、中、远期敏感点环境空气污染物浓度及超标量；营运期环境空气影响评价及减缓措施；环境空气影响评价结论。

(7) 施工期取料场、材料运输环境影响分析及减缓措施建议：包括主要材料数量及料场位置（附材料供应及运距图）；料场环境影响分析及减缓措施；材料运输影响分析及减缓措施（以噪声、空气影响为主）。

8.6.4.6 路线方案比选分析

(1) 路线各方案简介。

(2) 路线各方案比较：包括工程数量、征地数量及类型、拆迁数量、影响人口、环境质量影响及环保投资等的比较。

(3)路线方案比选结论。

8.6.4.7 公众参与

(1)调查方式、地点、对象、成员及人数等。

(2)调查结果统计分析。

(3)公众意见及建议。

(4)对公众意见的处理建议。

8.6.4.8 环保计划、环境监测计划

(1)环境保护计划:包括拟定项目在可行性研究阶段、设计阶段、施工期及营运期的环保计划。

(2)环境监测计划:包括项目施工期、营运期环境监测地点、监测项目、频次、监测单位、主管部门等。

(3)环保机构:包括施工期和营运期的环保组织机构。

8.6.4.9 环境经济损益分析

环境经济损益分析包括环保经费估算和环保投资经济损益分析。

8.6.4.10 环境影响评价结论

(1)项目地区环境质量现状评价结论。

(2)公路建设各环境要素影响评价结论。

(3)路线布设是否符合环保要求。

(4)环境影响评价结论。

8.6.4.11 存在的问题及建议

针对环境影响的关键问题或对环境潜在的重大隐患等,提出工程设计及环保设计建议。

8.6.4.12 主要参考资料(略)

8.6.4.13 附图、附件(略)

8.7 环境影响评价案例

8.7.1 交通项目环境影响评价要点分析

8.7.1.1 公路建设类项目

公路类项目分析,应该注意工程的特点,分为施工期和营运期进行分析和评价,表8-13列出施工期和营运期各自需要注意考察的内容。

施工期和营运期各自需要注意考察的内容 表8-13

施工期	营运期
路基施工:开挖和填筑为主的施工活动	线路工程:指线路占地形成的条带形状区域
桥梁工程:开挖和填筑河道两岸	桥梁工程
隧道工程:改变底层局部构造	隧道工程
辅助工程:临时用地施工	辅助工程
取弃土(渣)场:自身土石方不能平衡,需另取建取弃土(渣)场	取弃土(渣)场

对于环境现状的调查,需考虑以下几点:地形、地貌;地质、地貌;气象、气候;社会经济;动物、植物;地质灾害;环境空气、环境噪声、水环境、生态环境等。需要注意的还有社会环境中包括文物古迹、环境敏感保护目标分布、功能区划、生态环境、水土流失等内容。

同时还需要进行生态环境影响评价、水环境影响评价、声环境影响评价、水土流失的影响、环境空气影响评价等。

环保措施评述需要考虑的内容包括:设计期、施工期考虑生态、水土保持、声环境、环境空气、地表水、文物保护、特殊保护区;营运期考虑声环境、生态、环境空气、水环境,基本农田保护方案,施工场、料场,取弃土场选址的环境合理性;环保投资。

另外,如涉及珍稀濒危动植物资源,还应有可靠的保护措施等。

8.7.1.2 城市建设类项目

城市道路(包括立交)的环境影响评价首先要注意的就是征地拆迁、道路施工对居民生产生活的影响,包括可能造成的居民出行不便、交通噪声、施工扬尘等影响。其次,要注意施工对原有交通基础设施、通信设施、电力设施等的影响,避免因调查分析、现场踏勘不到位而对这些基础设施产生的不利影响和破坏。在进行评价时,要对沿线的环境保护目标,包括居住区、学校、政府机关等进行详细调查、分析和评价。

8.7.1.3 轨道交通类项目

此类项目的主要环境影响一般是生态、噪声污染问题,当涉及水源保护区时,水环境影响也是评价的主要内容之一。对于环境影响评价,应在研读可研材料和现场初步踏勘的基础上,进行环境影响识别,并要提出有针对性的环保措施。此类项目所涉及的区域较长,范围较广,可能经过农田、山地、河谷和丘陵等,所以在进行生态环境现状的调查与评价时,应当根据经过地点的不同,确定不同的调查内容、因子和采取的不同调查方法,选择不同的环保措施。

在项目的环境影响评价中应做好工程分析、环境影响识别与评价因子筛选、环境现状调查与评价、环境影响预测与评价以及提出环保对策措施等工作。铁路选线和主要场站的布局是对环境有重大影响的因素,在评价中往往需要单独论证。

如果路线经过的地区有自然保护区、风景区、名胜古迹等,应当作为重点的调查与评价的对象,因为工程可能穿越这些地区,施工可能给这些敏感保护目标造成不可逆转的影响。

对于工程可能涉及的子工程,比如隧道、大桥、深挖方路段、集中取土场等,应当重点考虑,这些工程可能给当地的空气环境、水环境等都带来一定的破坏。另外,土石方的挖(填)可引起水土流失,因此,应当做好必要的防范措施。

8.7.2 高速公路环评要点案例

8.7.2.1 项目简况

某高速公路工程项目地处某省西北部,路线走向由南到北,路线全长 197.61km。项目占用各类土地 1512.85km²,拆迁各类建筑物 14.3 万 m²。全线共设置特大桥 11 座,全长 22km,大桥 141 座,全长 39km;中桥 89 座,全长 7.9km;小桥 124 座,全长 3.6km,涵洞 576 道。全线设置隧道 15 座,全长 14km。全线设置互通式立交 16 处。拟设管理中心 2 处、高管段 3 处,管理所 12 处,收费站 17 处,服务区 4 处。全线总投资 164.7 亿元,建设期为 4 年。

项目穿越国家级自然保护区和国家级风景名胜区各一处,占用部分农用土地,同时涉及部分居民拆迁问题。

8.7.2.2 环境影响预测时应考虑的内容

环境影响预测时考虑的内容包括设计期、施工期和营运期3方面,见表8-14。

环境预测考虑内容一览表　　　　　　　　　　表8-14

设 计 期	施 工 期	营 运 期
该工程经过国家级自然保护区和国家级风景名胜区等敏感目标	工程施工会影响现有公路正常的交通环境,和沿线居民正常生产和生活	交通量的增长、交通噪声将影响邻近公路的居民的正常工作、学习和休息环境
占用农用土地的比例、用地类型和面积以及对农业生产的影响	施工场地、混凝土拌和站、各种构件预制场及运输散体建材或废渣,会对水环境产生负面影响	汽车尾气中所含的多种污染物,会对公路沿线的环境空气造成一定污染
居民拆迁将影响到居民的正常生产和生活	工程施工可能会影响原有水利排灌系统,其土方工程会导致一定量的水土流失	若因危险品运输车辆发生交通事故而导致有毒、有害危险品泄漏,将会危害生态环境质量
各类立交、高架桥、大桥和服务设施的设计直接涉及与周围景观的协调性	灰土搅拌站以及材料运输、施工过程中产生的粉尘、沥青烟、噪声会影响周边环境,社区和学校的正常教学,居民生活和公共健康	公路沿线服务设施排放的生活污水未经处理直接排入水体会污染水质,从而危害水生生物和公众健康
	土方工程还会破坏自然地貌、当地植被、动物栖息地,对自然保护区和名胜风景区造成一定影响	由于局部工程防护稳定和植被恢复均需一定的时间,水土流失在工程营运近期可能存在

8.7.2.3 施工期的环境保护措施

(1)生态环境保护措施

①取土场、弃土场的选址应进一步优化;

②施工过程中,做好取土场、弃土场、临时工程的水土保持和植被恢复工作;

③应该做好对自然保护区和风景名胜区自然生态环境的恢复工作,恢复植被覆盖率,对珍稀物种进行移植等。

(2)水环境保护措施

①施工期的桥梁基础施工钻渣不得排入水体,经沉淀、晾晒后运至弃土场堆放;

②桥梁、隧道等不同施工环节产生的施工废水采取相应的处理后排放;

③对于施工人员产生的生活污水和生活垃圾采取相应的处理措施,安装污水处理设施,生活污水处理达标后回用或排放。

(3)声环境保护措施

①合理安排施工机械作业时间或采取降噪措施,避免公路施工噪声影响沿线居民的正常生活、休息;

②采取铺筑噪声路面、设置声屏障等降噪措施减少交通噪声对声环境敏感点的影响,并

在公路营运期进行定制监测,视监测结果采取适宜的降噪措施。

(4)环境空气

在施工便道、施工场地、散装材料堆放场所等处采取洒水、覆盖等降尘措施减轻扬尘污染。

8.7.2.4　环境影响评价报告的提纲

(1)社会环境影响评价;

(2)生态环境(自然保护区、风景名胜区)的影响评价;

(3)水环境影响预测评价;

(4)声环境影响预测评价;

(5)空气环境影响预测评价;

(6)水土流失预测。

8.7.2.5　项目的主要环境风险及评价

项目的主要环境风险如下:

(1)施工过程中如果环境保护措施没有落实到位很容易导致施工场地周围生态环境、水环境严重恶化。

(2)营运期的危险品车辆的通行可能造成交通事故、储罐老化破裂、桥梁坍塌等情况的发生,严重地影响周围的环境。

(3)隧道施工期爆破也可能产生环境风险。

环境风险评价的原理是依据技术导则规定的评价原则,进行风险计算,风险可接受分析采用最大可信灾害事故风险值 $R\max$ 与同行业可接受的风险水平 R_1 比较:如果 $R\max \leqslant R_1$,则认为本项目在建设过程中的风险水平是可以接受的;如果 $R\max > R_1$,则需要对该项目采取降低事故风险的措施,以达到可接受的水平,否则项目就不能被接受。

8.7.3　铁路环评要点案例

8.7.3.1　项目简况

某铁路线路正线全长141km。铁路工程施工期主要包括:征地拆迁、施工准备、路基、桥涵、站场、绿化及防护,营运期主要包括列车运行、站场作业和机车车辆准备等。主要工程数量为:土石方1209万 m^3,特大桥8座,大桥24座,中桥43座,涵洞293座,隧道5处,总投资32亿元人民币。工程沿某江铺设,且经过某大型水库,此水库为当地的主要生活用水水源,经过地貌主要有河谷阶地、丘陵、低山等,占全线总长度的80%,林木覆盖率低且不断恶化,水土流失严重,并且线路经过国家级自然保护区一个,风景名胜区一处。工程地处亚热带湿润季风气候区,温暖湿润,雨量充沛,夏季炎热,秋雨连绵,冬暖多雾,雨季多集中在6~8月。

8.7.3.2　施工期环境影响

(1)主体工程对土地的永久性占用将改变土地的使用类型,使得原使用功能丧失。

(2)施工期间产生的弃土、弃渣和地表开挖、填筑形成的裸露边坡而引起水土流失。

(3)施工场地和运输路线占用的地表植被,使土壤裸露引起水土流失。

(4)工程挖土、填土将改变当地的原始地形和地貌。

(5)工程沿江铺设,以及修建的特大中桥等可能引起河流局部水位的改变及河床冲刷。

(6)施工期间的生活污水、废水和垃圾,工程弃渣、土石方等,以及机械油污落入江中,对江水的水质产生影响。

(7)施工期间需要拆迁,对当地居民的生产生活产生影响。

(8)施工运输产生的扬尘、运输汽车的尾气等对空气环境产生影响。

(9)施工噪声影响附近居民区、学校、政府机关等。

(10)施工期对自然保护区和名胜区的生态环境产生一定的影响,包括对当地动植物珍稀品种的影响,因此应当采取必要的保护措施。

这里需要注意的是,施工期间的噪声影响将随着施工的结束而消失,取而代之的是营运期产生的噪声,因此施工期的噪声影响是可逆的、暂时的。

8.7.3.3 营运期的环境影响

(1)对社会环境的影响,由于工程涉及拆迁征地,改变地势地貌等,同时工程区域狭长,影响地区广泛,通车后改善当地的交通压力,必将对当地的经济结构等产生影响。

(2)营运期的噪声污染主要来源于列车运行、车站生产作业产生的噪声,这些噪声将对沿线地区的声环境产生影响,主要噪声为车辆轮机噪声和机车鸣笛噪声。

(3)营运期的主要空气污染源为内燃机车运行过程中消耗燃油产生的各类气体,包括烟尘、NO_x、SO_2 和 CO 等。

(4)营运期间的水污染主要在于各车站的生活污水排放、列车运行期间产生的油污对周边水体的水质影响等。

(5)营运期间牵引变电可能产生电磁污染,虽然影响不大,但是应当作为考虑范围之内。

(6)营运期间车站的生活垃圾、沿线旅客产生的固体废弃物等将成为固体废弃污染的主要来源。

这里需要注意的是,营运期间对水体的污染是持续的,因为只要列车营运就必将产生生活污水的排放,列车就不免会有油污污染当地水体,因此只能尽量采取措施降低污染影响的程度,而不能彻底不对水体产生污染影响。

8.7.3.4 环境评价专题的设置

(1)生态环境影响评价。

(2)水土保持方案。

(3)噪声环境影响评价。

(4)水环境影响评价。

(5)大气环境影响评价。

(6)固体废物影响评价。

(7)施工期环境影响评价。

(8)公众参与。

(9)社会经济环境影响分析。

(10)环境监督管理和监测计划。

(11)环保措施和投资估算。

(12)总量控制。

根据本工程的特点,生态环境影响、水土保持和噪声影响评价应当作为评价重点。

8.7.3.5 水土保持方案

本工程的特点是经过地区为水土流失严重的地带,同时经过自然保护区和风景名胜区,因此应当格外重视水土保持工作,具体的措施和方案应该包括以下几个部分:

(1)选择低洼地带,不易受水流冲刷的荒地作为弃渣场地,避免选择地表覆盖率低的地区。

(2)工程期间应当做好绿化工作,对沿线水土流失严重的地区种植树木等。

(3)对于隧道的施工,应当格外注意地下涌水的出现,以及疏干地表水,造成地表塌陷。

(4)对于隧道产生的弃渣应当选择好弃渣场,设置挡渣墙,并且做好渣场排水系统。

(5)取土场选取荒地和旱地,尽量避免占用耕地和农田,以及地表植被覆盖率高的地区,取土完毕后应当及时平整场地,做好排水设施,并且结合地形和土质条件,恢复当地植被。

(6)对路基坡面进行必要的防护措施,对不良地质路基路堤地段,保证边坡稳定,减少占地数量和避免侵占河道,减少挖方数量,同时应当注意形成完整的路基排水系统,综合全线桥涵分布和地表自然情况做好安全措施,避免水土流失。

(7)施工便道设计应少占良田耕地,绕避不良地质地段,防止诱发滑坡和大面积的边坡坍塌,修筑好便道两侧的排水系统,保证地面径流的畅通,注意道路的养护和水土流失的控制,避免对地表植被的破坏,防止人为因素加剧施工便道及其周围地区的水土流失化程度。

(8)施工结束后应当对沿线进行绿化设施,改善生态环境,对于施工便道及其取弃土场等也应当进行绿化。

8.7.3.6 噪声影响评价

环境影响评价的原则规定:铁路、城市轨道交通、公路等项目两侧200m评价范围内可满足一级评价要求。因此,铁路沿线距铁路500m的村庄不是敏感点;路线穿过的居民区是噪声敏感点;距施工场地150m的医院是敏感点;路线经过的自然保护区和修建的特大桥不应作为敏感点进行评价。

噪声环境影响评价的主要内容包括:

(1)建设前周边噪声环境现状调查和分析。

(2)根据噪声预测结果和环境噪声评价标准,评述项目施工和营运阶段噪声的影响范围和程度。

(3)对噪声影响范围内的人口分布状况加以分析。

(4)项目的选址合理性分析。

(5)现有噪声防治措施的合理性和适用性分析。

(6)项目噪声源和超标原因的分析。

(7)根据噪声现状分析和噪声影响预测,提出工程的噪声污染防治措施。

(8)提出项目关于噪声环境污染管理、噪声监测和城市规划方面的建议等。

8.7.4 地铁环评要点案例

8.7.4.1 项目简况

某城市地铁线路全长18.45km,全线设车站22座,车辆段和停车场各一座,线路经过居民区、商业区、交通枢纽、大型公建、科教区、风景旅游区等城市功能区,项目总投资为80.6亿元。

线路主要技术标准:线路平面最小的曲线半径为区间正线350m,车站正线1000m,线路纵断面最大坡度为正线2.4‰,辅助线3‰,地下车站一般为0.3‰,竖曲线半径为区间正线5000m,辅助线为2000m。车站按5辆编组规模设计,站台有效长度120m,宽度10~14m,侧式站台宽度为35~45m,轨距为1435mm。

工程沿线车站及车辆段、停车场给水均采用城市自来水,全线生产、生活用水量为3504m^3/d(不含消防用水)。本工程沿线及车站地面道路均布有市政排水管网,车站的生活污水、区间的结构渗漏水、冲洗废水和消防废水分类集中后,抽升就近排入城市污水管道,出入洞口的雨水就近排入城市雨水管网。列车采用电力驱动,列车对数为全天129对,高峰每小时8~10对,营业时间5:00~23:00。另外,工程施工还涉及拆迁安置等问题。

8.7.4.2 主要污染源

地铁工程在进行环境影响评价时要特别注意其特点,那就是较其他类工程的环境影响污染源多了一个振动源。对于本项目来说,施工期和营运期主要产生的污染源包括以下几个方面:

(1)振动污染源。施工期振动污染源主要为施工机械和运输车辆产生的振动。营运期列车车轮与钢轨之间产生的撞击振动,传递给地面,对周围区域产生振动干扰。

(2)水污染源。施工期的水污染主要来自施工机械、车辆和施工场地的冲洗废水,还有施工人员产生的生活污水和现象的跑、冒、滴、漏等。营运期污水主要来自车站及车辆段、停车场,包括工作人员日常生活产生的生活污水,还有地铁列车运行过程中产生的油污滴漏、雨水等。

(3)电磁污染源。电磁污染主要来自电车运行中因受流器与接触轨之间的摩擦而形成电磁辐射。地铁工程配属的供电系统、自动控制系统等设备因高电压或大电流而形成固定电磁污染源。

(4)固体污染源。施工期固体污染废物是施工产生的渣土、开挖的土石方以及施工人员的生活垃圾等。营运期固体废物主要有乘客和工作人员生活垃圾等。

(5)空气污染源。施工期空气污染源主要为施工拆迁、地面开挖、渣土堆放和运输过程中产生的扬尘和排放的尾气。营运期列车不产生尾气,因为主要的动力为电力。

(6)噪声污染。施工期噪声源主要为施工机械产生的噪声,另外还包括施工场地挖掘、装载、运输等机械设备作业时产生的噪声污染。营运期噪声污染源主要为地下区段的环控系统设备噪声,它是噪声污染的主要源头,另外地面线路的列车运行噪声也应该在考虑范围之内。

8.7.4.3 施工期有效的环保措施

(1)做好施工开挖面、施工场地、施工办公生活区、渣土堆放和运输等施工活动中的扬尘防治工作。

(2)在主要施工点应设置临时性的沉沙池和化粪池。

(3)使用低噪声施工设备。

(4)加强管理和对施工人员的教育。

(5)合理安排施工车辆的路线和时间。

(6)做好施工期排水工程,严禁随意排放污染沿线地表水体和地下水源。

(7)合理安排施工方式和时间以防止施工噪声影响沿线居民的正常生活与休息。

(8)加强施工期地下水的观测和预报工作以防涌水等突发性事件发生。

8.7.4.4　环境影响评价报告应设置的专题重点

(1)工程分析。

(2)社会经济和城市生态环境影响评价。

(3)声环境影响评价。

(4)振动环境影响评价。

(5)水环境影响评价。

(6)电磁环境影响分析。

(7)空气环境影响分析。

(8)固体废物影响分析。

(9)施工期环境影响评价。

(10)拆迁安置影响分析。

(11)环保措施建议。

上述只是列出一些重点需要考察的评价专题,而此类项目的主要目的还是在于环境评价时能够根据每个项目的不同特点编制特殊专题。

复习思考题

1. 环境影响评价的意义及作用是什么?
2. 环境敏感区有哪些?
3. 我国环境标准体系包括哪几类标准?
4. 环境影响评价工作大体分为几个阶段?其工作内容是什么?
5. 环境影响评价大纲一般包括哪些内容?
6. 环境影响预测的方法有哪几类?
7. 环境影响评价中公众参与的方法有哪些?
8. 环境影响报告书的编制要点有哪些?

参 考 文 献

[1] 任福田. 新编交通工程学导论[M]. 北京:中国建筑工业出版社,2011.
[2] 中华人民共和国行业标准. JTG B04—2010 公路环境保护设计规范[S]. 北京:人民交通出版社,2010.
[3] 杨延梅. 交通环境工程[M]. 北京:水利水电出版社,2014.
[4] 戴明新. 公路环境保护手册[M]. 北京:人民交通出版社,2004.
[5] 刘天玉. 交通环境保护[M]. 北京:人民交通出版社,2004.
[6] 戴明新. 交通工程环境监理指南[M]. 北京:人民交通出版社,2005.
[7] 李全文. 公路环境规划[M]. 北京:人民交通出版社,2005.
[8] 中华人民共和国行业标准. JTG B03—2006 公路建设项目环境影响评价规范[S]. 北京:人民交通出版社,2006.
[9] 交通部科学研究院. 国外公路景观与环境设计指南汇编[M]. 北京:人民交通出版社,2006.
[10] 沈毅,晏晓琳. 公路路域生态工程技术[M]. 北京:人民交通出版社,2009.
[11] 交通部. 交通资源节约与环境保护[M]. 北京:人民交通出版社,2007.
[12] 陈曙红. 汽车环境污染与控制[M]. 北京:人民交通出版社,2007.
[13] 田平. 公路环境保护工程[M]. 北京:人民交通出版社,2008.
[14] 卢正宇,衷平. 广州绕城高速公路工程环境监理实践[M]. 北京:人民交通出版社,2009.
[15] 王晓宁,孟祥海. 基于几何线形的道路立交处机动车排放污染计算[J]. 中国公路学报,2009,22(6):96-100.
[16] 王晓宁,安实. 基于可拓的道路立交部交通污染评价模型[J]. 哈尔滨工业大学学报,2009,41(9):75-79.
[17] 张九跃,王晓宁. 大型立交交通噪声污染特性分析[J]. 城市道桥与防洪,2008,11(11):15-18.
[18] 王晓宁. 道路立交交通污染分析与评价研究[D]. 哈尔滨:哈尔滨工业大学,2007.
[19] 沈毅,晏晓林. 公路路域生态工程技术[M]. 北京:人民交通出版社,2009.
[20] 毛文碧,段昌群. 公路路域生态学[M]. 北京:人民交通出版社,2009.
[21] 林才奎. 公路生态工程学[M]. 北京:人民交通出版社,2011.
[22] 夏禾. 交通环境振动工程[M]. 北京:科学出版社,2010.
[23] 余成柱,陈群. 城市轨道交通项目环境影响三维自评价模型研究[J]. 铁道运输与经济,2013,33(7):109-112.
[24] 雷丽平. 城市道路环境影响评价研究[J]. 资源节约与环保,2013(5):19-20.
[25] 卢庆普,熊文波,黄行. 城市轨道交通环境振动与结构传声评价量的比较[J]. 噪声与振动控制,2012,10(S1):37-41.
[26] 刘德敏,任建锋. 轻轨(地下段)振动环境影响分析及应用实例[J]. 环境与安

全,2013(8):256-258.
[27] 徐新玉.轨道交通系统诱发环境问题及其防控对策研究[J].铁道建筑,2012(10):154-157.
[28] 陈红.交通与环境[M].北京:人民交通出版社,2011.
[29] 胡涛,王华东.中国的环境经济学:从理论到实践[M].北京:中国农业出版社,1996.